风景园林建设与绿化养护

张　强　张瑞侠　王恒玺　主编

吉林科学技术出版社

图书在版编目（CIP）数据

风景园林建设与绿化养护 / 张强，张瑞侠，王恒玺主编 . -- 长春：吉林科学技术出版社，2023.7
ISBN 978-7-5744-0743-5

Ⅰ . ①风… Ⅱ . ①张… ②张… ③王… Ⅲ . ①园林植物—园艺管理 Ⅳ . ① S688.05

中国国家版本馆 CIP 数据核字 (2023) 第 153353 号

风景园林建设与绿化养护

主　　编　张　强　张瑞侠　王恒玺
出 版 人　宛　霞
责任编辑　王天月
封面设计　刘梦杳
制　　版　刘梦杳
幅面尺寸　185mm×260mm
开　　本　16
字　　数　365 千字
印　　张　17.75
印　　数　1-1500 册
版　　次　2023年7月第1版
印　　次　2024年2月第1次印刷

出　　版　吉林科学技术出版社
发　　行　吉林科学技术出版社
地　　址　长春市福祉大路5788号
邮　　编　130118
发行部电话/传真　0431-81629529 81629530 81629531
81629532 81629533 81629534
储运部电话　0431-86059116
编辑部电话　0431-81629518
印　　刷　三河市嵩川印刷有限公司

书　　号　ISBN 978-7-5744-0743-5
定　　价　105.00元

前言

风景园林建筑从属于建筑学范畴，作为风景园林及景观专业一门重要的主干课程，是自然科学与人文社会科学高度综合的实践应用型项目。从其形成与发展、设计方法与过程、施工技术和艺术特点等方面来说，风景园林建筑同普通的工业与民用建筑既有共性的特征，又有个性的区别。新结构、新构造、新技术、新材料在风景园林建筑设计中不断推陈出新和广泛应用。

在园林景观的发展过程中，无论时代如何变迁，园林都能使美学和视觉艺术很好地联系起来。中国古典园林是我国园林史上具有高度艺术成就和独特风格的园林艺术体系，凝聚了传统文化的精粹和社会审美意识的精华，它运用叠石、造山、理水、植木、营亭、筑桥和陈设家具等方式组成各类景观，以有限的面积创造无限的意境，与自然美、建筑美、绘画美融为一体。现代园林景观面向的是城市环境，是与整个城市规划相关联的，是人与自然多样化的联系。

园林绿化和美化已成为社会进步及物质文明和精神文明发展的标志之一。园林绿化是园林景观中具有生命的园林要素，其栽培、养护和管理水平的高低将很大程度上影响园林景观和生态功能的发挥。园林绿化栽培与养护管理是每一名园林从业者都应该掌握的一门技术，是园林绿化过程中与实践结合得非常紧密的一门应用科学。

本书参考了大量的相关文献资料，借鉴、引用了诸多专家、学者和教师的研究成果，本书的写作得到很多领导与同事的支持和帮助，在此深表谢意。由于能力有限、时间仓促，虽经多次修改，仍难免有不妥与遗漏之处，恳请专家和读者指正。

目录

第一章　风景园林的概念及构成

第一节　风景园林概述

一、风景园林的概念

园林的概念可以理解为：在一定的地域运用工程技术和艺术手段，有目的地通过改造地形（或进一步筑山、叠石、理水）、种植植物、营造建筑和布置园路等途径创作而成的自然环境和游憩境域。在园林设计与营建的过程中，“有目的地改造创作”是它的本质，最终的目的是获得精神上的享受。因此，园林的定义是十分宽广的。

园林在中国传统文化当中通常被称作园、苑、园亭、山池、池馆、山庄等，西方国家则称之为Garden、Park、Landscape Garden。虽然它们存在着性质、规模、地域、景观的差别，但都具有一个共同的特点，即在一定的地段范围内，利用改造天然山水地貌或者人为地开辟山水地貌、结合植物的栽植和建筑的布置，构成供人们观赏、游憩、居住的环境。所以说，园林的概念和性质并没有随着时间、地域的不同发生本质的变化。

中西方园林在文化传统、思维方式、社会背景等方面具有不同的特点，因而产生了各自不同的设计风格。不论是中国还是西方，现代园林虽然与传统园林有较大区别，但二者始终具有一脉相承的关系。

创造这样一个环境的全过程（包括设计和施工在内）一般称之为造园。《中国大百科全书·建筑园林·城市规划》对园林学这样下定义：“园林学是研究如何合理运用自然因素、社会因素来创造优美的、生态平衡的人类生活境域的学科。”

二、风景园林师的职业素养

大多数风景园林师都认为不能简单从字面意思来定义他们的职业。这个领域固有的多样性是优点与缺点并存的。缺点在于这个领域如此广泛而难以界定，因此很难被外界人士充分了解。其优点也在于它的多样性使很多人受益于风景园林师的工作，如上所述，它可以让有各种兴趣与实力的个体在该领域中找到一份满意的工作。风景园林师要具备如下职业素养。

（一）合理的知识结构

设计师要把存在于场所的特征与气氛表达出来，必须依赖一定的物质技术手段，因此，设计师应该对场所的自然材料（包括材料的质感、色彩、力学性质、特殊用途等各方面）进行全面了解，对当地的园林营建的传统技术、地方的装饰工艺及当前的先进技术工艺等了然于胸，能够针对不同工程环境采取灵活多变的对策。

（二）良好的职业道德

设计师的职责是寻求人与环境的有机联系，创造一个可为人们利用的、喜爱的，具有一定艺术品质的环境。从环境的角度来说，设计师应该尊重场所内部的生态环境，并考虑对外部环境的影响，避免以牺牲生态环境为代价来达到其他方面的目的。从功能的角度来说，设计的场所是为该地域的广大人群服务的，要考虑绝大多数人的需求，要遵循普遍的规律，创造标准化的或有序的人类活动场地，反对为体现少数人的意志而做出漠视广大人民现实需求的设计。

（三）求实的工作态度

设计不是画图，不是形式与技巧的炫耀，我们反对不顾场地现实、没有深入场地调研分析的“闭门造车”式的设计，反对一切没有实际根据的“风格”或“主义”的园林设计。

最真实的设计是从项目周边及内部的现实入手，区别对待不同区域和场地的设计。设计中受到的限制来自现有的环境或自然与社会的条件，由于这些客观条件的不同，我们的环境设计由可见与不可见的因素制约着。因此，设计师应该顺应这些不同条件，也就是说要理解空间和社会限制是首要的设计因素，如果忽视了这一环节，后面的形式、技巧、工程技术再好，最终的景观也是空中楼阁。

事实上，设计的天才们是那些懂得如何尊重自然、社会和现有环境，同时善于思考和勇于创新的人，也就是说，设计要遵从“环境共生”法则。

（四）开放的理论系统

我国景观规划设计在全球化背景下正面临着前所未有的发展机遇，也正经历着一个空前复杂、充斥着各种干扰的创作境遇。风景园林师要在了解传统、继承和发展传统的基础上，以开放的心态学习、借鉴外国景观规划设计的优秀品质，致力于在当前世界多元化图景中建立一种富有想象力和创造性的当代中国景观。要使景观的发展跨越障碍，实现可持续，就要求景观设计做出相应的拓展，首先应该是观念上的拓展，要形成开放的理论系统。

设计师应该综合考虑项目的可建设性和可操作性，我国是一个发展中的国家，建设资金、资源有限，同时地区经济及资源分布差异很大，设计师一定要根据当地的经济现实和资源条件来考虑方案的可行性，尽一切可能节约资金成本，减少资源的浪费，要坚持应有的职业道德和社会良知。

三、与风景园林相关的学科

（一）景观生态学

德国地理学家特洛尔最早提出了景观生态学（Landscape Ecology）的概念。它是以整个环境系统为研究对象，以生态学作为理论研究基础，通过生物与非生物以及与人类之间的相互作用与转化，运用生态系统原理和系统方法来研究景观结构和功能、景观动态变化以及相互作用，景观的美化格局、优化结构、合理利用和保护的学科。

生态学的发展成为20世纪中后期解决日益严重的全球性人口、粮食、环境问题的有效途径，这对全球土地资源的调查、研究、开发和利用起到了强烈的促进作用，并掀起了以土地为基础的景观生态学研究热潮。其中以麦克哈格的著作《设计结合自然》为代表，建立了以生态学为基础的景观设计准则，在这里现代主义功能至上的城市规划分区方式不再是设计的唯一标准，转而主张尊重土地的生态价值并将土地的自然过程作为设计的依据。

随着遥感、地理信息系统（GIS）等技术的发展与日益普及，现代学科呈现出交叉、融合的发展态势。景观生态学着力于对水平生态过程与景观格局之间的关系、多个生态系统之间的相互作用和空间关系的研究。景观生态学在多行业的宏观研究领域中被认同和关注，有着良好的应用前景。

（二）景观规划设计

规划是景观设计中极为关键的一项内容，是景观设计的基础，是整个景观设计工程的主导，直接决定和关系着景观设计工程的整体质量以及长远发展。

景观设计中所涉及的规划是直接与城市规划有关的，但又在一定程度上表现得不完全一致。因为，景观设计大多是在政府宏观调控下的，在城市规划设计部门的规划基础之上的具体的设计行为。就我国目前的情况来看，景观设计师可能有望直接参与城市规划部门在重大规划项目中的方案制定和设计工作，成为紧密协作的专业队伍中的重要成员，但不大可能充当城市规划师的角色。因此，从艺术设计的角度出发，可以将规划划分为两类：一类是宏观角度的城市综合土地规划，即城市规划师所从事的规划；另一类是具体景观项目工程中的规划，即景观设计中所涉及的“场景规划”。二者本为一体，但又存在专业上的具体区别，在一定程度上，前者对于后者更具有制约作用。

（三）园林设计

从学科体系的角度上讲，园林（学）与景观设计学之间并没有太大的区别，从一定程度上讲是可以等同的。当然，这是从大的概念上讲的。比如景观设计学中需要涉及规划、园林（绿化）、建筑、市政工程、艺术设计以及大众行为心理等方面的学科内容；园林学几乎也同样涉及这些内容。景观设计学注重生态学的研究，园林学也同样如此，而且早有建树，我国古典园林中就有很好的例证。山、水、植物、建筑是园林艺术中的四大构成元素，也是景观设计中最为根本的构成要素。区别在于人们对于二者的认识和由此产生出的观念。园林学与景观设计学，因二者分别产生于不同的背景时代，必然传达出较强的和各自不同的时代特征。同时，因受当时经济、人文等方面的影响，园林学与景观设计学必然也会在各自的内涵上产生区别。所以，从这个意义上讲，园林又不等同于景观设计。

在历史发展中，园林学产生于前，景观设计学发生于后。园林是景观设计的基础，是景观设计的核心。园林有着自己非常悠久的发展历史，在世界范围内，中国、西亚、希腊是著名的三大园林系统的发源地，都为人类发展做出过不可磨灭的贡献。景观设计在园林艺术的基础上，进一步扩充了它的内涵，并最终成为具有划时代人文理念的学科体系。

在景观设计中，园林实际上主要是指园林学中所包含着的一些构成元素，而不是指整体概念的园林学，如园林中的山（包括对自然山体的巧妙而恰当的利用，以及人工的叠石堆山）、水（包括对于自然水体的合理恰当的利用，以及人工的理水造湖）、植物（包括对自然植物，特别是对珍稀或古老植物的保护，以及人工对于草地、灌木、乔木等植物的科学培植和合理规划）三个方面。园林（山、水、植物）是景观设计的核心，更是维护整个地球自然生态系统的核心。

在实际工程中，对于植物、水系统以及山石等园林要素的技术性工作方面，景观设计师在掌握其一般性常识的基础上（如植物的种类、生长地区及习性、基本造型等），更多的是需要相关专家的指导和配合，从而使景观设计得到合理的和科学的完美体现。

（四）建筑设计

建筑是景观设计中重要的构成因素之一。建筑是科学同时也是艺术，在我国的学科体系中，建筑自成体系，称为建筑学。

建筑是建筑物和构筑物的通称，是一个多元素的复杂存在，建筑具有物质意义，同时也具有精神意义。建筑学中包括极其深广的知识内容，显然不是这里详细而深入地进行分析和研究的范围，也非作者能力所及。但是，鉴于建筑对景观设计所产生的重大影响，我们又不得不对建筑在功能、形式风格以及外部装饰方面做必要的，然而是粗略的分析和探讨。

建筑所具有的实际功能有很多，但最终可归纳为实用、生理、审美三类，离开功能需要的建筑无丝毫的存在意义。建筑中包括为政府机关人员工作的场所，有为学生提供教育的学校教室，以及为满足人们住宿、饮食、购物、娱乐、医疗、安全、卫生等需求的公用或私家场所和设施。建筑大都根据具体的使用要求而呈现出特有的艺术风格，其外部装饰也各具风采；另外，还有部分建筑是出于具体要求制作或接受的广告等。这些都为景观设计师提供了极为重要的创作素材。

（五）市政工程

市政工程主要是指道路、桥梁以及其他公共设施。市政工程是景观设计中的重要组成部分，同时也是城市发展的重要标志。

当然，对于道路、桥梁的规划与设计，目前在我国可能还不是景观设计部门能够解决的问题，它们基本上是由城市规划部门来完成。只有在一些特定的功能区域，例如，在公园、学校、居民区，以及其他不在政府宏观调控下所具体限定的区域，这种情况下的道路和桥梁的规划与设计，才可能成为景观设计部门中具体的工程设计内容。但是，无论如何，道路与桥梁的规划与设计，无疑早已成为景观设计，特别是城市景观设计中最为基本的构成和设计内容。在城市发展中，道路与桥梁对于整体布局、区域划分、人车疏导、美化环境等方面起到了极为关键的作用。

作为市政工程中的一个部分，公共设施在景观设计中的作用同样是很大的，它为城市市民在众多方面提供了方便。公共设施的类型有很多，例如，提供人们用来通信的设施，可以为人们提供休息、娱乐或乘凉的设施，以及各种安全和卫生设施、照明设施，等等。公共设施仿佛是具有生命的点，贯穿分布于景观中的线（如道路、河流等）、面（如建筑群）之中。

（六）公共艺术

在景观设计中，直接以美术造型形式为媒介体的审美形态是构成完美设计的重要因素，特别是在其视觉中心部位尤其关键。例如，“城市雕塑”或“城市小品”就属于“公共艺术”范围。

公共艺术有广义和狭义之分。广义上讲，凡一切具有公共性的为公众服务的艺术形态都可称之为公共艺术。这里我们是建立在专业设计的角度，也就是从相对狭义的角度来讲，公共艺术是指那些置于景观设计之中的以美术造型为媒介体的审美形态，如壁画、雕塑以及同时具有美术造型特征而以装置、水体、多媒体等其他形式出现的审美形态。

公共艺术作为景观设计中的一个重要组成部分，无论身处何处，例如，广场、公园、学校、街道、居民小区以及某种特定功能的公共空间等，其形态、色彩、材料、尺度等方面都毫无例外地要受到它所依赖的整体景观设计的制约，当然公共艺术也自然会反作用于整体的景观设计，从而产生或优或劣的影响。

应该说，公共艺术是介于纯艺术与设计之间的艺术形式，具有边缘性。建立整体的意识是景观设计师或公共艺术家的工作关键和所要遵循的最基本的法则。公共艺术与一般纯艺术不同，其最大区别在于它的非独立存在性。纯艺术需要作者个性化的展示，无个性的纯艺术作品不能长久地生存，它不需要特定的展示背景作依托，它也不勉强甚至不强行吸引观者的目光，从某种意义上讲它只需要“仁者见仁，智者见智”。而公共艺术总是要相对于某一特定功能人文景观环境而言，是要面向大众的，是要符合大众行为和审美心理的。当然，这并非否定了公共艺术所需要的个性化特征，只是因为公共艺术是景观设计中的一部分，所以，必然要求把公共艺术的个性隐藏在共性之中。

景观设计中的公共艺术，在类型上可包括众多的方式，如壁画、雕塑、彩绘、镶嵌以及公共标识等。设计时需要能够从整体景观规划的角度，整体地把握相关内容。

第二节　风景园林的构成要素

一、地形

地形是风景园林设计过程中一个十分重要的要素，其主要起到基底与依托的作用，同时也是构成整个园林景观的主要骨架，地形的布置与设计十分恰当，能够对其他环境要素的设计产生直接的影响。

（一）园林地形的形式

1.平坦地形

园林中坡度通常较为平缓的用地被统称为平地。平地既可以作为人们的活动用地，也可以作为集散广场、交通广场、草地、建筑等其他方面的用地，以便接纳和疏散人流和人群，组织各种各样的活动或者供游人进行游览与休息。平地在视觉上显得十分空旷、宽阔，视线较为遥远，景物也不能被遮挡住，具有比较强的视觉连续性。平坦的地面则可以和水平造型之间互相协调，使其能够比较自然地同外部的环境相吻合，并和地面的垂直造型形成一种十分强烈的对比，使景物更加突出。

在使用一些比较平坦的地形时，需要我们注意下列几方面的特点。

首先，为了排水的方便，要人为地将平地变为3%～5%的坡度，以便能够在大面积的平地上产生一定的起伏。

其次，在有山水的园林之中，山水之间的交界处应该具有一定面积的平地当作过渡的地带，临山的一边也应该以渐变的坡度与山体相连接，在近水的一旁则需要以缓慢的坡度，形成一种过渡地带，徐徐地伸入水中形成冲积平原景观。

最后，在平地上可以进行挖地堆山活动，可以用植物的分割、做障景等一些手法进行处理，打破平地上比较单调乏味的感觉，防止出现一览无余的状况。

2.凸地形

凸地形比较常见的表现形式，主要有坡度是8%～25%的土丘、丘陵、山峦以及一些小的山峰。凸地形在景观中通常可以作为焦点物或者具有一定支配地位的景观要素来布局，尤其是当其被一些比较低矮的设计形状所包围环绕的时候，更需要如此。从情感方面来看，上山和下山进行比较，前者可以产生对某物或者某人更为强烈的尊崇感。所以，那些教堂、寺庙、宫殿以及其他相对较为重要的建筑物，往往要耸立于地形顶部，给人一种比较严肃崇敬的感觉。

3.山脊

脊地从总体上来看是呈线状走向的，和凸地形相比较而言，形状显得更加紧凑、集中。也可以说是更为“深化”的凸地形。同凸地形相类似，脊地可以对户外空间的边缘进行限定，调节其坡上以及周围环境中的小气候。

在景观中，脊地可以被用于转换视线在一系列空间中的位置，或者是把视线引往某一个比较特殊的焦点。脊地在外部的环境之中还有另外一种特点与作用，就是能够充当分隔物。脊地作为一种空间的边缘地带，就好像是一道墙体把各空间与谷地都分隔开来，使人们能够感到有一种“此处”与“彼处”的分别。从排水的角度来看，脊地能够起到一种“分水岭”的作用，降落于脊地两边的雨水都会各自流往不同的排水地。

4.凹地形

凹地形在景观园林设计过程中可以被认为是一种碗状的池地，呈现的是小盆地。凹地形在景观园林中往往能够作为一种空间。当其和凸地形进行连接的时候，它可以完善地形的整体布局。凹地形主要在景观中起到基础空间的作用，适宜进行多种多样的活动。凹地形往往是一个具有内向性而且不容易受到外界干扰的封闭空间，给人一种强烈的分割感、封闭感以及私密感。凹地形的一个潜在功能就是可以作为永久性湖泊、水池使用，或当作暴雨后的蓄水池。

凹地形在进行气候调节方面也能够起到十分重要的作用，它能够躲避掠过上方的狂风。当阳光直接照射在斜坡位置时，受热面就会增大，空气的流动性变小，可以让凹地形内部的温度上升。所以，凹地形和同一地区中的其他地形相比显得更加暖和，风沙也会更少，从而形成一种十分宜人的小气候。

5.谷地

某些凹地形与脊地的主要特征是一条集水线。和凹地形比较相似，谷地在景观之中也是一个比较明显的低地，是景观中的一种最基础的空间，适合对多种项目与内容进行安排。但是它和脊地十分相似，也呈一条线状，沿着一定的方向进行延伸，具有比较明显的方向性。

（二）地形的功能

1.构成空间

地形可以避过对视线的控制来构成不同的空间类型，如视线比较开敞的平地地区，构成开放的空间；坡地以及山体则利用垂直面来界定或者围合空间的范围，构成一种半开放或者封闭的空间。地形还可以构成空间的序列，引导旅游路线。

2.造景作用

地形具有十分独特的美学艺术特征：峰峦叠嶂的山地、延绵起伏的坡地、溪涧幽深的谷地等，还有相对比较开阔的草坪、湖面等，都存在着比较容易识别的特征，其自身的形态特征能形成亮丽的风景。在现代的景观设计过程中，地形的造景主要强调的是地形本身景观的作用，可以将地形组合为各种各样的形状，充分利用阳光与气候的有效影响来创造出一种理想的艺术作品，我们可以将其称作“地形塑造”“大地艺术”或者“大地作品”。

3.观景功能

地形设计能够为景观创造出比较良好的观景条件，能够引导游人的视线。在山顶或者山坡上能够俯瞰整体的景观造型，位于一些比较开敞的地形中，可以感受到十分丰富的立面景观的设计形象，狭窄的谷地则可以引导视线的欣赏角度，突出强化尽端景物的焦点性作用。

二、铺装

（一）铺装的材料

1.自然石料

自然石料能够表现出自然、优雅、永久的特征。自然石料的表面粗细不等，石块的形状大小不一，还有方整和自然形状之分。小空间宜用小料；人多的地方不宜用自然纹理粗糙的石料；方整均齐的石块铺装会有高雅、永久性的感觉。

采用天然卵石进行地面铺装，在中国传统的做法中都用十分细腻、复杂的花纹，在现代的园林设计中也有十分高的使用比例，而且施工过程十分简易。

使用嵌草铺装，可以满足游客比较多或者是停车的需要，在硬质的材料中间种上一些草，既能够耐踏、耐磨，同时还具有鲜活的绿意。

2.混凝土砖

大规格混凝土砖适合铺装广场，能和园外的景物相互呼应，小块砖则能够用在一般的小广场或者园路上。不同形体的砖也能够铺成各种各样的花纹或者颜色，显得极为别致。在管线没有完全入地之前适合铺设方砖，以方便将来破路重修。

3.塑胶、沥青路面

多种多样的塑胶和沥青路面往往使路面显得十分鲜明、欢快。因为是现场进行摊铺、浇筑的，适宜在弯路和一些异形的广场中铺设。

4.木料铺装

木料铺装通常都会采用短木棒进行立铺，有原木的色泽与纹理，显得十分自然、古朴。也有的是以木板条进行铺路，其条纹具有一种特殊的美感，也能够保护原地面的植被不被破坏。

（二）园林铺装的注意事项

首先，铺装的基础与面层是路面在使用过程中的关键所在。在做法方面需要依据当地的气候、土质、地下水位的高低、坡度的大小、路面的承重来设定。使用方面也应该有严格的要求，条件比较差的地方在铺装时要求基础比较厚，其面层通常也需要能够经得住高温或者严寒的侵害。

其次，块状的铺装接缝也能够对工程的质量与美观产生较大的影响。以方块的整形砖进行曲线路面的铺设或者对不规则的广场进行铺设时，在边缘地带一定要铺上一些异型砖，并且也要填满填齐，在铺装过程中也应该注意平整均匀与整体性效果。在道路的拐弯处、宽窄路面进行接触的地方或者两种砖块的大小不一导致的接缝处，都要进行一定的拼接设计，事先的定点放线应该提前安排好图形。在中国的一些传统园林之中，这些细微的地方都会有十分细致的要求。

再次，采用色彩不同的砖或者颜色不同的卵石在路面上或者广场上进行花纹铺设的时候，要追求细腻、讲究做法。花纹的平面造型也要和周围的环境保持相衬，地形、场合、室内外都需要有一定的区分。

最后，在中国传统的园林中通常用砖、瓦和卵石，进行铺装拼成各种纹样，十分精细，有的花纹严整，有的生动活泼。

三、园路

（一）园路的分类

1.主园路

主园路主要是从园区的人口通往各个主要景区中心的道路，同时还能够通往各个主要的广场、建筑、景点以及管理区域，是大量游客与车辆都要通过的道路类型，同时也应该满足消防安全的有关需要。主园路的宽度通常为4～6m。

2.次园路

次园路其实是主园路的辅助性道路，分布在各个景区中，通向各主要的建筑以及景点处，宽度多是3～4m。

3.游步道

游步道主要是供游人在散步过程中休息的道路，引导游人深入园区的各个地方，多是自由式布置，形式多种多样。宽度多是1.2～2m，小径也可以小于1m。

（二）园路的作用

通常而言，园路的主要作用表现在以下几个方面。

1.组织交通

园路具有和城市道路相连、集散疏通园区中人流和车流的重要作用。

2.引导游线

园路能够为游人引导路线，方便人们到达景区的各个景点游览参观，从而为游客提供一条比较合理的游赏路线。

3.组织空间

园路能够组织景观空间的序列展开，又可以起到分景的重要作用。

4.工程作用

有很多水电管网都是结合了园路设计进行铺设的，所以园路设计需要结合综合管线的设计进行考虑。

四、建筑

（一）园林建筑的类型

园林建筑的类型通常都比较多，一部分为有围墙与屋顶的建筑物类型，如殿、阁、楼、堂等，因为社会观念的差异，在国外，人们对建筑的分类通常比较少，而在我国则分得十分详细；另外一部分主要是没有屋顶或者屋顶比较小的组成，只有墙柱等一些简单的构筑物，如牌楼、门、花架、影壁等。在园林中，古建筑的形式十分丰富，充分表现出了我国高度的文明以及十分高超的建筑艺术形式，应该很好地继承与发扬。

1.殿

殿主要是指一些比较高大的房屋，过去主要是古代帝王处理朝政或进行各种仪式的处所。在皇家园林中大多是供人休息的屋宇。殿的形式较皇宫或者大型的庙宇更灵活多样，通常是长方形或者正方形的，如北海的极乐世界殿；也有一些是十字形的，如北海的承光殿等；还有一些是圆形的，如天坛的祈年殿等。屋顶的形式主要是庑殿顶、歇山顶、攒尖顶等，其中主要有重檐、三重檐的形式。

2.亭

亭通常是指由几根立柱来支撑屋顶的小型建筑，除了少数有墙和门窗者外，大部分都是通透或者柱间带有坐凳、栏杆的形式。亭在园林中所起到的主要功能就是进行短时休息、眺望风景、遮阳避雨以及点缀景观。亭的历史极为久远，在中国传统的园林之中也有十分广泛的应用，尤其是皇家园林中，例如，北京的北海公园中就有49座亭。亭的形式也是极为丰富的，平面上主要有单体式、组合式和墙、廊、桥相互结合三种类型。通常可以分为三角形、正方形、长方形、圆形等。亭的立面主要可以分为单檐与重檐，当然也有三重檐的。屋顶的形式主要是攒尖顶式、歇山顶式等。园林中的亭也能够设置于山谷、顶峰、水边、湖上、广场、路旁等，如杭州三潭印月三角亭。

3.观

观主要是指在台上进行筑造的房屋，主要用来远观。圆明园中就有远瀛观，位于长春园北部的山坡上，同样也是西洋楼六组建筑之一，可以在高处远望大水法与东部的线法山、方河。扬州的瘦西湖小金山上也布置有“月观”。除此之外，在一些山岳的风景区内还往往会布置一些道观，道观是道教修行的场所。观充分利用地势手法的高妙之处，位于其中不仅能够观赏山下的风光，还能够点缀山景的建筑。

4.廊

《园冶》中讲道：“廊者，庑出一步也。”在建筑中，我们把带顶的过道称为廊，有的是房屋前面的出檐部分，可提供人避风雨，也有的是临近建筑相接成组的廊。廊不但具有比较典型的联系交通的功能，同时也是空间之间联系与相互分隔的一个十分重要的手段，因此在园林中的运用也比较多。廊的形式主要是以横断面为准，大体可以分为双面空廊、单面空廊、复廊以及双层廊四种类型。从廊的整体造型上来分，主要可以分为直廊、曲廊、回廊、水廊、桥廊等。廊建筑的规模大小不一，宽窄长短也各异，通常私家园林的廊宽度为1.5m左右；而皇家的园林则会宽很多，还会设置双面空廊，如颐和园的双面空廊，宽2.3m，柱高2.5m，长273间，约728m，中间则建设了留佳亭、对鸥舫、寄澜亭、秋水亭、鱼藻轩与清遥亭等建筑相连接，是国内最长的游廊。北海的琼华岛北侧游廊是一座单面空廊，是目前国内最敞亮恢宏的一座游廊。廊也能进行独立布置而组成建筑，如圆明园的万字廊与我国南方比较多的桥廊，其形式极为优美，不仅能够沟通河上的交通，同时也能用于休息、避雨等。

5.馆

馆主要是用来成组游宴、接待客人的场所，或是起居的客舍。馆的规模不等，可大可小，布置也比较随意。园林中通常布置得比较多，如颐和园中布置了听鹂馆，取名源于杜甫的诗“两只黄鹂鸣翠柳，一行白鹭上青天”。中间布置了小戏台，主要是供帝后欣赏戏曲与音乐的场所。故宫的乾隆花园中也布置了竹香馆，静宜园的勤政殿后面则布置了横云馆，山上布置了雨香馆、梯云山馆。避暑山庄的下湖以及镜湖之间还布置了清舒山馆。圆明园的后湖西北处则布置了杏花春馆，《御制圆明园图咏》载其“环植文杏，春深花发，烂然如霞”。中国最大的私家园林苏州网师园中则布置有蹈和馆，拙政园内则有三十六鸳鸯馆和十八曼陀罗花馆连接在一起，两面临水，一面临山，格扇比较通透，装修十分精美。现代的各处园林中也都有大小不等、形式独特的馆，如北京的紫竹院本来是坐落于筠石园中的友贤山馆，最初的构想是当作竹的有关屋室。北京的动物园、植物园也都具有相应的科普馆，具有一定的规模与特殊设施。

（二）建筑布局

1.建筑群体的轴线和骨架线

群体建筑在任意一种环境中都存在十分鲜明的组合轴线关系。园林中的建筑群体轴线通常都能够对整个园林的布局起到制约作用，有时也和园林的布局完全吻合。中国的古典园林中，皇家园林建筑群是以正殿为中心的，自宫门开始起，到后端收尾的殿堂止，基本上是一条笔直的中轴线贯穿其中。两侧的宫殿采用对称形式进行布局，依中轴线进行延伸，显示出十分严格的秩序和庄重的氛围。私家园林的格局有多种多样的形式，但局部建筑群仍然大多是以正厅作为主体，设置中轴线所组成的院落。很多建筑呈现出变化错落的形式，是自由的群体，不存在与之对称的严谨的中轴线，但是能够找到它们之间布局的骨架线型所存在的关系。

2.建筑布局的空间序列

建筑布局的空间序列和园林布局的空间序列具有相通的道理。整个建筑群体，也要有起始、过渡、衔接、重点、高潮、收尾等不同的活动空间，它们也是一个建筑群体的整体。其中，存在大和小、高和低、多和少、收和放等多种不同的处理方法。例如，颐和园的南坡建筑群是从湖边的牌楼“云辉玉宇”开始的，经排云殿、德辉殿，到佛香阁形成了高潮，最后则是到智慧海处进入尾声，山体的东侧有敷华亭、转轮藏，西侧则有撷秀亭、五方阁等当作衬托所形成的迂回空间。

3.开敞空间与封闭空间

建筑需要靠墙体围合，有门闭合主要是为了形成封闭空间。尽管是有围合，但是所采用的窗漏、落地窗等，都是比较通透的厅堂，也有不完全围合即半开敞或者半封闭的空间。基本上不用砖石做围墙，以竹林、灌木墙等作为边界，采用透廊、过廊让建筑群体和自然环境相互穿插渗透，形成一个比较开敞的空间。选择哪一种形式，完全取决于建园的立意、风格以及建筑所具备的功能。

4.空间关系的限定

不同的形态所构成的要素对建筑的空间能够产生不同的限定感。在设计过程中，应该选择与之相适应的限定关系，以此来满足构思的相关需求。

5.建筑的朝向与开窗

传统建筑的方位主要讲究的是坐北朝南，不仅利于日照，同时也利于避风。佛道两家的寺、观则往往为坐西朝东的。现代的园林设计中也有很多建筑的朝向是随地貌、景观的特征进行确定的。朝向和开窗的选择都是为了能够选取最好的观光视野，在对开放空间进行处理的时候，手法也相应比封闭空间更加灵活。

6.单体建筑的点景作用

园林建筑的类型十分丰富，主要可以分为殿、堂、轩、榭、舫、亭、桥、廊等。园林中分布最多的独立建筑主要是各类园亭：山上是山亭，水边是水亭，廊端、廊间有廊亭，平地纳凉则有很多凉亭，修立碑文主要是碑亭。北方的园林亭体量通常都比较大，具有比较鲜明的雄浑、粗壮、端庄特点，南方的园林亭体量则相对较小，彰显出其俊秀、轻巧、活泼的特点；除此之外，还有半亭、双亭、组合亭等其他多种多样的式样。与古代园亭相比，现代园亭式样则更多样化，更加生动且更富有变化。

五、构筑物

（一）常见的构筑物类型

1.榭

榭是一种建在台上的敞屋建筑。北京的绮春园西南方向的湖岛上就建有招凉榭。有很多榭都是建于水边，称作水榭。水榭是一种在水边架起的平台，部分伸出了水面，平台常常是以栏杆或者鹅颈靠相围，上部是一个单体建筑或者是一座建筑群。

2.轩

轩主要是指一些带窗的长廊或者小室。在很多的园林中都布置有这类建筑，如故宫的乾隆花园中的符望阁西的玉粹轩；承德避暑山庄半山上的半山亭侧的来青轩；玉泉山西山坡上的崇霭轩等。私家园林中的代表建筑则有宋代富郑公园中临水布置的重波轩；苏州留园中依山面水的闻木樨香轩等。通常情况下，轩的面积都不是太大，往往都是选在环境比较优雅、风景佳的地方，主要是用来供文人雅士休息、读书、工作。由此，即便是一些不太大的建筑，也有称作轩的。有些聚会的场所同样也被称为轩，如北京中山公园的茶室，就被称为来今雨轩。

3.舫

舫也叫双帮船，主要是指一种两体并联的船。《说文》中释为“舫，并舟也”，也可以称作“方”“枋”“方舟”“枋船”，有时也会写作“航”。古时的一些游船，尽管不是两船相连的形式也称为舫，如画舫、石舫等。在园林中水上可以游动的舫，主要是一种活动的设备。以后在水边修建的则是一种砖木结构的舫形建筑，也可以称之为舫或不系舟，可以供游人休息、宴饮时之用。如颐和园中有一座石舫名为清晏舫，是目前舫中规模最大的一座建筑。北京的勺园中也有舫，广东园林中也不少见，苏州的拙政园、狮子林以及南京的原总统府煦园中也都有舫建筑，各具鲜明特色且装修十分考究。一些现代的园林中也有很多新的创作。

4.花架

（1）花架的作用

遮阴功能：花架是供一些攀缘类植物攀爬的棚架，同时也是人们进行消夏庇荫的重要活动场所，能够为游人提供休息、乘凉的场所，它也可以供游人坐赏周围的风景。

景观效果：花架在风景园林的设计过程中通常都具有亭、廊的作用，作为长线进行布置时，就好像游廊一样可以发挥出建筑的空间脉络作用，形成一种导游的路线。也可以用来对空间进行划分，极大地增加风景的浓度。在作点状进行布置时，就好像亭子一样，能够形成观赏点，并且还能够供游人在这里对周围环境景色进行观赏。在现代的园林设计中花架除了能够供植物攀缘之外，有时还会取其形式轻盈的特点，以此来点缀园林建筑的某些墙段或者檐头，使之风格更加活泼，更能体现出园林的性格特征。此外，花架本身就有十分优美的外形，也能够对周围的环境起到装饰的作用。

纽带作用：花架在建筑上也可以起到一种纽带的作用。同时，花架也可以与亭、台、楼、阁相联系，形成组景的功能。

（2）花架位置选择

花架的位置有比较灵活的选择，公园的隅角、水边、园路的一侧、道路的转弯、建筑旁边等都能够设立这种构筑物。在形式方面，既能够和亭廊、建筑组合在一起，也能够进行单独设立。如在草坪上设立花架。

花架在园林中的布局既能够采用附建式，也能采取独立式布局。附建式设计属于建筑的一个组成部分，也是建筑空间的一种延续，它应该能够保持建筑自身统一的比例和尺度。在功能方面，除了供植物攀缘或设桌凳供游人休息外，也可以只起到装饰的作用。独立式的花架布局应该在庭院的总体设计之中进行确定，它能够布置在花丛内，也能够布置在草坪边，使庭院空间可以有起有伏，增加了平坦空间的层次感。有时也可以傍山临池，随势弯曲。花架和廊道有相似的功能，能够起到组织浏览路线与观赏景点的作用，在进行花架布置时，一方面需要做到格调清新，另一方面则需要注意和周围的建筑以及绿化栽培在风格上做到统一。

（3）花架的材料及植物材料

可用来制作花架的材料有很多。如果是制作一个相对简单的棚架，则可以用竹、木搭成，体现出自然有野趣的特征，能与自然环境之间做到协调，但是使用的期限通常较短。坚固的棚架，大多会使用砖石、钢管或者钢筋混凝土等进行建造，其特点就是美观、坚固、耐用，维修费用也很少。

对于花架植物材料的选择需要充分考虑到花架的遮阴与景观两个方面的作用，大多是选择一些藤本蔓生且具有一定的观赏价值的植物，如常春藤、紫藤、凌霄、南蛇藤、五味子、木香等，也可以考虑使用一些具有一定经济价值的植物，如葡萄、金银花、猕猴桃等。

（4）花架造型设计

花架的造型通常都十分灵活、富有变化，其中最常见的一种形式就是梁架式，也是人们普遍熟悉的葡萄架。半边列柱半边墙垣，造园趣味类似半边廊，在墙上也能够开设景窗，使意境变得更加含蓄。除此之外，新的形式还包括单排柱花架或者单柱式花架以及圆形的花架。单排柱花架依旧能够保持廊的造园特点，它在组织空间与疏导人流上都能够起到同样的作用，但是在造型方面则更为轻盈自由。单柱式花架就好像是一座亭子，只是顶盖周围是由攀缘的植物叶和蔓所组成的。

花架的设计通常都是与其他的小品结合在一起的，形成一组内容十分丰富的小品建筑，可布置座凳供人小憩。

（二）雕塑

1.雕塑的类型

在园林中，雕塑具有表达园林的主题，组织园景，点缀、装饰、丰富游览内容的重要作用，也可以充当适用的小设施等。所以，雕塑通常可以被分成下列几种类型。

（1）纪念性雕塑

这种雕塑大都是分布在一些纪念性园林绿地之中，以及在一些历史名城中。如上海的虹口公园内有鲁迅雕像；南京的新街口广场有孙中山的铜像等。

（2）主题性雕塑

主题性雕像就是根据某一种主题所创造出来的雕塑。如杭州花港公园中的“莲莲有鱼”雕像，突出了观鱼的主题，借此来表达园林的主题。

（3）装饰性雕塑

这类雕塑通常都和树、石、水池、建筑物等结合在一起进行建造，借此来丰富游览的内容，供人观摩。如雕塑天鹅、海豹、长颈鹿、金鱼等。

2.雕塑的材料

通常，雕塑所采用的材料是石头类材质，其中比较常见的材料有大理石、汉白玉石、花岗岩以及混凝土、金属等材料等。近年还有很多人采用钢筋混凝土来塑造假山、建筑小品以及一些小型的基础设施等。

3.雕塑的设置

雕塑通常都是设置于园林的主轴线上，有的设置在风景透视线的范围之内，也可以把雕塑建立在广场、草坪、桥畔、堤坝旁边等。雕塑不仅能够进行孤立设置，同时也能够和水池、喷泉等进行搭配，在一起设置。有些场合，雕塑后方可以栽种一些四季常绿的树丛作为衬托，这样能够让所塑的形象更加鲜明突出。

六、植物

（一）园林植物的功能作用

1.构建空间功能

主要是指植物在构成室外空间的过程中，和建筑物的地面、门窗、墙壁等一样，属于室外环境空间的围合物。植物能够利用其树干、树冠、枝叶来控制游人的视线、控制空间的私密性，从而可以起到构建空间的重要作用。植物在空间中所构成的三个构成面

（地面、垂直面、顶平面），主要是以各种变化的方式进行结合的，可以形成不同的空间形式。

（1）开敞空间

矮灌木和地被植物能够形成各种开敞的空间，这种空间的四周主要是开放、外向、无隐秘性的，完全暴露出来。

（2）半开敞空间

一面或者多面被一些比较高的植物封闭，从而限制了人们视线穿透过去，这样能够形成一个半开敞的空间，这种空间和开敞空间比较相似，只是开放的程度比较小，具有一定的方向性与隐秘性。如一侧的大灌木封闭的半开放空间或者两侧都封闭起来的封闭空间。

（3）覆盖空间

主要是利用一些十分浓密树冠的遮阴树所构成的顶部覆盖、四周开敞的空间形式。这种空间和森林环境存在极大的关系，因为光线只可以通过树冠的空隙和侧面照进来，所以在夏季就会显得十分阴暗幽闭，而秋冬季落叶之后则会显得十分明亮开阔。

（4）垂直空间

利用一些高且密的植物，能够构成一个四面直立、向上开敞的空间，这种空间可以阻止视线的发散，控制住视线的周围方向，所以具有比较强的引导性。

（5）封闭空间

这种空间和覆盖空间比较类似，区别就在于四周都被一些小型的植物所封闭，形成一种相对较为阴暗、隐秘感与隔离感比较强的空间形式。

2.观赏功能

（1）植物的大小

植物的大小能够直接影响到空间范围与结构的关系，影响到设计的构思和布局。例如，乔木的形体十分高大，其比较显著的观赏因素就是可以孤植形成视线的焦点，也可以进行群植或者片植。而小灌木与地被植物是相对比较矮小浓密的类型，可以进行成片的种植，以此形成色块模纹或者花境。

（2）植物的外形

植物的外形种类比较多，大体可以归纳成以下几种类型。

纺锤形主要呈现的是细窄长，顶部尖细，通常有比较强的垂直感与高度感，把视线往上方引导，形成了一个垂直的空间。龙柏圆柱形主要是细窄长，顶部是圆形。紫杉水平展开形水平方向也进行生长，高与宽基本上是相等的，展开形状以及构图都具有一种宽阔感和外延感。

圆球形，外形圆柔而温和，能够与其他的外形相互调和，如桂花、香樟。尖塔形，外形为圆锥形，可以形成良好的视觉焦点。雪松垂枝形拥有悬垂或者下弯的枝条。

特殊形具有十分奇特的外形，如歪扭式、多瘤节、缠绕式、枝干扭曲等，可以形成视觉的焦点。

（3）植物的色彩

植物的色彩具有鲜明的情感象征，引人关注，能够直接影响到室外空间的气氛和情感。鲜艳的色彩能够给人一种轻快、欢乐的氛围，而深暗的色彩则能够给人一种比较郁闷、幽静、阴森沉闷的氛围。植物的色彩主要是通过树叶、花朵、果实、枝条、树皮等多个部位呈现出来，并且也会随着季节与植物的年龄变化而发生一定的变化。

（4）植物的质地

按照树叶形状的不同，我们可以把植物分成下列几类：落叶阔叶、常绿阔叶、落叶针叶、常绿针叶。落叶阔叶植物的种类比较多，用途十分广泛，夏季能够用来遮阴，而冬季则可以产生一种明亮轻快的效果。常绿阔叶植物色彩通常比较浓重，季节色彩的变化也比较微小，可以作为浅色物体的背景。落叶针叶植物多是一些树形比较高大优美的树种，叶色在秋季大多是古铜色、红褐色的，如水杉、池杉。常绿针叶植物则大多是松柏类型，常常可以给人一种端庄厚重之感，有时也能够产生一种阴暗、凝重的感觉。

3.生态功能

植物不仅具有美化环境、造景布局等功能，还具有极强的生态功能。

首先，可以净化空气、水体与土壤。主要包括：（1）吸收二氧化碳，放出氧气；（2）吸收有害气体，放出氧气；（3）吸滞烟灰和粉尘；（4）减少空气中的含菌量；（5）净化水体；（6）净化土壤。

其次，改善局部小气候。主要方式包括：（1）调节气温；（2）调节湿度；（3）通风、防风。

最后，降低城市噪声污染的同时，也起到安全防护的作用。主要包括：（1）蓄水保土；（2）防震防风；（3）防御放射性污染及防空。

（二）园林植物的种植设计

1.规整式种植

成列种植或者按照几何图案进行种植，形成一种秩序井然的规整式植物景观类型。植物有时还可能会被修剪成各种形状的几何形体，甚至是一些动物与人的形象，彰显出人工美，如西方的古典园林中的刺绣花坛。现代城市的开放空间景观设计通常也会运用一些比较规整式的种植方式来增强空间感，形成和城市硬质景观统一协调的景观艺术效果。

2.自然式种植

主要是对自然群落结构与视觉效果进行模拟，形成一种富有自然气息的植物景观，如树丛、花境等。我国古代的传统园林以及英国的自然风景园林中就常常使用这种模式进行种植。

3.抽象图案式种植

在现代景观的设计过程中，常常会把植物当作构图的主要要素进行艺术加工，形成一种具有十分特殊的视觉效果的抽象图案。如巴西布雷·马尔克斯设计的植物模纹等。

4.生态设计

这种类型的设计主要强调的是对乡土植物的运用，应该充分考虑到周边区域的植物分布空间格局以及自然演化的进程，延续当地植物的风貌和自然过程，根据科学规律进行配置与植物种植。

七、水景

（一）水体的功能作用

1.统一作用

水面作为一种景观的基底时，能够将很多分散的景点统一在一起。例如，在苏州的拙政园以及杭州的西湖中，有很多景点都是以水面作底的，形成一种比较好的图底关系，从而让景观的结构变得更为紧凑。

2.系带作用

水体可以将不同的园林空间连接在一起，以避免出现景观分散的现象。例如，瘦西湖风景区内就是以瘦西湖作为主要的联系纽带，把各个分散的景点之间联系到一起，进而形成了一个十分优美的景观序列。系带作用主要可以分为两个大的类型，即线型和面型。

3.景观焦点作用

一些动态的水景主要有喷泉、瀑布、水帘以及水墙等，其比较特殊的形态与声响往往能够引起人们的注意，有时结合环境小品而成为景观的焦点。

除此之外，水体还具有环境作用和实用功能。其中，水体能够改善环境，如蓄洪排涝、降低气温、吸收灰尘、供给灌溉以及消防等。

水体的实用功能，主要是指水体能够养殖水生动物以及种植水生类植物，还能够为人们提供垂钓、游泳、戏水、泛舟与赛艇等多种娱乐活动的场所。

（二）园林水景的相关要素

1.驳岸

驳岸的作用主要是防护堤岸、防洪泄洪，驳岸的处理可以直接对水景的面貌产生影响，因为人们易于接近驳岸，所以，其自身的形式与材质通常都会成为景观的重要组成部分。驳岸主要分成两类，即自然式与规整式，自然式驳岸主要可以分为草坡、自然山石与假山石驳岸，而规整式驳岸主要可以分为石砌与混凝土驳岸两种类型。

2.堤

堤主要能够把较大的水面分割为不同的区域，同时还能作为重要的通道，使人亲近水体，例如，最具有代表性的是杭州西湖的白堤与苏堤。

3.桥

桥能够起到分隔与联系水面的作用，同时也是道路交通的重要组成部分。桥的形式与材质有很多种，比较常见的是拱桥、曲桥、廊桥、木桥、石桥、索桥等，所以，经常成为风景构成的点睛之笔，如颐和园中就有十七孔桥。有一些桥还兼有游乐的功能，如桥趣园中建有独木桥与滚筒桥等。

八、照明

（一）照明的作用

室外照明能够给人们在夜间活动提供一种功能场所，其主要目的包括增强重要节点、标识物、交通路线以及活动区的可辨别性，使行人与车辆都可以安全地行走，提高了环境区域内的安全性，并降低了其潜在的人身伤害以及人为财产的破坏的概率。

照明应需要注意合理的照度、均匀度，还需要防止产生眩光。照明的光源根据电光源不同可以分成热辐射光源（如白炽灯与卤钨灯）、气体放电光源；根据颜色的不同也可以分成冷光源、暖光源两种形式。比较常见的风景园林灯具主要有门灯、庭院灯、草坪灯、路灯、水池灯、霓虹灯、地面射灯等。照明在风景园林中还广泛用于植物、花坛、雕塑、水体、喷泉瀑布、园路等位置的特殊照明。

（二）园灯的设置

园灯是风景园林中重要的照明设备，主要的作用是在夜晚提供照明，点缀黑夜中的景色，同时，白天园灯则能够起到装饰的作用。所以，各类园灯不但需要在照明的质量和光源的选择上有严格的要求，同时也对灯头、灯杆、灯座的造型提出了一些必要的条件。

在园林中，需要在很多地方都设置园灯，如园林的出入口、广场、道旁、桥梁、建筑、雕塑、喷泉、水池等地都应该设置灯具。园灯处于不同的环境下，都存在着不同的要求。在一些比较开阔的广场与水面，可以选用发光效率比较高的直射光源，灯杆的高度也可以依广场的大小而进行变动，通常都是5～10m。道路两旁的园灯，希望照度比较均匀，因为路边的行道树有一定的遮挡，所以通常不宜太高，以4～6m为宜，间距通常以30～40m为佳，不应该太远或者太近，常常采用散射光源，以免出现直射光给行人造成耀眼而目眩的状况。在广场与草坪中的雕塑、花坛、喷水池等地方，也同样需要采用探照灯、聚光灯或者霓虹灯进行装饰，在一些大型的喷水池中，可以在水下装设一些彩色的投光灯，使其五光十色，水面上也容易形成闪闪的光点。在园林的道路交叉口或者空间的转折处，应该设置指示灯，以便为游人在黑夜中指示方向。

第二章　园林建设规划与布局

第一节　园林美学与形式美法则

一、园林美学概述

（一）园林美的属性和特征

园林属于多维空间的艺术范畴，一般有两种观点：一曰三维、时空和联想空间（意境）；二曰线、面、体、时空、动态和心理空间等。其实质都说明园林是物质与精神空间的总和。

园林美具有多元性，表现在构成园林的多元素和各元素的不同组合形式之中。园林美也有多样性，主要表现在历史、民族、地域、时代性的多样统一之中。

园林作为一个现实生活境域，营造时就必须借助于自然山水、树木花草、亭台楼阁、假山叠石，乃至物候天象等物质造园材料，将它们精心设计，巧于安排，创造出一个优美的园林景观。因此，园林美首先表现在园林作品可视的外部形象物质实体上，如假山的玲珑剔透、树木的红花绿叶、山水的清秀明洁……这些造园材料及其所组成的园林景观便构成了园林美的第一种形态——自然美实体。

尽管园林艺术的形象是具体而实在的，但园林艺术的美却不仅限于这些可视的形象实体表面，而是借助于山水花草等形象实体，运用各种造园手法和技巧，通过合理布置、巧妙安排、灵活运用来表达和传送特定的思想情感，抒写园林意境。园林艺术作品不仅仅是一片有限的风景，而是要有象外之象，景外之景，即是“境生于象外”，这种象外之境即为园林意境。重视艺术意境的创造，是中国古典园林美学上的最大特点。我国古典园林美主要是艺术意境美，在有限的园林空间里，缩影无限的自然，造成咫尺山林的感觉，产生

“小中见大”的效果，拓宽了园林的艺术空间。如扬州的个园，成功地布置了四季假山，运用不同的素材和技巧，使春、夏、秋、冬四时景色同时展出，从而延长了园景的时间。这种拓宽艺术时空的造园手法强化了园林美的艺术性。

当然，园林艺术自然要受制于社会存在。作为一个现实的生活境域，必然会反映社会生活的内容，表现园主的思想倾向。例如，法国的凡尔赛宫苑布局严整，是当时法国古典美学总潮流的反映，是君主权力至高无上的象征。再如上海某公园的缺角亭，作为一个园林建筑的单体审美，缺角后就失去了其完整的形象，但它有着特殊的社会意义，建此亭时，正值东北三省沦陷于日本侵略者手中，园主故意将东北角去掉，表达了为国分忧的爱国之心。理解了这一点，你就不会认为这个亭子不美，而是会感到一种更高层次的美的含义，这就是社会美。

可见，园林美应当包括自然美、社会美、艺术美三种形态。

系统论有一个著名论断：整体不等于各部分之和，而是要大于各部分之和。英国著名美学家赫伯特·里德（Herbert Read）曾指出：“在一幅完美的艺术作品中，所有的构成因素都是相互关联的；由这些因素组成的整体，要比其简单的总和更富有价值”。园林美不是各种造园素材单体美的简单拼凑，也不是自然美、社会美和艺术美的简单累加，而是一个综合的美的体系。各种素材的美，各种类型的美相互融合，从而构成一种完整的美的形态。

（二）园林美的主要内容

如果说自然美是以其形式取胜，园林美则是形式美与内容美的高度统一。它的主要内容有以下十个方面。

1.山水地形美

包括地形改造、引水造景、地貌利用、土石假山等，它形成园林的骨架和脉络，为园林植物种植、游览建筑设置和视景点的控制创造条件。

2.借用天象美

借日月雨雪造景。如观云海霞光，看日出日落，设朝阳洞、夕照亭、月到风来亭、烟雨楼，听雨打芭蕉、泉瀑松涛，造断桥残雪、踏雪寻梅等意境。

3.再现生境美

仿效自然，创造人工植物群落和良性循环的生态环境，创造空气清新、温度适中的小气候环境。花草树木永远是生境的主体，也包括多种生物。

4.建筑艺术美

风景园林中由于游览景点、服务管理、维护等功能的要求和造景需要，要求修建一些园林建筑，包括亭台廊榭、殿堂厅轩、围墙栏杆、展室公厕等。建筑决不可多，也不可无，古为今用，外为中用，简洁巧用，画龙点睛。建筑艺术往往是民族文化和时代潮流的结晶。

5.工程设施美

园林中，游道廊桥、假山水景、电照光影、给水排水、挡土护坡等各项设施必须配套，要注意艺术处理而区别于一般的市政设施。

6.文化景观美

风景园林常为历史古迹所在地，“天下名山僧占多”。园林中的景名景序、门楹对联、摩崖碑刻、字画雕塑等无不浸透着人类文化的精华，创造了诗情画意的境界。

7.色彩音响美

风景园林是一幅五彩缤纷的天然图画，是一曲袅绕动听的美丽诗篇。蓝天白云，花红叶绿，粉墙灰瓦，雕梁画栋，风声雨声，鸟声琴声，欢声笑语，百籁争鸣。

8.造型艺术美

园林中常运用艺术造型来表现某种精神、象征、礼仪、标志、纪念意义以及某种体形、线条美。

9.旅游生活美

风景园林是一个可游、可憩、可赏、可学、可居、可食、可购的综合活动空间，满意的生活服务，健康的文化娱乐，清洁卫生的环境，交通便利，治安保证与特产购物，都将给人们带来情趣，带来生活的美感。

10.联想意境美

联想和意境是我国造园艺术的特征之一。丰富的景物，通过人们的接近联想和对比联想，达到触景生情、体会弦外之音的效果。“意境”一词最早出自我国唐代诗人王昌龄《诗格》，说诗有三境：一曰物境，二曰情境，三曰意境。意境就是通过意象的深化而构成心境应合、神形兼备的艺术境界，也就是主客观情景交融的艺术境界。风景园林就应该是这样一种境界。

二、形式美法则

（一）形式美的表现形态

1. “点”

点是构造的出发点，它的移动便形成线，是基本的形态要素，是进入视野内有存在感而与周围形状和背景相比较能产生点的感觉的形状。点的感觉与点的形状、大小、色彩、排列、光影等有关系。点的强化使得目标鲜明醒目，成为审美重点，也可强调整体均衡和稳定中心。

2.线条美

线条是造园家的语言，是构成景物外观的基本因素，是造型美的基础。它可表现起伏的地形、曲折的道路、婉转的河岸、美丽的桥拱、丰富的林冠线、严整的广场、挺拔的峭壁、简洁的屋面……线条的曲直、粗细、长短、虚实、光洁、粗糙等，在人心理上会产生快慢、刚柔、滞滑、利钝、节奏等不同感觉。

线的形态感情如下。

（1）直线

直线具有坚强、刚直的特性与冷峻感，如水平线、竖直线和斜线。

水平线具有与地面平行而产生附着于地面的稳定感。产生开阔、舒展、亲切、平静的气氛，同时有扩大宽度、降低速度的心理倾向。

竖直线与地面垂直，显示与地球吸引力相反的动力，有一种战胜自然的象征，体现力量与强度，表达崇高向上、坚挺而严肃的情感。

斜线更具有力感、动感和危机感，使人联想到山坡、滑梯的动势，构图也更显活泼与生动。

利用直线类组合成的图案，可表现出耿直、刚强、秩序、规则和理性的形态情感。

（2）曲线

曲线具有柔顺、弹性、流畅、活泼的特征，给人以运动的感觉，其心理诱惑感强于直线。几何曲线规则而明了，表达出理智、圆浑统一的感觉，自由曲线则呈现自然、抒情与奔放的感觉。

利用弧形弯曲线组合成的图案，代表着柔和、流畅、细腻和活泼的形态情感。

3.图形美

图形是由各种线条围合而成的平面形态，它通过“面”的形式来表现和传达情感。通常分为规则式图形和自然式图形两类。

面是人们直接感知某一物体形状的依据，圆形、方形、三角形是图形最基本的形状，可称为“三原形”。而它们是由不同的线条采用不同的围合方式而形成的。规则式图形的特征是稳定、有序，有明显的规律变化，有一定的轴线关系和数比关系，庄严肃穆，秩序井然；而不规则图形表达了人们对自然的向往，其特征是自然、流动、不对称、活泼、抽象、柔美和随意。

4.体形美

体形是由多种面形围合而成的三维空间实体，给人印象最深，具有尺度、比例、体量、凹凸、虚实、刚柔、强弱的量感与质感。风景园林中包含着绚丽多姿的体形美要素，表现于山石、水景、建筑、雕塑、植物造型等，人体本身也是线条与体形美的集中表现。不同类型的景物有不同的体形美，同一类型的景物，也具有多种状态的体形美。现代雕塑艺术不仅表现出景物体形的一般外在规律，而且还抓住景物的内涵加以发挥变形，形成了以表达感情内涵为特征的抽象艺术。

5.光影色彩美

色彩是造型艺术的重要表现手段之一，通过光的反射、色彩能引发人们生理和心理感应，从而获得美感。

6.朦胧美

朦胧美产生于自然界，它是形式美的一种特殊表现形态，使人产生虚实相生、扑朔迷离的美感。

（二）形式美法则的应用

1.多样与统一

各类艺术都要求统一，且在统一中求变化。园林组成部分的体量、色彩、线条、形式、风格等，都要求一定程度的相似性与一致性。一致性的程度会引起统一感的强弱：十分相似的组分会给人以整齐、庄严、肃穆；而过分一致的组分则给人呆板、单调、乏味的感受。因此，过分的统一则是呆板，疏于统一则显杂乱，所以常在统一之上加上一个“多样”，意思是需要在变化之中求得统一，免于成为大杂烩。这一原则与其他原则有着密切的关系，起着“统帅”作用。真正使人感到愉悦的风景景观，均由于它的组成之间存在明显的协调统一。要创造多样统一的艺术效果，可以通过以下多种途径来达到。

（1）形式统一

形式统一应先明确主题格调，再确定局部形式。在自然式和规整式园林中，各种形式都是比较统一的，混合式园林主要是指局部形式是统一的，而整体上两种形式都存在。但园内两种形式的交接处不能太突然，应有一个逐步过渡的空间。公园中重要的表现形式是园内道路，其规整式多用直路，自然式多用曲路。由直变曲可借助于规整式中弧形或折线形道路，使其不知不觉中转入曲径。

某些建筑造型与其功能内涵在长期的配合中，形成了相应的规律性，尤其是体量不大的风景建筑，更应有其外形与内涵的变化与统一，如亭、台、楼、阁、餐厅、厕所、展室花房等。如用一般亭子或小卖部的造型去建造厕所，显然是荒唐的。如果在一个充满中国风格的花园内建立一个西洋风格的小卖部，便会感到在形式上失去统一感。

（2）材料统一

无论是一座假山、一堵墙面还是一组建筑，无论是单个或是群体，它们在选材方面既要有变化，又要保持整体的一致性，这样才能显示景物的本质特征。如园林中告示牌、指路牌、灯柱、栏杆、花架、宣传廊、座椅等材料颜色统一。近来多有用现代材料结构表现古建筑的做法，如仿木、仿竹的水泥结构，仿石的斩假石做法，仿大理石的喷涂做法，也可表现理想的质感统一效果。

（3）线条统一

线条统一是指各图形本身的线条图案与局部线条图案的变化统一，例如山石岩缝竖向的统一，天然水池曲岸线的统一等。变化形成多样统一，也可用自然土坡山石构成曲线变化求得多样统一。

（4）色彩统一

用色彩统一来达到协调统一。如美国东部的枫林住宅区，以突出整体红色枫树林为环境艺术特色。又如我国的油菜花田给人美的享受。

（5）花木统一

公园树种繁多，但可利用一种数量最多的植物花卉来做基调，以求协调。如杭州花港观鱼公园选用常绿大乔木广玉兰做基调。

（6）局部与整体统一

整体统一，局部协调。在同一园林中，景区景点各具特色，但就全园总体而言，其风格造型、色彩变化均应保持与全园整体基本协调，在变化中求完整。如卢沟桥上的石狮子，每一组狮子雕塑为大狮子围合，材料统一，高矮统一，“群小一大”也统一，而变化的范围却是小狮子的数量、位置和姿态以及大狮子的各种造型。总之，变化于整体之中，求形式与内容的统一，使局部与整体在变化中求协调，这是现代艺术对立统一规律在人类审美活动中的具体表现。

2.对比与微差（对比律）

对比：各要素之间的差异极为显著，称对比（强烈对比）。对比的结果会使得景物生动而鲜明。它追求差异的对比美。

微差：各要素相比，表现出更多相同性，而其不同性在对比之下可忽略不计，这一不同性称微差（微差对比）。微差的表现会使得景物连续而和谐，它追求协调中的差异美。

对比是比较心理的产物，是强调二者的差异性，是对风景或艺术品之间存在的差异和矛盾加以组合利用，取得相互比较、相辅相成的呼应关系。在园林造景中，往往通过形式和内容的对比关系突出主体，更能表现景物的本质特征，产生强烈的艺术感染力。如用小突出大，以丑突显美，用拙反衬巧，用粗显示细，用黑暗预示光明等。风景园林造景运用对比的有形体、线型、空间、数量、动静、主次、色彩、光影、虚实、质地、意境等对比手法。另外，在具体应用中，还有不同的表现方法，如“地与图”的反衬，指背景对主景物的衬托对比。

（1）适于用对比的场所

花园入口：用对比手法可以突出花园入口的形象，通过对比既容易使游人发现，又标示出公园的属性，给人以强烈的印象。

精品景点：对于园中喷水池、雕塑、大型花坛、孤赏石等，对比可使位置突出、形象突出或色彩突出。

建筑附近：尤其对园内的主体建筑，可用对比手法突出建筑形象。

渲染情绪：在十分淡雅的景区，在重要的景点前稍用对比手法，可使游人情绪为之一振。

（2）对比方法

大小（空间）对比：大小的对比，常表现以短衬长、以低衬高、以小见大、以大见小等。以小见大为一种障景的艺术手法，在主要景物前设置屏障，利用空间体量大小的对比作用，达到欲扬先抑、出人意料的艺术效果。景物大小不是绝对的，而是相形之下比较而来。例如一座雕像，本身并不太高，可通过基座以适当的比例加高，而且四周配植人工修剪的矮球形黄杨，使在感觉上加高了雕塑。相反的用笔直的钻天杨或雪松，会觉得雕塑变矮了。

色彩对比：园林中关于色彩的对比，在植物素材的运用上表现更为突出。“红花还需绿叶扶”就是对补色搭配的一种总结。色彩的对比可以包括色彩发生变化和协调的补色对比、色相对比、明度对比、色度对比、冷暖对比、面积对比等。

形状对比：自然界中的物体形状，被人们分为圆形、方形（矩形）和三角形（多边形）三种基本形状，俗称为“三原形”。它们的相互组合可以构成世上所有的形状。

方向对比：水平与垂直是人们公认的一对方向对比因素。水边平静广阔的水面与一棵高耸的水杉可形成鲜明的对比，一个碑、塔、阁或雕塑一般是垂直矗立在游人面前，它们与地平面存着垂直方向的对比。由于景物高耸，很容易让游人产生仰慕和崇敬感。

质地对比：利用植物、建筑、山石、水体等造园素材质感的差异形成对比。粗糙与光洁、革质与蜡质、厚实与透明、坚硬与柔软。建筑上仅以墙面而论，也有砖墙、石墙、大理石墙面以及加工打磨情况等不同，而使材料质感上有差异。利用材料质感的对比，可产生浑厚、轻巧、庄严、活泼，或以人工性或以自然性为主的不同艺术效果。

虚实对比：虚给人轻松，实给人厚重。水面中间有一小岛，水体是虚，小岛是实，因而形成了虚实的对比，产生艺术效果。碧山之巅置一小卒，小亭空透轻巧是虚，山巅沉重是实，也形成虚实对比的艺术效果。在空间处理上，开融是虚，闭合是实，虚实交替，视线可通可阻。可从通道、走廊、漏窗、树干间去看景物，也可从广场、道路、水面上去看景物，由虚向实或由实向虚，遮掩变幻，增加观景效果。园林中的虚与实、藏与露等都是常用的对比手法。老一辈造园家提醒“对比多了，等于没有对比”，意思是偶然一用效果卓著，用多了反而生厌。

开合对比：在空间处理上，开敞空间与闭合空间也可形成对比。在园林绿地中利用空间的收放开合，可形成敞景与聚景。视线忽远忽近，空间忽放忽收，自收敛空间窥视开敞空间，增加空间的对比感、层次感，创造“庭院深深深几许”的境界。

明暗对比：由于光线的强弱，造成景物的明暗。景物的明暗使人有不同的感受，如叶大而厚的树木与叶小而薄的树木，在阳光下给人的感受就不同。在景区的印象上，明给人以开朗活跃的感觉，暗给人以幽静柔和的感觉。在园林绿地中，明朗的广场空地，供人活动，幽暗的疏密林带，供人散步休息。或在开朗的景区前，布置一段幽暗的通道，以突出开朗的景区。一般来说，明暗对比强的景物令人有轻快振奋的感受，明暗对比弱的景物令人有柔和静穆的感受。

其他方面的对比，如主次对比、高低对比、上下对比、直线与曲折线的对比等手法，都在园林中得以广泛应用。

3.节奏与韵律

自然界中许多现象，常是有规律的重复和有组织的变化。例如海边的浪潮，一浪一浪地向岸上扑来，均匀而有节奏。在园林绿地中，也常有这种现象，如道旁植树，植一种树好，还是间植两种树好？在一个带形用地上布置花坛，设计成一个长花坛好，还是设计几个花坛并列起来好？这都牵涉到构图中的韵律节奏问题。节奏是最简单的韵律，韵律是节奏的重复变化和深化，富于感性情调使形式产生情趣感。条理性和重复性是获得韵律感的必要条件，简单而缺乏规律变化的重复则单调枯燥乏味。所以韵律节奏是使园林艺术构图多样而统一的重要手法之一。

园林绿地构图的韵律与节奏的常见方式有以下几种。

（1）重复韵律

同种因素等间距反复地出现，如行道树、登山道、路灯、带状树池等。

（2）交错韵律

相同或不同要素作有规律的纵横交错、相互穿插。常见的有芦席的编织纹理和中国的木棂花窗格子。

（3）渐变韵律

指连续出现的要素按一定规律或秩序进行微差变化。逐渐加大或变小，逐渐加宽或变窄，逐渐加长或缩短，从椭圆逐渐变成圆形或反之，色彩渐由绿变红等。

（4）旋转韵律

某种要素或线条，按照螺旋状方式反复连续进行，或向上，或向左右发展，从而得到旋转感很强的韵律特征。在图案、花纹或雕塑设计中常见。

（5）突变韵律

指景物以较大的差别和对立形式出现，从而产生突然变化而错落有致的韵律感，给人以强烈变化的印象。

（6）自由韵律

类似像云彩或溪水流动的表示方法，指某些要素或线条以自然流畅的方式，不规则但却有一定规律地婉转流动，反复延续，出现自然优美的韵律感。

归纳上述各种韵律，根据其表现形式，又可分成三种类型：规则、半规则和不规则韵律。前者表现严整规定性、理智性特征，后者表现其自然多变性、感情性特征，而半规则显示出两者的共同特征。可以说，韵律设计是一种方法，可以把人的眼睛和意志引向一个方向，把注意力引向景物的主要因素。世界现代韵律观差异很大，甚至难以捉摸，总的来说，韵律是通过有形的规律性变化，求得无形的韵律感的艺术表现形式。

4.比例与尺度

造型艺术的审美对象在空间都占有一定的体积。在长、宽、高三个方向上应该有多大，他们相互之间的关系怎样，什么是优美和谐的比例，古往今来人们均企图通过健康的人体、美妙的音乐、成功的建筑雕塑来分析找出优美比例的规则……因此，尺度与比例的关系问题一直是人类自古以来试图解决的问题。

比例是指各部分之间、整体与局部之间、整体与周围环境之间的大小关系与度量关系，是物与物之间的对比，它与具体尺寸无关。

尺度是指与人有关的物体实际大小与人印象中的大小之间的关系，它与具体尺寸有不可分割的联系。如墙、门、栏杆、桌椅的大小常常与人的尺寸产生关系，容易使人在心理上有固定的印象。

比例对比，是判断某景物整体与局部之间存在着的关系，是否合乎逻辑的比例关系。比例具有满足理智和眼睛要求的特征。比例出自数学，表示数量不同而比值相等的关系。世界公认的最佳数比关系是古希腊毕达哥拉斯学派创立的“黄金分割”理论。即无论从数字、线段或面积上相互比较的两个因素，其比值都近似于0.618：1。这一数比关系被称为黄金分割率，它作为美的典范被推崇了几千年，人们不断地在各方面进行对照运用，如生物最旺盛的时期处于0.618时间点上；按人均72～76岁的寿命，44～48岁发挥最完美、最辉煌、最有成就；人在环境温度为22～24℃时感觉最舒适……

然而在人的审美活动中，比例更多的见之于人的心理感应，这是人类长期社会实践的产物，并不仅仅限于黄金比例关系。那么如何能得到比较好的比例关系呢？17世纪法国建筑师布龙台认为，某个建筑体（或景物）只要其自身的各部之间有相互关联的同一比例关系时，好的比例也就产生了，这个实体就是完美的。其关键是最简单明确、合乎逻辑的比例关系才产生美感，过于复杂而看不出头绪的比例关系并不美。以上理论确定了圆形、正方形、正三角形、正方内接三角形等，可以作为好的比例衡量标准。

功能决定比例，人的使用功能常常是事物比例的决定因素。如人体尺寸同活动规律决定了房屋三度空间长、宽、高的比例；门、窗洞的高、宽应有的比例，坐凳、桌子和床的比例，各种实用产品的比例，美术字体，各种书籍的长、宽比例关系等。因此，比例有其绝对的一面，也有其相对的一面。

分区规划时，各区的大小应根据功能、人流及内容要求来决定。例如公园中的儿童游乐区、公共游览区、文化娱乐区等都应根据其功能、内容要求等来确定它们之间的空间比例关系。

种植设计也存在比例问题。一般要根据当地的气象、风向、温度、雨量及阴雨日数的资料来决定草坪面积及乔、灌、草花的比例。乔木虽然可以挡风蔽荫，但易造成园内明暗对比失调，所以不能求之过甚，顾此失彼。例如：在北方，常绿树与落叶树的数量比一般为1：3，乔木与灌木比为7：3，而到了海南一带，常绿树与落叶树的数量比例成为2：1甚至3：1，乔木与灌木的比例则为1：1左右。

尺度指与人有关的物体实际大小与人印象中的大小之间的关系。久而久之，这种尺度和它的表现形式合为一体而成为人类习惯和爱好的尺度观念。如供给成人使用和供给儿童使用的东西，就具有不同的尺度要求。

在园林造景中，运用尺度规律进行设计常采用的方法如下。

（1）单位尺度引进法

即引用某些为人们所熟悉的景物作为尺度标准，来确定群体景物的相互关系，从而得出合乎尺度规律的园林景观。

（2）人的习惯尺度法

习惯尺度仍是以人体各部分尺寸及其活动习惯规律为准，来确定风景空间及各景物的具体尺度。如以一般民居环境作为常规活动尺度，那么大型工厂、机关建筑、环境就应该用较大尺度处理，这可称为依功能而变的自然尺度。而作为教堂、纪念碑、凯旋门、皇宫大殿、大型溶洞等，就是夸大了的超人尺度。它们往往使人产生自身的渺小感和建筑物（景观）的超然、神圣、庄严之感。此外，因为人的私密性活动而使自然尺度缩小，如建筑中的小卧室，大剧院中的包厢，大草坪边的小绿化空间等，使人有安全、宁静和隐蔽感，这就是亲密空间尺度。

（3）景物与空间尺度法

一件雕塑在展室内显得气魄非凡，移到大草坪、广场中则顿感逊色，尺度不佳。一座假山在大水面边奇美无比，而放到小庭园里则感到尺度过大，拥挤不堪。这都是环境因素的相对尺度关系在起作用，也就是景物与环境尺度的协调与统一规律。

（4）模度尺设计法

运用好的数比系列或被认为是最美的图形，如圆形、正方形、矩形、三角形、正方形内接三角形等作为基本模度，进行多种划分、拼接、组合、展开或缩小等，从而在立面、平面或主体空间中，取得具有模度倍数关系的空间，如房屋、庭院、花坛等，这不仅能得到好的比例尺度效果，而且也给建造施工带来方便。一般模度尺的应用采取加法和减法设计。

总之，尺度既可以调节景物的相互关系，又能造成人的错觉，从而产生特殊的艺术效果。

5.稳定与均衡

被古代中国人认为是宇宙组成的五大元素：金、木、水、火、土，五个汉字的象形基本都是左右对称，上小下大。而在西方，“对称”一词与“美丽”同义。构图上的不稳定常常让欣赏者感到不平衡。当构图在平面上取得了平衡，我们称之为均衡；在立面上取得了平衡称之为稳定。

均衡感是人体平衡感的自然产物，它是指景物群体的各部分之间对立统一的空间关系，一般表现为对称均衡和不对称均衡两大类型。

（1）静态均衡

静态均衡也称对称平衡。是指景物以某轴线为中心，在相对静止的条件下，取得左右（或上下）对称的形式，在心理学上表现为稳定、庄重和理性。

（2）动态均衡

动态均衡也称不对称平衡，即景物的质量不同、体量也不同，但却使人感觉到平衡。例如门前左边一块山石，右边一丛乔灌木，因为山石的质感很重，体量虽小，却可以与质量轻、体量大的树丛相比较，同样产生平衡感。这种感觉是生活中积淀下来的经验。动态均衡创作法一般有以下几种类型。

构图中心法：在群体景物之中，有意识地强调一个视线构图中心，而使其他部分均与其取得对应关系，从而在总体上取得均衡感。三角形和圆形图案等重心为几何构图中心，是突出主景最佳位置；自然式园林中的视觉重心，也是突出主景的非几何中心，忌居正中。

杠杆均衡法：又称动态平衡法、平衡法。根据杠杆力矩的原理，使不同体量或重量感的景物置于相对应的位置而取得平衡感。

惯性心理法：又称运动平衡法。人在劳动实践中形成了习惯性重心感，若重心产生偏移，则必然出现动势倾向，以求得新的均衡。如一般认为右为主（重），左为辅（轻），故鲜花戴在左胸较为均衡；人右手提起物体，身体必向左倾，人向前跑手必向后摆。人体活动一般在立体三角形中取得平衡，根据这些规律，我们在园林造景中就可以广泛地运用三角形构图法。园林静态空间与动态空间的重心处理，均是取得景观均衡的有效方法。

质感均衡：根据造景元素的材质的不同，寻求人们心理的一种平衡感受。在我国山水园林中，主体建筑和堆山、小亭等常常各据一端，隔湖相望，大而虚的山林空间与较为密实的建筑空间分量基本相等。在重量感觉上一般认为，密实建筑、石山分量大于土山、树木。同一要素内部给人的印象也有区别，当其大小相近时，石塔重于木阁，松柏重于杨柳，实体重于透空材料，浓色重于浅色，粗糙重于细腻。

竖向均衡：上小下大在远古曾被认为是稳定的唯一标准，因为它和对称一样可以给人一种雄伟的印象。而古人大都将宏大气魄作为决定事物美丽的不可缺少的条件之一。上小下大，稳如泰山，即为一种概括。这是因为地球引力强加于人使得物体体重小且越靠近地心就越稳定。一旦人们在技术上有可能不依赖于这种上小下大的模式而仍可使构筑物保持稳定的话，他们是乐于尝试新的形式的。中国假山讲究“立峰时石一块者……理宜上大下小，立之可观。或峰石两块三块拼缀，亦宜上大下小，似有飞舞之势”。

今天的园林中应用竖向均衡的例子也很广泛，建筑小品如伞形亭、蘑菇亭等倒三角形以求均衡的运用。园林是自然空间，竖向层次上主要是地形和植物（大乔木），人们难以完全依照自己的意志进行安排，这就要求我们不断地创造更新颖、更适合于特定环境的方案。杭州云溪竹径中小巧的碑亭与高于它八九倍的三株大枫香形成了鲜明对照，产生了类似于平面上大而虚的自然空间和小而实的人工建筑两者之间的平衡感。当我们让树木倾斜生长而造成不稳定的动势时，也可以达到活泼生动的气氛，如同生长在悬崖之上苍劲刚健而古老的松树给人的印象一样。它们常常成为舒缓园林节奏中的特强音符。

6.统觉与错觉

欣赏物象时常常形成最明显的部分为中心而形成的视觉统一效应，我们称为统觉。由于外界干扰和自身心理定势的作用而对物象产生的错误认识，我们称为错觉。人们的心理定势在通常情况下能够帮助把握住物体的正确形状。

在人工构筑物及其装饰上，统觉和错觉出现得非常频繁，而错觉较统觉运用得更为广泛一些。例如，由于人们的视觉中心点常聚焦偏重于物象的中心偏上，等分线段上半部就会显得比下半部更近，仿佛就更大一些。如匾额、建筑上的徽标、车站时钟、建筑阳台，人体尺度上看，全身的重要视点中心在胸部，如胸花；上半身的视点在领，如领花；面部的视点在额头，如点红点等。我们在进行某些规划设计时，可以充分利用这一错觉开展人们视点中心的注意力布局。

7.主从与统一

任何事物总是有相对和绝对之分，又总是在比较中发现重点，在变化关系中寻求统一。反之，倘若各个局部都试图占据主要或重要位置，必将使整体陷入杂乱无章之中。因此，在各要素之间保持一种合适的地位和关系，对构图具有很大的帮助。美的标准可能并非唯一，但若不符合这些标准就必然丧失美感。

综合性风景空间里，多风景要素、多景区空间、多造景形式的存在，要求必须使用有主有次的创作方法，达到丰富多彩、多样统一的效果。园林景观的主景（或主景区）与次要景观（或次景区）总是相比较而存在，又相协调而变化的。这种原理被广泛运用于绘画和造园艺术。如在绘画方面，元代《画鉴》中说“画有宾有主，不可使宾胜主”“有宾无主则散漫，有主无宾则单调、寂寞，有时有主无宾可用字画代之”。《画山水诀》中说“主山最宜高耸，客山须是奔趋”。在园林叠山方面，明代《园冶》一书说：假若一块中竖而为主石，两条旁插而乎劈峰，独立端严，次相辅弼，势如排列，状若趋承。在园林中有众多的景区和景点，它们因地制宜，排列组合而形成景区序列，但其中必有主有次，如泰山风景名胜区就有红门景区、中天门景区、岱顶景区、桃花源景区等，其中岱顶景区为主景区。中国古典园林是由很多大小空间组成的，如苏州的拙政园是以中区的荷花池为主体部分，又以远香堂为建筑构图中心；北京颐和园以昆明湖为主体，而以佛香阁为构图中心，其周围均有次要景点，形成“众星捧月”“百鸟朝凤”的形势。

8.比拟与联想

园林绿地不仅要有优美的景色，而且要有幽深的境界，应有意境的设想。能寓情于景，寓意于景，能把情与意通过景的布置体现出来，使人能见景生情，因情联想，把思维扩大到比园景更广阔更久远的境界中去，创造幽深的诗情画意。

（1）以小见大、以少代多的比拟联想

模拟自然，以小见大，以少代多，用精练浓缩的手法布置成“咫尺山林”的景观，使人有真山真水的联想。如无锡寄畅园的“八音涧”，就是模拟杭州灵隐寺前冷泉旁的飞来峰山势，却又不同于飞来峰。我国园林在模拟自然山水的手法上有独到之处，善于综合运用空间组织、比例尺度、色彩质感、视觉幻化等，使一石有一峰的感觉，使散石有平冈山峦的感觉，使池水迂回有曲折不尽的感觉。犹如一幅高明的国画，意到笔随，或无笔有意，使人联想无穷。

（2）运用植物的特征、姿态、色彩给人的不同感受，而产生比拟联想

如：松——象征坚贞不屈，万古长青的气概；竹——象征虚心有节，清高雅洁的风尚；梅——象征不畏严寒，纯洁坚贞的品质；兰——象征居静而芳，高风脱俗的情操；菊——象征不提风霜，活泼多姿；柳——象征灵活性与适应性，有强健的生命力；枫——象征不畏艰难困苦、老而尤红；荷花——象征廉洁朴素，出淤泥而不染；玫瑰花——象征爱情，象征青春；迎春花——象征春回大地，万物复苏。白色象征纯洁，红色象征活跃，绿色象征平和，蓝色象征幽静，黄色象征高贵，黑色象征悲哀。但这些只是象征而已，并非定论，而且因民族、习惯、地区、处理手法等不同又有很大的差异。如“松、竹、梅”有“岁寒三友”之称，“梅、兰、菊、竹”有“四君子”之称，都是诗人、画家的封赠。广州的红木棉树称为英雄树，长沙岳麓山广植枫林，却有“万山红遍，层林尽染”的景趣。而爱晚亭则令人想到“停车坐爱枫林晚，霜叶红于二月花”的古人名句。

（3）运用园林建筑、雕塑造型，而产生的比拟联想

园林建筑、雕塑的造型，常与历史、人物、传闻、动植物形象等相联系，能使人产生思维联想。如布置蘑菇亭、月洞门、小广寒殿等，人置身其中产生身临神话世界或月宫之

感，至于儿童游戏场的大象和长颈鹿滑梯，则培养了儿童的勇敢精神，有征服大动物的豪迈感。在名人的雕像前，人们会产生肃然起敬之感。

（4）运用文物古迹而产生的比拟联想

文物古迹发人深省，游成都武侯祠，会联想起诸葛亮的政绩和三足鼎峙的三国时代的局面；游成都杜甫草堂，会联想起杜甫富有群众性的传诵千古的诗章；游杭州岳坟、南京雨花台、绍兴凤南亭，会联想起许多可歌可泣的往事，使人得到鼓舞。文物在观赏游览中也具有很大的吸引力。在园林绿地的规划布置中，应掌握其特征，加以发扬光大。如系国家或省、市级文物保护单位的文物、古迹、故居等，应分情况，“整旧如旧”，还原本来面目，使其在旅游中发挥更大的作用。

（5）运用景色的命名和题咏等而产生的比拟联想

好的景色命名和题咏，对景色能起画龙点睛的作用。如含义深、兴味浓、意境高，能使游人有诗情画意的联想。陈毅同志游桂林诗有云：“水作青罗带，山如碧玉簪。洞穴幽且深，处处呈奇观。桂林此三绝，足供一生看。春花娇且媚，夏洪波更宽。冬雪山如画，秋桂馨而丹。”短短几句，描绘出桂林的“三绝”和“四季”景色，提升了风景游览的艺术效果。

第二节　园林空间艺术布局

一、园林艺术法则与造景手法

（一）景的含义

园林风景是由许多景组成的，所谓“景”就是一个具有欣赏内容的单元，是从景色、景致和景观的含义中简化而来，也就是在园林中的某一地段，按其内容与外部的特征具有相对独立性质与效果即可成为一景。一个景的形成要具备两个条件：一是它的本身具有可赏的内容，二是它所在的位置要便于被人觉察，二者缺一不可。

东西方的造园理论都十分重视景的利用，把景比作一幅壁画，比作舞台上的天幕布，比作音乐中的主旋律等。实际上就是景的序列，我们如何巧妙地去安排和布置，完全取决于造园家和设计者本身。

（二）我国园林造园艺术法则

1.造园之始，意在笔先

意，可视为意志、意念或意境。强调在造园之前必不可少的创意构思、指导思想、造园意图，这种意图是根据园林的性质、地位而定的。《园冶·兴造论》所谓的“……三分匠，七分主人……”之说，表现了设计主持人的意图起决定作用。

2.相地合宜，构园得体

凡造园，必按地形、地势、地貌的实际情况，考虑园林的性质、规模，构思其艺术特征和园景结构。只有合乎地形骨架的规律，才有构园得体的可能。《园冶》提出：无论方向及高低，只要“涉门成趣”即可“得景随形”，认为“园地唯山林最胜”，而城市地则“必向幽偏可筑”；旷野地带应“依呼平岗曲坞，叠陇乔林”。就是说造园多用偏幽山、平岗山窟、丘陵多树等地，少占农田好地，这也符合当今园林选址的方针。

在构园得体方面，《园冶》有一段精辟论述：“约十亩之地，须开池者三……余七分之地，为垒土得四……”，这种水、陆、山三四三的用地比例，虽不可定格，但确有参考价值。园林布局首先要进行地形及竖向控制，只有山水相依，水陆比例合宜，才有可能创造好的生态环境。城乡风景园林应以绿化空间为主，绿地及水面应占有园林面积的80%以上，建筑面积应控制在1.5%以下，并应有必要的地形起伏，创造至高控制点。引进自然水体，从而达到山因水活的境地。

3.因地制宜，随势生机

通过相地，可以取得正确的构园选址，然而在一块地上，要想创造多种景观的协调关系，还要靠因地制宜、随势生机和随机应变的手法，进行合理布局。《园冶》中也多处提到“景到随机”“得景随形”等原则，不外乎是要根据环境形势的具体情况，因山就势，因高就低，随机应变，因地制宜地创造园林景观，即所谓“高方欲就亭台，低凹可开池沼；卜筑贵从水面，立基先究源头，疏源之去由，察水之来历”，这样才能达到“景以境出”的效果。在现代风景园林的建设中，这种对自然风景资源的保护顺应意识和对园林景观创作的灵活性，仍是实用的。

4.巧于因借，精在体宜

风景园林既然是一个有限空间，就免不了有其局限性，但是具有酷爱自然传统的中国造园家，从来没有就范于现有空间的局限，而是用巧妙的“因借”手法，给有限的园林空间插上了无限风光的翅膀。“因”者，是就地审势的意思，“借”者，景不限内外，所谓“晴峦耸秀，钳宇凌空；极目所至，俗则屏之，嘉则收之……”，这种因地、因时借景的做法，大大超越了有限的园林空间。像北京颐和园远借玉泉山宝塔，无锡寄畅园仰借龙光塔，苏州拙政园屏借北寺塔，南京玄武湖公园遥借钟山。古典园林的“无心画”“尺户窗”包括内借外、此借彼、山借云海、水借蓝天、东借朝阳、西借余晖、秋借红叶、冬借残雪、镜借背景、墙借疏影。借声借色、借情借意、借天借地、借远借近、这真是放眼环宇、博大胸怀的表现。用现代语言说，就是汇集所有外围环境的风景信息，拿来为我所用，取得事半功倍的艺术效果。

5.欲扬先抑，柳暗花明

一个包罗万象的园林空间，怎样向游人展示她的风采呢？东西方造园艺术似乎各具特色。西方园林以开朗明快，宽阔通达，一目了然为其偏好，而中国园林却以含蓄有致、曲径通幽、逐渐展示、引人入胜为特色。尽管现代园林有综合并用的趋势，然而作为造园艺术的精华，两者都有保留发扬的价值。究竟如何取得引人入胜的效果呢？我国文学及画论给了很好的借鉴，如“山重水复疑无路，柳暗花明又一村”，“欲露先藏，欲扬先抑”等，这些都符合东方的审美心理与规律。陶渊明的《桃花源记》给我们提供了一个欲扬先抑的范例，见漠寻源，遇洞探幽，豁然开朗，偶入世外桃源，给人无限的向往。如在造园时，运用影壁、假山水景等作为入口屏障；利用绿化树丛做隔景；创造地形变化来组织空间的渐进发展；利用道路系统的曲折引进，园林景物的依次出现，利用虚实院墙隔而不断、利用园中园、景中景的形式等，都可以创造引人入胜的效果。它无形中拉长了游览路线，增加了空间层次，给人们带来柳暗花明、绝路逢生的无穷情趣。

6.起结开合，步移景异

如果说，欲扬先抑给人们带来层次感，起结开合则给人们以韵律感。写文章、绘画有起有结、有开有合、有放有收、有疏有密、有轻有重、有虚有实。造园又何尝不是这样呢？人们如果在一条等宽的胡同里绕行，尽管曲折多变，层次深远，却贫乏无味，就会游兴大消。节奏与韵律感，是人类生理活动的产物，表现在园林艺术上，就是创造不同大小类型的空间，通过人们在行进中的视点、视线、视距、视野、视角等的反复变化，产生审美心理的变迁，通过移步换景的处理，增加引人入胜的吸引力。风景园林是一个流动的游赏空间，善于在流动中造景，也是我国园林的特色之一。现代综合性园林有着广阔的天地、丰富的内容、多方位的出入口，多种序列交叉游程，所以不能有起、结、开、合的固定程序。在园林布局中，我们可以效仿古典园林的收放原则，创造步移景异的效果。比如景区的大小、景点的聚散、绿化草坪植树的疏密、自然水体流动空间的收与放、园路路面的自由宽窄、风景林木的郁闭与稀疏、园林建筑的虚与实等，这种多领域的开合反复变化，必然会带来游人心理起伏的律动感，达到步移景异、渐入佳境的效果。

7.小中见大，咫尺山林

前面提到的因借是利用外景来扩大空间的做法。小中见大，则是调动内景诸要素之间的关系，通过对比、反衬，造成错觉和联想，达到扩大空间感的目的，形成咫尺山林的效果。这多用于较小的园林空间，利用形式美法则中的对比手法，以小寓大，以少胜多。模拟与缩写是创造咫尺山林、小中见大的主要手法之一，堆石为山、立石为峰、凿池为塘、垒土为岛，都是模拟自然，池仿西湖水，岛作蓬莱、方丈、瀛洲之神山，使人有虽在小天地，置身大自然的感受。

8.虽由人作，宛自天开

无论是寺观园林、皇家园林或私家庭园，造园者顺应自然、利用自然和仿效自然的主导思想始终不移，认为只要“稍动天机”，即可做到“有真为假，做假成真”，无怪乎外国人称中国造园为“巧夺天工”。

纵览我国造园范例，顺天然之理、应自然之规，用现代语言，就是遵循客观规律，符合自然秩序，摄取天然精华，造园顺理成章。如《园冶》中论造山者“峭壁贵于直立；悬崖使其后坚。岩、峦、洞穴之莫穷，涧、壑、坡、矶之俨是”。另有“未山先麓，自然地势之嶙嶒；构土成冈，不在石形之巧拙……”，“欲知堆土之奥妙，还拟理石之精微。山林意味深求，花木情缘易短。有真为假，做假成真……”。又如理水，事先要“疏源之去由，察水之来历”，“山脉之通，按其水径；水道之达，理其山形”。做瀑布可利用高楼檐水，用天沟引流，“突出石口，泛漫而下，才如瀑布”。无锡寄畅园的八音涧是闻名的利用跌落水声造景的范例。

9.文景相依，诗情画意

我国园林艺术之所以流传古今中外，经久不衰，一是有符合自然规律的造园手法，二是有符合人文情意的诗、画文学。“文因景成，景借文传”，正是文、景相依，才更有生机。同时，也因为古人造园，到处充满了情景交融的诗情画意，才使中国园林深入人心，流芳百世。

文、景相依体现出中国风景园林对人文景观与自然景观的有机结合，泰山被联合国列为文化与自然双遗产，就是最好的例证。泰山的君主封禅、石雕碑刻和民俗传说，伴随着泰山的高峻雄伟和丰富的自然资源，向世界发出了风景音符的最强音。《红楼梦》中所描写的大观园，以文学的笔调，为后人留下了丰富的造园哲理，一个“潇湘馆”的题名就点出种竹的内涵。唐代张继的《枫桥夜泊》一诗，以脍炙人口的诗句，把寒山寺的钟声深深印在中国人的心底，每年招来无数游客。

中国园林的诗情画意，还集中表现在它的题名、槛联上。北京“颐和园”表示颐养调和之意；“圆明园”表示君子适中豁达、明静、虚空之意；表示景区特征的如避暑山庄康熙题三十六景四字和乾隆题三十六景三字景名。四字的有烟波致爽、水芳岩秀、万壑松风、锤峰落照、南山积雪、梨花伴月、濠濮间想、水流云在、风泉清听、青枫绿屿等；三字的有烟雨楼、文津阁、山近轩、水心棚、青雀航、冷香亭、观莲所、松鹤斋、知鱼矶、采菱霞、驯鹿坡、翠云岩、畅远台等。

文以景生，景以文传，引诗点景，诗情画意，这是我国园林艺术的特点之一。

10.胸有丘壑，统筹全局

写文章要胸有成竹，而造园者必须胸有丘壑，把握总体，合理布局，贯穿始终。只有统筹兼顾，一气呵成，才有可能创造一个完整的风景园林体系。

我国造园是移天缩地的过程，而不是造园诸要素的随意堆砌。绘画要有好的经营位置，造园就要有完整的空间布局。苏州沈复在《浮生六记》中说“若夫图亭楼阁，套室回廊，叠石成山，栽花取势，又在大中见小，小中见大，虚中有实，实中有虚，或藏或露，或浅或深，不仅在周围曲折有致，又不在地广石多徒烦一费”，这就是统筹布局的意思。对山水布局要求“山要环抱，水要萦回”，“山立宾主，水注往来”，拙政园中部以远香堂为中心，北有雪香云蔚亭立于主山之上，以土为主，既高又广；南有黄石假山作为入口障景，可谓宾山；东有牡丹亭立于山上，以石代土，可为次山；西部香洲之北有黄石叠落，可做配山；可见四面有山皆入画，高低主次确有别。《园冶》中说“凡园圃立基，定厅堂为主。先乎取景，妙在朝南，倘有乔木数株，仅就中庭一二。筑垣须广，空地多存，任意为持，听从排布；择成馆舍，余构亭台；格式随宜，栽培得致”。这就明确指出布局要有构图中心，范围要有摆布余地，建筑、栽植等格调灵活，但要各得其所。

造园者必须从大处着眼摆布，小处着手理微，用回游线路组织游览，用统一风格和意境序列贯穿全园。这种原则同样适用于现代风景园林的规划工作，只是现代园林的形式与内容都有较大的变化幅度，以适应现代生活节奏的需要。

总之，造园者只有胸有丘壑，统观全局，运筹帷幄，贯穿始终，才能创造出“虽由人作，宛自天开”的风景园林总体景观。

（三）常用造景艺术手法

我国传统造园艺术的显著特点是：既属工程技术，又属人文造景艺术，技艺交融。

在风景园林中，因借自然，模仿自然，创造供游人游览观赏的景色，我们称之为造景。常用造景艺术手法归纳起来包括主景与配景、对景与障景、分景与隔景、夹景与框景、透景与漏景、配景与添景、前景与背景、层次与景深、仰景与俯景、引景与导景、实景与虚景、景点与点景、内景与外景、远景与近景、朦胧与烟景、四时造景等。下面择要介绍。

1.主景与配景

主景是景色的重点、核心，是全园视线的控制点，在艺术上富有较强的感染力。配景相对于主景而言，主要起陪衬主景的作用，不能喧宾夺主，在园林中是主景的延伸和补充。突出主景的手法有下面四种。

（1）主体抬高

采用仰视观赏，以简洁明朗的蓝天为背景，使主体造型轮廓线鲜明、突出。

（2）轴线运用

轴线是风景、建筑发展延伸的方向，需要有力的端点，主景常设置在轴线端点和交点上。

（3）动势向心

水面、广场、庭院等四面围合的空间周围景物往往具有向心动势，在向心处布置景物形成主景。

（4）空间构图重心

将景物布置在园林空间重心处构成主景。规则式园林几何中心即为构图中心。自然式园林要依据形成空间的各种物质要素以及透视线所产生的动势来确定均衡重心。

2.分景

分景是分割空间、增加空间层次、丰富园中景观的一种造园技法。分景常用的形式有点、对、隔、漏。

3.点景

点景是用楹联、匾额、石碑、石刻等形式对园林景观加以介绍，用开阔的手法点出景的主题，激发艺术想象，同时具宣传、装饰、导游作用。

4.对景

对景是位于绿地轴线及风景视线端点的景。位于轴线一端的为正对景；轴线两端皆有景为互对景。正对景在规则式园林中常为轴线上的主景。在风景视线两端设景，两景互为对应，很适于静态观赏。对景常置于游览线的前方，给人以直接、鲜明的感受，多用于园林局部空间的焦点部位。

5.隔景

隔景是将绿地分为不同的景区而造成不同空间效果的景物。它使视线被阻挡，但隔而不断，空间景观相互呼应。通常有实隔、虚隔、虚实隔三种手法：①实隔，如实墙、山体、建筑；②虚隔，如水面、漏窗、通廊、花架、疏林；③虚实隔，如堤岛、桥梁、林带可形成景物若隐若现的效果。

6.障景

障景是抑制视线、分割空间的屏障景物，常采用突然逼近的手法，使视线突然受到抑制，而后逐渐开阔，即所谓“欲扬先抑，欲露先藏”的手法，给人以“柳暗花明”之感。常以假山石墙为障景，多位于入口或园路交叉处，以自然过渡为最佳。

为增加景深感，在空间距离上划分前（近）、中、背（远）景。背景、前景为突出中景服务。创造开朗宽阔、气势雄伟的景观，可省去前景，烘托简洁的背景；突出高大建筑，可省略背景，采用低矮前景。

7.添景

添景是用于没有前景而又需要前景时。当中景体量过大或过小，需添加景观要素以协调周围环境或中景与观赏者之间缺乏过渡时均可设计添景。位于主景前面景色平淡的地方用以丰富层次，如平展的枝条、伸出的花朵、协调的树形。

8.夹景

为突出景色，以树丛、树列、山石、建筑物等将左右两侧加以屏障，形成较为封闭的狭长空间，左右两侧的景观即称夹景。夹景是利用透视线、轴线突出对景的方法之一，可以集中视线，增加远景深远感。

9.漏景

由框景演变，框景景色全现，漏景若隐若现，含蓄雅致，为空间渗透的一种主要方法，主要由漏窗、漏墙、疏林、树干、枝叶形成。

10.框景

框景是利用门、窗、树、洞、桥，有选择地摄取另一空间景色的手法。框景设计应对景开框或对框设景。框与景互为对应，共成景观。

11.借景

借景，是指利用园外或远处景观来组织更为丰富的风景欣赏的一种极为重要的造景手段。可以扩大空间、丰富景园。借景依距离、视角、时间、地点等不同，有远借、邻借、仰借、俯借、应时而借……

古典园林的因借手法：内借外、此借彼、山借云海、水借蓝天、东借朝阳、西借余晖、秋借红叶、冬借残雪、镜借背景、墙借疏影、松借坚毅、竹借高洁、借声借色、借情借意、借天、借地、借远、借近……

借远处景色观赏，常登高远眺，可以利用有利地形开辟透视线，也可堆假山叠高台或山顶设亭、建阁。

利用仰视观赏高处景观，如古塔、楼阁、大树以及明月繁星、白云飞鸟……仰视观赏视觉易疲劳，观赏点应设亭、台、座椅。

一年四季，一日之中，景色各有不同。时常借季节、时间来构成园景。如：苏堤春晓（春景）；曲院荷风（夏景）；平湖秋月（秋景）；断桥残雪（冬景）；雷峰夕照（晚霞景）；三潭印月（夜景）。

二、静态空间艺术构图

在一个相对独立环境中，随诸多因素的变化，使得人的审美感受各不相同，有意识进行构图处理，就会产生丰富多彩的艺术效果。

静态空间艺术是指相对固定空间范围内的审美感受。按照活动内容，静态空间可分为生活居住空间、游览观光空间、安静休息空间、体育活动空间等；按照地域特征分为山岳空间、台地空间、谷地空间、平地空间等；按照开朗程度分为开朗空间、半开朗空间和闭锁空间等；按照构成要素分为绿色空间、建筑空间、山石空间、水域空间等；按照空间大小分为超人空间、自然空间和亲密空间；依其形式分为规则空间、半规则空间和自然空间；根据空间的多少又分为单一空间和复合空间等。

（一）风景界面与空间感

由自然风景的景物面构成的风景空间，称之为风景界面。景物面实质上是空间与实体的交接面。风景界面即局部空间与大环境的交接面，由天地及四周景物构成。

风景界面主要有底界面、壁界面、顶界面。风景底界面可以是草地、水面、砾石或沙地、片石台地以及溪流等类型；风景的壁界面，常常为游人的主要观赏面，为悬崖峭壁、古树丛林、珠帘瀑布、峰林峡谷等。在风景的壁面处理方面，除了自然景观外，人工塑造观赏面也是我国造园中常采用的手法。如山崖壁面的石刻、半山寺庙等，均为风景壁面增色不少；风景顶界面，一般情况下没有明显的界面，多以天空为背景，在溶洞中、石窟内，虽有顶面存在，但不易长时间仰视观赏，多不被注意。

1.自然风景界面的类型

（1）涧式空间

两岸为峭壁，且高宽比大，下部多为溪流、河谷，由于河床窄、绝壁陡而高，溪回景异，变换多姿，常给人以幽深、奇奥的美感。

（2）井式空间

四周为山峦，空间的高宽比在5：1以上，封闭感较强，常构成不流通的内部空间。

（3）天台式空间

多为山顶的平台，视线开阔，常是险峰上的“无限风光”之处。

（4）一线天空间

意指人置身于悬崖裂缝间只能看到一条窄狭的天缝。“一线天”可宽可窄，可长可短，宽者可接近嶂谷，窄者就像一条岩缝，仅能容一身穿行，给人一种险峻感、深邃感和奇趣感。

（5）山腰台地空间

在山腰或山脚上部，有突出于山体的台地，这种地势，一面靠山，三面开敞，背山面势，开阔与封闭的对比较强，同时又因离开了山体，增强了层次效果，往往可形成较好的景观。

（6）动态流通空间

在溪流河道沿岸，山的起伏和层次变化，配以倒影效果，常富于景观变换，构成流通空间，宜动态观赏。

（7）洞穴空间

包括溶洞、山内裂隙、山壁岩屋、天坑等，常形成阴森、奇险之感。

（8）回水绝壁空间

当流水受阻，因水的切割而形成绝壁，同时，因水的滞流形成水汀，在深潭的出口，流速减缓而形成沙洲，这种空间有闭锁与开阔的对比，常为风水先生利用来造景。

（9）洲、岛空间

沿海的沙洲、沿湖海的半岛与岛屿，特别是水库形成的众多小岛，使开阔的水面产生多层次和多变化的水面空间景观效果。

（10）植物空间

林中空地、林荫道等由植物组成的空间，是比地貌空间更有生命力的空间环境，也是自然风景空间必不可少的组成部分。

2.空间的分类

按照风景空间给人的感受不同，可划分为三种空间。

（1）开敞空间

开敞空间是指人的视线高于周围景物的空间。开敞空间内的风景称为开朗风景。“登高壮观天地间，大江茫茫去不还”“孤帆远影碧空尽，唯见长江天际流”，均是对开敞空间的写照。高高的山岭、苍茫的大海、辽阔的平原都属于开敞空间。开敞空间可以使人的视线延伸到远方，使人目光宏远，给人以明朗开阔和心怀开放的感受。

（2）闭锁空间

闭锁空间是指人的视线被周围景物遮挡住的空间。闭锁空间内的风景叫闭锁风景。闭锁空间给人以深幽之感，但也有闭塞感。

（3）纵深空间

纵深空间是指狭长的地域，如山谷、河道、道路等两侧视线被遮住的空间。纵深空间的端点，正是透视的焦点，容易引起人的注意，常在端部设置风景，谓之对景。

3.风景界面与空间感受

以平地（或水面）和天空构成的空间，有旷达感，所谓心旷神怡；以峭壁或高树夹持，其高宽比大约6：1～8：1的空间有峡谷或夹景感；由六面山石围合的空间，则有洞府感；以树丛和草坪构成的不小于1：3的空间，有明亮亲切感；以大片高乔木和矮地被组成的空间，给人以荫浓景深的感觉；一个山环水绕、泉瀑直下的围合空间给人清凉世界之感；一组山环树抱、庙宇林立的复合空间，给人以人间仙境的神秘感；一处四面环山、中部低凹的山林空间，给人以深奥幽静感；以烟云水域为主体的洲岛空间，给人以仙山琼阁的联想；还有，我国古典园林的咫尺山林，给人以小中见大的空间感；大环境中的园中园，给人以大中见小（巧）的感受。

由此可见，巧妙地利用不同的风景界面组成关系，进行园林空间造景，将给人们带来静态空间的多种艺术魅力。

（二）静态空间的视觉规律

利用人的视距规律进行造景、借景，将取得事半功倍之效，可创造出预想的艺术效果。

1.最宜视距

正常人的清晰视距为25～30 m，明确看到景物细部的视野为30～50 m，能识别景物类型的视距为150～270 m，能辨认景物轮廓的视距为500 m，能明确发现物体的视距为1 200～2 000 m，但这已经没有最佳的观赏效果。至于远观山峦、俯瞰大地、仰望太空等，则是畅观与联想的综合感受了。

2.最佳视域

人的正常静观视域，垂直视角为130°，水平视角为160°。但按照人的视网膜鉴别率，最佳垂直视角小于30°，水平视角小于45°，即人们静观景物的最佳视距为景物高度的2倍或宽度的1.2倍，以此定位设景则景观效果最佳。但是，即使在静态空间内，也要允许游人在不同部位赏景。建筑师认为，对景物观赏的最佳视点有三个位置，即垂直视角为18°（景物高的3倍距离）、27°（景物高的2倍距离）、45°（景物高的1倍距离）。如果是纪念雕塑，则可以在上述三个视点距离位置为游人创造较开阔平坦的休息欣赏场地。

3.三远视景

除了正常的静物对视外，还要为游人创造更丰富的视景条件，以满足游赏需要。借鉴画论三远法，可以取得一定的效果。

（1）仰视高远

一般认为视景仰角分别大于45°、60°、90°时，由于视线的不同消失程度可以产生高大感、宏伟感、崇高感和危严感。若大于90°，则产生下压的危机感。这种视景法又称虫视法。在中国皇家宫苑和园林中常用此法突出皇权神威，或在山水园中创造群峰万壑、小中见大的意境。如北京颐和园中的中心建筑群，在山下德辉殿后看佛香阁，仰角为62°，产生宏伟感，同时，也产生自我渺小感。

（2）俯视深远

居高临下，俯瞰大地，为人们的一大乐趣。园林中也常利用地形或人工造景，创造制高点以供人俯视。绘画中称之为鸟瞰。俯视也有远视、中视和近视的不同效果。一般俯视角小于45°、30°、10°时，则分别产生深远、深渊、凌空感。当小于0°时，则产生欲坠危机感。登泰山而一览众山小，居天都而有升仙神游之感。也产生人定胜天之感。

（3）中视平远

以视平线为中心的30°夹角视域，可向远方平视。利用创造平视观景的机会，将给人以广阔宁静的感受，使人心胸坦荡开朗。因此园林中常要创造宽阔的水面、平缓的草坪、开敞的视野和远望的条件，这就把天边的水色云光、远方的山廓塔影借来身边，一饱眼福。

三远视景都能产生良好的借景效果，根据“佳则收之，俗则屏之”的原则，对远景的观赏应有选择，但这往往没有近景那么严格，因为远景给人的是抽象概括的朦胧美，而近景才给人以具象细微的质地美。

4.花坛设计的视角视距规律

独立的花坛或草坪花丛都是一种静态景观，一般花坛又位于视平线以下，根据人的视觉实践，当花坛的花纹距离游人渐远时，所看到的实际画面也随之而缩小变形。不同的视角范围内其视觉效果各有不同。花坛或草坪花丛设计时必须注意以下规律：①一个平面花坛，在其半径大约为4.5 m的区段其观赏效果最佳；②花坛图案应重点布置在离人1.5～4.5 m处，而靠近人1～1.5 m区段只铺设草坪或一般地被植物即可；③在人的视点高度不变的情况下，花坛半径超过4.5 m以上时，花坛表面应做成斜面；④当立体花坛的高度超过视点高度2倍以上时，应相应提高人的视点高度；⑤如果人在一般平地上欲观赏大型花坛或大面积草坪花纹时，可采用降低花坛或草坪花丛高度的办法，形成沉床式效果，这在法国庭园花园中应用较早；⑥当花坛半径加大时，除了提高花坛坡度外，还应把花坛图案成倍加宽，以便克服图案缩小变形的缺陷。

总之，上述视角视距分析并非要求我们拘泥于固定的角度和尺寸关系，而是要在多种复杂的情况下，寻求一些规律以创造尽可能理想的静态观景效果。

5.静态空间的尺度规律

既然风景空间是由风景界面构成的，那么界面之间相互关系的变化必然会给游人带来不同的感受。例如：在一个空旷的草坪上或在一个浅盆景底盘上进行植物或山石造景时，其景物的高度和底面直径的比例关系设定在1∶6～1∶3，景观效果最好。

三、动态序列艺术布局

园林对于游人来说是一个流动空间，一方面表现为自然风景的时空转换，另一方面表现在游人步移景异的过程中。不同的空间类型组成有机整体，并对游人构成丰富的连续景观，就是园林景观的动态序列。

（一）园林空间展示程序

中国古典园林多半有规定，要有出入口、行进路线、空间分隔、构图中心、主次分明的建筑类型和游憩范围。展示程序的规划路线布置不可简单地点线连接，而是把众多景区景点有机协调组合在一起，使其具有完整统一的艺术结构和景观展示程序（景观序列）。

景观序列平面布置宜曲不宜直，里面设计要有高低起伏，达到步移景异、层次深远、高低错落的景观效果。序列布置一般有起景—高潮—结景，即序景—起景—发展—转景—高潮—结景。

1.一般序列

一般简单的展示程序有所谓两段式和三段式之分。两段式就是从起景逐步过渡到高潮而结束，如一般纪念陵园从入口到纪念碑的程序。原苏军反法西斯纪念碑就是从母亲雕像开始，经过碑林南道、旗门的过渡转折，最后到达苏军战士雕塑的高潮而结束。但是多数园林具有较复杂的展出程序，大体上分为起景—高潮—结景三个段落。在此期间还有多次转折，由低潮发展为高潮，接着又经过转折、分散、收缩以至结束。如北京颐和园从东宫门进入，以仁寿殿为起景，穿过牡丹台转入昆明湖边豁然开朗，再向北通过长廊的过渡到达排云殿，再拾级而上直到佛香阁、智慧海，到达主景高潮，然后向后山转移再游后湖、谐趣园等园中园，最后到北宫门结束。除此外还可自知春亭，南去过十七孔桥到湖心岛，再乘船北上到石舫码头，上岸再游主景区。无论怎么走，均是一组多层次的动态展示序列。

2.循环序列

为了适应现代生活节奏的需要，多数综合性园林或风景区采用了多向入口、循环道路系统，多景区景点划分、分散式游览线路的布局方法，以容纳成千上万游人的活动需求。因此现代综合性园林或风景区采用主景区领衔，次景区辅佐，多条展示序列。各序列环状沟通，以各自入口为起景，以主景区主景物为构图中心，以综合循环游览景观为主线，以方便游人，满足园林功能需求为主要目的来组织空间序列，这已成为现代综合性园林的特点。在风景区的规划中更要注意游赏序列的合理安排和游程游线的有机组织。

3.专类序列

以专类活动内容为主的专类园林，有其各自的特点。如植物园多以植物演化系统组织园景序列，如从低等到高等，从裸子植物到被子植物，从单子叶植物到双子叶植物，还有不少植物园因地制宜地创造自然生态群落景观形成其特色。又如动物园一般从低等动物到鱼类、两栖类、爬行类至鸟类、食草哺乳动物、食肉哺乳动物，然后是灵长类高级动物等，形成完整的景观序列，并创造出以珍奇动物为主的全园构图中心。某些盆景园也有专门的展示序列，如盆栽花卉与树桩盆景、树石盆景、山水盆景、水石盆景、微型盆景和根雕艺术等，这些都为空间展示提出了规定性序列要求，故称其为专类序列。

（二）园林道路系统布局序列

园林空间序列的展示，主要依靠道路系统的导游职能，有串联、并联、环形、多环形、放射、分区等形式。因此道路类型就显得十分重要。

多种类型的道路体系为游人提供了动态游览条件，因地制宜的园景布局又为动态序列的展示打下了基础。

（三）风景园林景观序列的创作手法

风景序列是由多种风景要素有机组合，逐步展现出来的，在统一基础上求变化，又在变化之中见统一，这是创造风景序列的重要手法。

1.风景序列的主调、基调、配调和转调

景观序列的形成要运用各种艺术手法。以植物景观要素为例，作为整体背景或底色的树林可谓基调，作为某序列前景和主景的树种为主调，配合主景的植物为配调，处于空间序列转折区段的过渡树种为转调，过渡到新的空间序列区段时，又可能出现新的基调、主调和配调，如此逐渐展开就形成了风景序列的调子变化，从而产生不断变化的观赏效果。

2.风景序列的起结开合

作为风景序列的构成，可以是地形起伏、水系环绕，也可以是植物群落或建筑空间，无论是单一的还是复合的，总应有头有尾，有放有收，这也是创造风景序列常用的手法。以水体为例，水之来源为起，水之去脉为结，水面扩大或分支为开，水之溪流又为合。这和写文章相似，用来龙去脉表现水体空间之活跃，以收放变换而创造水之情趣。例如北京颐和园的后湖、承德避暑山庄的分合水系、杭州西湖的聚散水面。

3.风景序列的断续起伏

这是利用地形地势变化而创造风景序列的手法之一，多用于风景区或郊野公园。一般风景区山水起伏，游程较远，我们将多种景区景点拉开距离，分区段设置，在游步道的引导下，景序断续发展，游程起伏高下，从而取得引人入胜、渐入佳境的效果。

4.园林植物景观序列与季相和色彩布局

园林植物是风景园林景观的主体，然而植物又有其独特的生态规律。在不同的立地条件下，利用植物个体与群落在不同季节的外形与色彩变化，再配以山石水景、建筑道路等，必将出现绚丽多姿的景观效果和展示序列。

5.园林建筑群动向序列布局

园林建筑在风景园林中只占有1%～2%的面积，但往往它是某景区的构图中心，起到画龙点睛的作用。由于使用功能和建筑艺术的需要，对建筑群体组合的本身以及对整个园林中的建筑布置，均应有动态序列的安排。对一个建筑群组而言，应该有入口、门庭、过道、次要建筑、主体建筑的序列安排。对整个风景园林而言，从大门入口区到次要景区，最后到主景区，都有必要将不同功能的景区，有计划地排列在景区序列线上，形成一个既有统一展示层次，又有多样变化的组合形式，以达到应用与造景之间的完美统一。

第三节　计算机辅助园林规划

一、计算机辅助设计的发展

（一）计算机辅助设计的发展基础

传统常规的设计方法是经过历史的沉淀不断积累、完善而成为一个经典的系统。进入设计领域必然从最基础的设计方法论、专业设计理论以及艺术修养等方面逐步开始设计创作。一个被认可的正确学习设计方法的过程，这个过程虽然也会涉及计算机辅助设计课程，但是这一课程往往并没有与基本的设计过程一样，成为设计中重要的一环，忽视了在改变设计过程方法上的潜力。

计算机辅助设计被忽视的一个重要原因是因为将辅助设计与辅助制图相混淆，辅助制图仅是辅助设计中的一个方面。另外一个被忽视的原因是受到计算机硬件与软件发展的影响。在21世纪初两者才得以迅猛地发展，尤其编程语言的完善与成熟大大推动了它们的发展。计算机辅助设计一直被强调为辅助的一个过程，然而时至今日编程不仅是给机器写代码，更是为各类问题寻找解决方案，更深层次地影响着设计的领域。

由于计算机辅助设计发展逐步地完善，辅助设计的领域也逐渐扩大，从制图到分析、方案形式的衍化，更多智能化的处理方法在逐步地形成。基于目前计算机辅助设计发展的情况，欲对目前的计算机辅助设计的方法加以梳理，并适宜地提出一种创造性的思维方法，需基于编程的逻辑构建过程中基于编程语言构建设计逻辑发展新设计方法的过程。基于编程的逻辑构建过程设计研究是基于节点可视化编程语言Grasshopper以及纯粹编程语言Python，并将研究过程置于更广泛的计算机辅助设计领域。

（二）编程与参数化

设计领域逐渐熟知和正在被广泛应用的参数化，给设计过程带来了无限的创造力并提升了设计的效率。但是编程才是参数化的根本，最为常用的参数化平台Grasshopper节点可视化编程以及纯粹语言编程Python，VB都是建立参数化模型的基础上的。对于Digital Project（来自Catia）等尺寸驱动，使用传统对话框的操作模式的参数化平台，因为对话框式的操作模式，淹没了设计本应该具有的创造性，如果已经具有了设计模型，在向施工设计方向转化时可以考虑使用Digital Project更加精准合理地构建。对于开始设计概念、方案设计甚至细部设计都应考虑使用编程的方法，Grasshopper与Python组合程度让设计的过程更加自由。

参数化也仅仅是编程的一部分应用，是建立参数控制互相联动的有机体。虽然Grasshopper最初以参数化的方式渗入设计的领域，但是本质是程序语言，而编程可以带来更多对设计处理的方法。在平台开始逐渐成熟，其所带来的改变已经深入更加广泛的领域，因此仅仅用参数化来表述Grasshopper的应用已不合时宜。例如Python语言可以实现参数化构建，但是Python语言被应用于Web程序、GUI开发、操作系统等众多的领域，这个过程重要的是编程，以编程的思维方式来创造设计的过程，创造未知领域的形态。因此，每个人都应该学会编程，因为编程教会你如何去思考。

基于编程在各个领域中被广泛应用，设计领域里普遍认为只有软件工程师才会使用编程来开发供设计师使用的软件有待商榷。设计者似乎被“软件”所束缚，往往期盼某款设计软件会增加某些有用的功能从而方便设计，所以在不断地追随着软件的更新，学习开发者所提供的有用而又有限的功能。

大部分软件都会全部或者部分开源，帮助再开发者创造出意想不到的设计，同时也会给再开发者与程序编写的说明，支持学习编程接口的方法。如Linux系统有自己异常活跃的社区，数之不尽的想法汇集于此；又如苹果的网上应用超出百万，解决各类问题，从金融、健康、商务、教育、饮食到旅游、社交网络、体育、天气、生活等无所不包。而对于设计领域而言，“设计仅仅关注形式功能”的思想束缚拒绝了这个信息化时代本应该给设计领域带来的实惠。编程能够改变的不仅是被误解的软件开发，它所改变的是设计思考的方式，是设计过程的改变和创造。一旦尝试开始转变思维方式，编程所具有的魔力会不断地散发出来。

数据是程序编写核心需要处理的问题，如果需要更加智能化的辅助设计，需要熟知数据的组织方式和管理方法。Grasshopper和Python都具有强大的数据管理方法，例如Grasshopper的树型数据和各类数据处理的组件，Python的字典、元组和列表。

没有任何可以投机取巧的方法帮助研究者进入这个领域。编程的领域需要编程的知识，以编程的思维方法让设计更具有创造力。参数化也仅仅是编程领域中的一簇，各类设计的问题从结构到生态、从材料到形式都可以试图以编程的思维去重新思考这个过程。

在日新月异科技发展的世纪，编程是设计领域发展的方向。编程与设计，在过去不曾想过两者竟然能够被联系在一起，而现在开始探索两者的关系。

（三）计算机辅助设计与风景园林规划专业

风景园林规划设计专业计算机辅助设计课程的设置，通常借鉴了建筑学科相关的设置。计算机辅助设计为设计行业带来的巨大推动作用是不可否认的，但是对这些推动的描述往往是“提高了绘图效率和精度”，“从AutoCAD的二维制图向业界已经普遍使用的SketchUP三维平台转换，跨进三维推敲方案的时期”等，然而这些只是计算机辅助设计技术领域的一部分内容，还包括地理信息系统（Geographic Information System，简称GIS）、建筑信息模型（Building Information Modeling，简称BIM）、计算机辅助生态设计ECO-aided Design、参数化设计技术Parametric Design等领域。

风景园林与建筑、城市规划乃至环境科学、计算机、生态学、经济、法律、艺术等学科长期相互交流使得风景园林规划设计涉及的范围小到花园，大至城市广场、公园、城市开放空间系统、土地利用与开发、自然资源的保护等一系列重要项目设计与研究，这对风景园林规划设计在寻求计算机辅助设计上提出了不同的要求。但是仅仅从尺度上划分计算机辅助设计的分类不是很恰当，例如在大区域尺度上可以借助于GIS来完成诸多的分析工作及制图，但是GIS也可以应用于邻里尺度的分析上，而风、光环境的分析也不仅局限于邻里尺度，可以扩展到区域尺度，因此对于涉猎如此广泛的风景园林专业，能够协助其规划设计的计算机辅助设计领域可以从GIS、生态辅助设计技术、模型构建3个方面进行阐述，基本可以涵盖大部分能够协助风景园林规划设计的计算机设计领域。其中GIS可以打破传统AutoCAD等制图工具不包括地理信息数据和相关分析的局限，能够有效地协助制图、信息的录入与分析；生态辅助设计技术则是综合了多种生态分析平台，从气象数据分析，热、光、风、声环境等角度阐述多尺度的生态环境分析和适宜规划设计的方法；模型构建是从具体的三维实体模型出发，结合BIM和参数化设计的方法，拓展三维模型构建的信息存储能力和形态变化能力，同时可以协同结构设计、动力学设计等内容，并可以为GIS、生态辅助设计提供基本的实体模型，互相穿插融合，共同从计算机技术平台角度促进风景园林专业与相关领域的融合和发展。以计算机辅助作为学科之间联系的纽带，使一些专业学科知识例如流体力学、热湿环境、地理信息系统更有效地为风景园林规划设计服务。

目前计算机辅助设计软件平台本身的发展已经日渐成熟，但是每个软件平台所针对的问题领域各有不同，例如基于ArcGIS的地理信息系统可以应用于既是管理和分析空间数据的应用工程技术，又是跨越地球科学、信息科学和空间科学的应用基础学科的计算机平台；用于风分析的流体软件Phoenics可以广泛应用于航空航天、化工、船舶水利、冶金、环境等领域；而Rhinoceros最初是辅助工业设计软件。实际上针对风景园林规划专业本身的计算机软件平台目前是不存在的，是否开发这样一个综合性的平台也有待商榷。对于风景园林规划设计而言，实际上最直接的解决策略就是综合运用目前已经发展成熟、针对不同领域的计算机软件平台来辅助风景园林规划设计。

二、计算机辅助设计策略

（一）模型构建与风景园林规划设计

设计软件的革命性正在影响着规划设计的方式，也在改变着设计师对计算机辅助设计的认识，软件程序在将更多的主权转移到设计师的手中，或者说SketchUP只关心纯粹模型构建的技术，采用尽量少的操作方式使设计师能够尽快掌握软件的操作，而不得不在方案设计模型推敲构建时耗费更多的精力和时间。Rhinoceros+Grasshopper+Python的参数化设计平台使用节点式的操作方式结合Python的程序脚本语言使设计师有能力改善软件的环境，可以以可视化的编程方式和脚本语言方式发展设计构建模型，触及更多的设计形态和模拟分析的领域。这是两种不同的计算机辅助设计的思路。在目前的设计环境下，SketchUP自然成为设计师的首选，过度强调参数化的运算生成设计、分形学、多代理模型理论、自组织网络系统的概念方法，给初识参数化设计的设计师造成误读。使用参数协助设计，构建模型的核心是理解数据信息化，模型构建的实质就是对数据的处理，这一个方面与GIS是相通的。例如将地理信息系统中分析获得的地形坡度数据调入Rhinoceros+Grasshopper的平台下，以便根据坡度信息更加方便的进一步规划和设计。

模型构建的参数化方法与传统的设计模式是不可割裂的，但是较之又有所差异，其在设计的本质上就发生了改变，因此进入参数化设计领域需要面临两个方面的问题：一个是使用参数化方法，从事设计工作必须首先掌握参数化基本技术层面的操作；二是设计本身思维方式的转变，由传统直观的模型推敲方式转变为使用参数化从数据管理角度协助设计的方法。模型构建方式的转变已经不是纯粹几何形体构建方式的改变，这个过程影响到了设计思维的方法，因此在某种程度上，参数化设计事实上已经不是一门技术的问题，更应该看作是一门学科。

（二）GIS与风景园林规划设计

GIS是一门综合性学科，是用于输入、存储、查询、分析、显示地理数据的计算机系统，结合地理学与地图学广泛应用于土地、房产管理（包括房地产税收），农业、土壤、水资源评价和规划，森林采伐、培育，资源调查、地质勘察，环境监测和评价，市政、公用设施管理，交通运输，城市建设管理（包括城市规划），国防和军事，以及物流、服务设施选址、医疗卫生、治安、防火、救灾等领域。借助互联网，GIS也走向了大众化，例如车辆导航和面向公众的地图浏览（Google Earth）等。

GIS实际上已经实现在风景园林规划设计专业上的应用。其中的资源评价、环境监测、资源调查、城市规划就是与风景园林规划设计专业交叉的学科内容，同时发展了伊恩·伦诺克斯·麦克哈格在《设计结合自然》中使用专题图叠合的环境评价方法。根据专题图叠合的环境评价方法输入所选择的指示物种环境影响因子分值及权重，获得生物栖息地适宜性评价的结果，能够有效地协助设计师在保护生物适宜栖息地的条件下合理规划，并可以与全球定位系统（Global Positioning System，简称GPS），遥感（Remote Sensing，简称RS）影像结合进行城市绿地系统规划。采用卫星遥感技术与地面调查相结合的方法，提高调查工作的科学性和成果的可靠性、可比性，实现文档资料的管理和数据的输入输出，将图形属性数据设计为ID号、区代码、街道名、小班号、中心区号、绿地类型、园林配置、桥灌草类别、树种名称、绿化长度和面积等内容，方便进行数据统计与分析。

（三）生态辅助设计技术与风景园林规划设计

可持续发展已经成为国际社会的共识。环境生态问题也是风景园林规划设计一直强调的问题。德国生物学家海克尔提出了生态学的概念，以研究生物体与其周围环境（包括非生物环境和生物环境）相互关系为目的的科学。生态设计就是将环境因素纳入设计之中，从而帮助确定设计的决策方向，在设计的各个阶段，减少“产品”生命周期对环境的影响。在生态可持续发展的理念下，当今世界范围内的设计类院校，有很多已经开设了生态可持续发展的专业，例如英国诺丁汉大学建筑与环境学院下设有建筑学、建筑与环境工程、可持续建筑设计等专业，而清华大学建筑学院的建筑环境与设备工程专业课程包括有建筑环境学、热学、流体力学、建筑学、机械学、计算机、电学、信息学、生理与心理学等，拥有清华大学建筑节能研究中心、教育部建筑节能工程中心，在国家建筑节能政策制定、建筑节能技术发展、重大工程建设等方面发挥着重要作用。

目前，计算机生态辅助设计技术已经可以囊括影响设计的主要几个方面因素：热环境、风环境、水环境以及日照和光环境。这个构架形成了对于场地前期分析、过程分析和设计后比较分析的主要生态分析内容，以用于指导设计，使其向更合理的方向发展。同时，较之传统设计，因为设计师本身就可以完成以前必须依靠专业人员才能够进行的各项生态分析内容，从而能够更直接、更有效地协同设计。在计算机生态辅助设计技术日渐成熟的条件下，可以将热、风、水及日照和光环境的分析整合起来，形成跟进设计过程的生态环境分析技术报告，有效地根据设计环境的气候特点、现状条件特征达到可持续性设计的目的。

三、计算机辅助设计途径

（一）概念设计与虚拟构建的技术支撑方式

1.逻辑构建过程

技术很重要，但是永远无法替代“想法”，只是技术的应用影响了思考的方式，在纯粹的形象思维基础上融合了逻辑构建的部分，这与英国结构师塞西尔·巴尔蒙德在《异规》一书中阐述的思想相一致。例如景观的基本元素一个长条桌凳的设计，首先必然是基于功能使用上的考虑，一个合乎尺度纯粹的长方体可以看作桌凳，一个观景台阶、布景置石或者足够结实的栏杆都可以复合有桌凳的使用功能，只要能够提供于使用者依靠或者坐下来休息的功能。又或者从人体工程学上考虑，哪种形式使用起来更加舒适就采用哪种。这种具有逻辑关系的数理思维不仅仅是很“数学”的设计形式，毕竟世间万物甚至不曾出现的形态都可以在计算机中用数学方式来模拟，因此在一定程度上，尤其以Python等编程语言实现模拟自然的置石布局设计是合乎于数理逻辑关系的。

设计的过程与技术构建的过程并不是分开的。现在往往有这样一种错误的认知，头脑中的概念想法才是设计，事实上真正设计的开始是设计整个推导的过程，直至施工建造，想法只是设计的源头。大部分设计师在开始设计的时候是一种直接的关照，可谓“观物取象”，犹如学画。“学画者以一株花置深坑中，临其上而瞰之，则花之四面得矣。学画竹者，取一只竹，因月夜照其影于素壁之上，则竹之真形出矣。学画山水者何以异此？盖身即山川而取之，则山水之意度见矣。”其“山水之意度”就是以自然山水作为直接的观察对象。这种绘画创作的方法与设计的方法如出一辙，尤其在设计满足了功能、生态等要求前提下，设计的艺术性成为区分设计水平高低的关键。

上述设计方法的描述是从广义概念的角度入手，可以扩展为具有指导意义的设计方法论，这与基于编程的逻辑构建的过程并不矛盾，是设计方法的具体深入与过程的体现。

一般逻辑构建更多强调的是几何构建逻辑，即形式间的推衍关系，但是并不仅如此，任何基于分析设计过程的思考逻辑只要能通过语言编程方式表达的都可以归为逻辑构建过程。逻辑构建本身就是设计创作活动，在没有计算机之前，只是使用纸笔来完成整个过程，计算机将这个过程变得更加强大，可以拓展到更多的形式领域的逻辑过程构建，并实时地反馈逻辑构建过程每一步所产生的形式结果。并且在计算机强大计算能力的帮助下，将更多的数学知识与逻辑纳入了设计创作的过程中，例如由于随机数算法的实现，可以由此来设计更多变化不定的形式，由于布尔值的存在，可以判断某一项分析的结果，并排除不符合要求的项。这个逻辑构建不仅是设计形式本身，更扩大到了分析几何领域，例如协助分析符合光照系数区域的部分，并提出设计开窗调整方案以及计算最短路径等。

设计的逻辑构建过程往往与参数化下虚拟模型的构建过程相一致。在讨论设计的逻辑构建过程，尤其几何构建逻辑时会遭到质疑，使用手工模型或者传统的计算机模型建构技术同样可以做到。不过这个质疑仅仅是从建造的结果来证实，即既然可以获得一样的结果，就可以忽略过程。实际上设计过程的变化才是逻辑构建过程的根本，不可否认的是参数化或者智能化的方法有意识地强调了这样逻辑构建的一个过程，并呈现出严格的几何逻辑构建关系，同时达到同一个形式目的的逻辑构建过程并不唯一。逻辑构建过程实际上是被有意识强调了的一种设计方法，绘画肖像时可以从整体轮廓出发，或者可以从局部五官出发，但是逻辑构建过程更强调的是整体结构的把握，再到细部变化的有机过程，而设计想法的跳跃性不会与这个过程相冲突，这个逻辑构建过程也是在不断地跳跃中完善起来的，本身就是对设计灵感的触发。设计调整最后的结果之前反反复复不断调整的过程是不能被忽视的。

由程序语言实现的逻辑构建过程本身就是一种设计方法，也许很多设计师，尤其一直以传统方式从事设计的并不认同这种观点。也许大部分人并没有意识到传统计算机辅助制图的局限性，并将这种局限性认为是一种一直被忽略的存在。有限、僵硬的制图方式必然不能对设计本身产生影响，仅仅沦为制图的工具。伴随计算机发展起来的是编程语言，事实上每一个人都应该学会编程，编程是最具创造力的智力活动，从Windows、Apple到Linux的操作系统，从AutoDesk、3DMax到Grasshopper的三维建模工具的背后都是代码即编程语言，使用编程语言来从事设计活动就是一种设计的创造性，因为这个过程不再是纯粹对几个命令的操作，而是将设计以程序语言的方式构建逻辑过程，也许试图使用各类函数获得某种规律的变化形式，或者使用进化计算的方法拟合出合理的结构形式，又或者控制弹性系数确定某种动力学的运动形态。逻辑构建过程是由程序语言或者节点式程序语言编写的，逻辑构建过程是为设计服务并受其影响的，由程序语言实现的逻辑构建过程本身就是一种设计方法，三者之间互相影响。

2.逻辑构建过程的根本——数据

编写的过程就是逻辑构建的过程，逻辑构建的根本是数据处理，如果说程序语言实现的逻辑构建过程本身就是一种设计方法，那么对于数据的关注就是实现这种设计方法的核心。数据的概念是在逻辑构建的过程中体现出来的，所实现的设计结果体现了这种逻辑构建关系和所包含的数据处理过程。不能够仅将这个设计结果视为单纯的形式表达，以及某种功能与生态的体现，透过表面所看到的应该是实现这种结果已经蕴含的逻辑关系和数据处理，这仍然是将设计作为过程的设计方法的体现。所有节点随机选择九个点中一个的节点式程序方法能够清晰地看到前后数据的变化，这个过程可以使用节点可视化编程语言也可以使用纯粹编程语言例如Python。不管是使用节点式的编程处理方式，还是纯粹的语言编程，这个过程都已包括两个方面主要的表达：一个是数据处理操作，另一个是语言逻辑与设计逻辑的辩证关系，但是它们的最终目的仍然是形式，只是在对形式（包括设计几何形式和分析几何形式）的关注上，已经不再是纯粹形式本身，而是以一种数据操作的方法，逻辑关系构建的模式去推导形式关系。这个对形式进行根本控制的方法就已经拓展了设计无限的可能性，或者说数据才是逻辑构建的根本。

数据处理是智能化与一般传统虚拟模型构建区别的本质。计算机辅助设计，尤其三维模型构建方面，一般的策略是头脑中的概念使用计算机辅助以直接的关照方式实现。这种直接的辅助推敲的方法能够最快地将设计的概念以及不断调整的过程以虚拟的方式直观地表达出来。这种辅助设计的方法对设计的推动起到了积极的作用，尤其在控制三维空间各个视点上形式的可行性与艺术性上，这也是逻辑构建过程的基础，然而，形式推敲的过程并不能够等于逻辑构建过程，两者之间本质的区别就是，是否关注了形式下的数据处理与逻辑关系的构建。一般形式推敲的直接观照即使潜意识具有了某种几何构建的逻辑关系，但是这个过程是未被强调的，更不具有数据的逻辑关系，不具有动态的数据管理方式，或者可以比喻为不具有“大数据”时代的特点，设备间或不同平台间不能够共享数据，例如App中个人记账功能的平台应该可以与网银个人信息实现数据的共享，台式机中Opera浏览器的书签和历史记录应该与移动设备中的Opera实现数据的同步，那么设计逻辑过程的构建中对数据的处理就是实现了数据的可操作性，并扩大了数据的使用范围，非静态的“大数据”的处理模式，将设计的过程多样化。

对数据的操控实现了设计过程对技术本身的操控。设计师是处理设计，风景园林师就是做园林设计，提供给设计师使用的计算机辅助设计平台的开发是程序员工程师的事，因此两者之间除了提供与使用的关系外，就剩下想当然的鸿沟。甚至在设计企业招聘时出现了招聘参数化设计师的职位，工作的性质不再是设计而是为设计服务的程序编写，将传统设计方式与智能化设计方式完全割裂地看待，并将逻辑构建过程视为“设计”的附属，这是对设计技术最大的误读。科技改变设计并能够实现设计方法的进步要求设计师本身具备程序编写的能力。因此，逻辑构建过程就是设计方法本身是不能够完全由工程师来做，这就要求设计知识体系架构的调整，即设计师除了能够解决一般设计问题外，需要能够根据设计的目的编写实现设计目的的程序。本例长条桌凳的设计整个过程的程序编写需要由设计师本人来完成。毕竟设计不仅仅是形式的问题，过程中工程实现的问题，以及各类必要的分析和数据的提供，每个问题都会因为设计内容的差异而千变万化，解决这些问题最好的方式不是等待工程师开发相关的程序，而是设计师本人就能够完成这个过程，所需要增加的技能就是编写程序、改变设计的态度。

（二）从虚拟构建到实际建造

1.逻辑构建的可控因素

参数化就是可以自由调控形式的有机整体，影响形式的因素则由逻辑构建过程来控制。这个调控的过程仅是对参数的调整，并实时地反馈所有形态的变化，例如长度的变化，分割数量的变化所带来相应形式的变化，以利于形式的推敲，这个变化是比“直接的观照”更加智能化的一种方式，因为逻辑构建有机一体化的力一式，让在同一逻辑控制下的形势变化变得更加直接，当然可以将这个变化视为推敲过程更加便捷的方式，也可以视为某一种逻辑形式的程序开发，但更重要的是这个过程就是设计方法本身，不应该脱离来看待，因为参数控制的方法直接影响着形式的变化。同时不能够简单地将参数的调控等同于模型的推拉，在最初一般的设计中并没有分离开各个单元之间的空隙，在设计调控的过程中将代表各个单元块的数据分离并移动，增加单元间3～5 cm的缝隙。这是一种便捷的形式调控的方法，并能够提供参数来控制这个逻辑构建关系，从而获得更大的自由度，例如更加便捷地推敲缝隙在不同尺度下形式变化的关系，这是使用直接的构建方式不能够轻易达到的结果。

掌握同一构建逻辑下形式的变化，并拓展形式的多样性。不同结果都是在同一逻辑构建下产生的不同结果，也可以对逻辑结构适当调整获得逻辑构建方法类似而功能使用不同的形式结果。逻辑构建的方法可以延伸设计师未曾涉及形式的存在，其根本就是对设计过程的逻辑构建并以此扩展无数可能的形式。这是数理逻辑的具体表现，完全不同于一般计算机辅助模型的建立。长条桌凳桌部分与凳部分是使用了同一个逻辑构建关系，只是尺度上和随机数组的种子值进行了调整。这种同一构建逻辑形式的变化也更加适合传统古建筑的构建，在各类尺度上以斗口尺寸为参考，各构件间谨密的建构关系，都突出显示了以参数构建的可行性。设计的过程在某种条件下就是逻辑构建的过程，寻求某种形式的潜在构建规律，并反馈回来推动最初形式的演变，获得更进一步的形式推敲，并再次调整逻辑构建关系不断往复的过程。在某些时候对这个逻辑构建关系所产生的形式并不满意时，就需要重新构思，可能不得不抛弃之前的逻辑构建，毕竟追求设计的完美才是设计的本质。

2.数据控制下的建造技术

三维数控技术是实现复杂形体建造的最佳途径，基于智能化的设计策略方法，虽然完全可以更加方便地构建传统的设计形式，但是设计新形式的探索欲望更是无意识地将设计做得很“复杂”，这种“复杂”是相对于传统施工工艺来说的。智能化的设计方式与施工工艺的智能机械化必然是未来发展的趋势，两者之间的配合也会更加的默契。但是在设计智能化超越施工工艺时，这种设计就会变得很“复杂”，尤其在目前的二线城市，如果要实现某一个特别的创意，就需要找到不一样的处理方法。最初构思的材料选择为合成木材，但是整体加工的方式加大了成片的费用，选择磨具浇注混凝土的方式也许是不错的选择。这就需要对每一个单元建造模具，目前最容易的加工方式是二维的，即裁切平面化的金属或者木材搭建模具。把每一个单元异型体展平在二维的平面上，一般处理的方法是拆解每一个平面手工移动摊平，这样一个纯粹人工处理的过程，既花费时间，又乏味，如果处理更加复杂的形体，甚至难以实现。当然可以由专业的程序员协助开发相关的处理程序使用，而将这个虚拟构建到实际建造需要处理问题撇出去，但是作为逻辑构建过程的设计方法，这些问题的处理就应该是设计者在设计过程中所应具备的能力。

最初使用程序编写的结果，虽然将所有的平面更加方便地展平，并增加了自动标注索引和尺寸的功能，但是单元的各个平面并没有互相契合。如果能够获得类似折纸、包装盒一样展平的结果，必然会为加工带来更大的方便。对于这个程序的节点式的编写方式在目前还是不容易实现，因此借助Python纯粹语言的方式编写。

这个过程是一个半自动化的过程，需要指定展平的顺序，程序的关键是定义了一个核心的函数Flatten，并使用循环语句分别作为待展平平面在二维平面上对位上一个平面。在从设计到具体的建造模拟，从始至终都是以逻辑构建的过程作为设计的方法，并以数据处理为根本得以实现。

3.建造技术的优化

逻辑构建过程的根本是数据，因此看起来任何设计过程中遇到的问题都可以在对数据进行基本处理的模式下得以很好地解决。获得一个计算程序在数据处理、逻辑构建的设计方法上，会轻而易举地得以解决。首先找到外接平面的矩形，对展平的单元平面旋转会获得外接矩形不同的变化，计算外接矩形的面积，使用进化计算的方法找到面积为最小时的外接矩形，从而将问题化解。

在各类项目实际的建造过程中，必然会遇到这样那样的问题，例如标注索引，计算单元体的体积等，一般都能以数据处理的方法得以很好地解决。这种实现的方法仍然是不能够简单等同于传统静态的计算方法，虽然能够达到同样的一个结果，但是设计方法的选择，设计过程中逻辑构建过程的实现，从根本上改变了传统做设计的观念，因此基于编程的智能化逻辑构建过程作为设计技术的解决途径，已经不仅仅是技术本身的革命，实际上是提出了一种新的，让设计者更具有创造性的设计方法，这种设计方法能够给予设计者更大的发挥空间和解决问题的能力。

四、复合的计算机辅助设计策略

（一）复合的计算机辅助设计策略概述

GIS、生态辅助设计技术和模型构建三个方面相互依存辅助风景园林规划设计，根据不同设计项目的要求采取不同的计算机辅助设计策略。例如风景区的规划设计在区域尺度上可以使用地理信息系统录入各项数据，诸如高程、河流、道路、村庄城市，甚至人口分布、生物分布以及经济指标等情况，并进行综合分析以获得生物栖息地适宜性评价、景观安全格局或者辅助选址、道路选线等。在进一步的尺度规划设计上，如某区域的村落规划，可以同时借助风、水的分析辅助选址，并合理规划布局，营造适宜的村落环境；可以借助模型构建三维推敲规划布局或者建筑空间造型，连同计算机辅助生态设计优化布局与空间造型，从而有效地利用计算机辅助不同尺度、不同设计内容的规划设计。

风景园林规划设计学科的发展、多学科交叉的进一步融揉促使计算机辅助设计技术能够有力地在学科间构建联系。例如使用Phoenics分析风环境，只有对流体力学、风的成因及影响有所了解，才能够正确地输入参数，获得正确的分析结果，但同时并不需要设计师实际计算，只需要选择适宜的计算模型，例如LVEL、KEMOD、KOMOD、KECHEN等，具体的算法交与计算机，而模型算法的研究则由专业人士完成。需要重新认识计算机辅助设计的内容，将过去仅将计算机应用于制图的狭隘认知拓展到与风景园林规划设计专业相交叉学科相关计算机模拟辅助规划设计分析的认识上来，并纠正对参数化设计的误读，重视计算机辅助设计，从而有利于风景园林计算机辅助设计的发展和学科应用。

（二）复合的计算机辅助设计策略的提出

在整个规划设计流程里根据规划分析设计的内容，三个方面在不同阶段互相跳跃，但是基本涵盖了从开始场地分析到具体设计的全部内容，因此在具体计算机辅助设计的过程中，不存在确定的应用方面，例如没有水体的城市街头公园，更关注的是其功能的使用和周边建筑对该场地在光照和通风上的影响和设计具体形式的推敲，因此应以参数模型构建作为设计的主要手段并结合光照、风环境等方面的分析。

因为计算机辅助设计的方法需要根据具体项目来确定采用哪些适合的辅助手段和进行哪些方面的分析，因此归纳出计算机辅助设计的主要内容，用以确定具体项目的选择。

根据具体项目情况从列表中选择计算机辅助设计的手段，其中数据地理信息化与参数模型构建过程将贯穿于规划设计的整个过程，各类小项则根据需要解决的设计问题分布于不同的阶段。在规划设计过程中由于项目自身的特点会出现没有在列表中的新的设计问题，一般首先确定是否可以借助于这三个方面的计算机辅助设计策略进行解决。

计算机辅助设计策略研究梳理了目前主要计算机辅助设计的手段与在计算机协助下的设计方法研究，伴随技术与设计的不断融合，更多复杂的系统不断地完善，例如智能化的城市演变过程、复杂参数系统下形态模拟等，未来这些都会伴随着计算机辅助设计的发展不断完善、创新，在传统设计基础上变革设计方法，依靠计算机辅助设计手段是设计方法研究必然的一个重要趋势。

（三）复合的计算机辅助设计策略

1.区域基础地理信息、数据的录入

涉及区域规划确定采取地理信息、系统处理的方式切入，因此需要录入有助于规划设计的基础数据为进一步的分析提供条件，加载实际调研确定的敏感区域包括明水面的位置以及建筑现状并确定道路、堤坝和高程。规划设计的目的是改善湿地生境，主要是通过对于相对水深的控制，限制和调整植物生长环境，扩大明水区域面积，并且尽可能地将陆地入水方式调整为缓滩的方式，增加入水过渡形成的水深变化区域，适宜不同生境植物的生长。同时需要提供游人的木栈道和休憩平台，以及观鸟屋。在现有的设施中，已经存在之前搭建的一些服务设施，包括木栈道、平台、亭、榭，但是现有的设施以及对于未来设计有影响的现有明水面位置和相关联的岸堤的位置在上位图纸中并没有准确给出。调研过程中与甲方的协作人员以定点的方式确定设施的基本位置，所有设施的定点坐标在Arcil中加载与基础图纸叠合，从而为进一步的设计提供依据和位置的参考。

2.当地气候条件的数据分析

一方面能够通过气象条件的分析确定规划区域气候的特点，另外可以确定对建筑设计有影响的基本影响条件，例如基于太阳辐射强度最佳朝向的计算，以及使用温湿图热环境分析被动式太阳能采暖、高热能材料、高热容+夜间通风、自然通风、直接蒸发降温、间接蒸发降温等情况获得建筑设计适合的热环境策略，为进一步的设计提供定量的数据支持。

3.调整地形、控制水深，营建丰富的生物环境

通过对地形与水位的控制调整生境环境，并需要结合鸟类栖息的特点，进行等高线调整设计，同时保证土方的平衡就地消化减少运输距离。

现状地形高程与水位关系相对比较单一，限制了植物生长的生境条件，在地形恢复与重塑的过程中，增加过渡层的生态环境区域，扩大水深0～0.3 m、0.5～1 m的生境范围，为植物的生长提供必要的生境条件。而生态岛，是为湿地鸟类提供栖息地有利场所，设计的过程中主要满足以下几个条件。

（1）距人为活动区域一定距离，根据活动影响程度，赋予不同距离值；

（2）距离明水面有450 m飞翔距离；

（3）生态岛具有一定的陆地生境，并依据水深程度的不同，设置有多个梯度，丰富生境，提供不同生境需求；

（4）控制0～0.5 m潜水区域的逃生路径。

4.建筑的参数化设计策略

参数化设计的方法可以扩展到区域的层面，在区域的计算机辅助设计的方法中更多地

采取地理信息技术手段，从地理信息数据管理分析的层面辅助生境的改善。在地块设计层面则较多采取参数化的方法辅助建筑设计并结合生态分析确定建筑的朝向和分析不同材料对室内热环境的影响以及开窗比例的优化。

5.调整与恢复中的湿地设计

设计本身就是一个过程，只有到施工完成时才算完成设计的基本流程。在施工过程中会碰到设计之初未曾预料的很多事情。例如湿地的施工时间在冬季，可以避免夏季淤泥不宜施工的困难，但是因为冬季水体结冰，也一定程度上增大了施工的难度，所以在原有设计基础之上，将重点放置在明水面的拓展和船道的开挖上，并将土方就近平摊处理。

在寒冷的东北，冬季在冰层上放样也并不容易，放线处理是采用GPS定位的方式，在设计区域定位，用铁钎子绑住带有颜色的旗子，然后使用推土机沿旗子的方向铲出设计的控制等高线，等高线的控制主要为常水位线和芦苇生长控制线，减小施工的难度并控制水生植物生长的环境。

第三章　园林土方工程施工

第一节　园林土方工程

一、土壤的分类与特性

（一）土壤的工程分类

土壤的分类按研究方法和适用目的不同具有不同的划分方法，在土方工程和预算中，按开挖难易程度，可将土壤分为松土、半坚土、坚土三大类。

（二）土壤的工程性质

土壤的工程性质与土方工程的稳定性、施工方法、工程量及工程投资等有很大关系，也涉及工程设计、施工技术和施工组织的安排。因此，必须研究和掌握土壤以下几种主要工程性质：

1.土壤的表观密度

土壤表观密度是指单位体积内，天然状态下的土壤质量，单位为kg/m³土壤表观密度的大小直接影响施工难易程度和开挖方式，密度越大，越难挖掘。

2.土壤的相对密度

在填方工程中，土壤的相对密度是检查土壤施工中密实程度的标准。可以采用人力夯实或机械夯实，使土壤达到设计要求的密实度。一般采用机械压实，其密实度可达95%，人力夯实在87%左右。大面积填方如堆山等，通常不加夯压，而是借土壤的自重慢慢沉落，久而久之也可达到一定的密实度。

3.土壤的含水量

土壤含水量是指土壤孔隙中的水重和土壤颗粒重的比值。土壤含水量在5%以内称为干土，在30%以内称为潮土，大于30%称为湿土。土壤含水量的多少，对土方施工的难易程度也有直接的影响。土壤含水量过小，土质过于坚实，不易挖掘；土壤含水量过大，易出现泥泞，也不利于施工。

4.土壤的渗透性

土壤渗透性是指土壤允许水透过的性能，土的渗透性与土壤的密实程度紧密相关。土壤中的空隙大，渗透系数就高。土壤渗透系数应按下式计算：

$$K=V/i$$

式中：

V——渗透水流的速度，m/d；

K——渗透系数，m/d；

I——水的边坡度。

当i=1时，$K=V$，即渗透水流速度与渗透系数相等。

5.土壤的可松性

土壤可松性是指土壤经挖掘后，其原有紧密结构遭到破坏，土体松散而使体积增加的性质。这一性质与土方工程的挖土量和填土量的计算及运输有很大关系。土壤种类不同，可松性系数也不同。

二、土方施工准备

（一）研究和审查图纸

检查图纸和资料是否齐全，核对平面尺寸和标高，图纸相互间有无错误和矛盾；掌握设计内容及各项技术要求，了解工程规模、特点、工程量和质量要求；熟悉土层地质、水文勘察资料；会审图纸，搞清构筑物与周围地下设施管线的关系，图纸相互间有无错误和冲突；研究好开挖程序，明确各专业工序间的配合关系、施工工期要求；并向参加施工人员层层进行技术交底。

（二）勘察施工现场

为便于施工规划和准备提供可靠的资料和数据，应摸清工程场地情况，收集施工需要的各项资料，包括施工场地地形、地貌、地质水文、河流、气象、运输道路、植被、邻近建筑物、地下基础、管线、电缆坑基、防空洞、地面上施工范围内的障碍物和堆积物状况，供水、供电、通信情况，防洪排水系统等。

（三）编制施工方案

（1）研究制定现场场地平整、土方开挖施工方案。

（2）绘制施工总平面布置图和土方开挖图，确定开挖路线、顺序、范围、底板标高、边坡坡度、排水沟水平位置，以及挖去的土方堆放地点。

（3）提出需用施工机具、劳力、推广新技术计划。

（4）深开挖还应提出支护、边坡保护和降水方案。

（四）平整清理施工场地

按设计或施工要求范围和标高平整场地，将土方弃到规定弃土区。凡在施工区域内，影响工程质量的软弱土层、淤泥、腐殖土、大卵石、孤石、垃圾、树根、草皮以及不宜做填土和回填土料的稻田湿土，应分情况采取全部挖除或设排水沟疏干、抛填块石、砂砾等方法进行妥善处理。

有一些土方施工工地可能残留了少量待拆除的建筑物或地下构筑物，在施工前要拆除掉。拆除时，应根据其结构特点，并遵循现行《建筑拆除工程安全技术规范》的规定进行操作。操作时可以用铁锤，也可用推土机、挖土机等设备。

施工现场残留一些影响施工并经有关部门审查同意砍伐的树木，要进行伐除工作。凡土方挖深度不大于50cm，或填方高度较小的土方施工，其施工现场及排水沟中的树木，都必须连根拔除。清理树根除用人工挖掘外，直径在50cm以上的大树还可用推土机铲除或用爆破法清除。大树一般不允许伐除，如果现场的大树古树很有保留价值，则要提请建设单位或设计单位对设计进行修改。因此，大树的伐除要慎重，凡能保留的要尽量设法保留。

（五）施工排水

在施工前，应设法将施工场地范围内的积水或过高的地下水排走，因为场地积水不仅有碍于施工，而且也影响工程质量。在施工区域内设置临时性或永久性排水，将地面水排走或排到低洼处，再用水泵排走或疏通原有排水泄洪系统；排水沟的纵向坡度一般不小于2%；山坡/排水沟可一次挖掘到地区，在离边坡上沿5～6m处，设置截水沟、排洪沟，阻止坡顶雨水流入开挖基坑区域内，或在需要的地段修筑挡水堤坝阻水。

1.排除地面积水

在施工前，应根据施工区地形特点，在场地周围挖好排水沟（在山地施工为防山洪，在山坡上应做截洪沟），使场地内排水通畅，场外的水也不致流入。

2.地下水的排除

排除地下水的方法很多，多采用明沟将水引至集水井，并用水泵排出。一般按排水面积和地下水位的高低来安排排水系统时，先定出主干渠和集水井的位置，再定支渠的位置和数目。对于土壤的含水量大且要求排水迅速的，支渠应密些分布，其间距约为1.5m；反之，可疏些。在挖湖施工中应先挖排水沟，排水沟应比水体挖深一些。

（六）定点放线

在清场之后，为了确定施工范围及挖土或填土的标高，应按设计图纸要求，用测量仪器在施工现场进行定点放线工作。为使施工充分表达设计意图，测设时应尽量精确。

1.平整场地的放线

用经纬仪将图纸上的方格测设到地面上，并在每个交点处立桩木，边界上的桩木应按图纸要求设置。

桩木的规格及标记方法：为便于打入土中，应侧面平滑，下端削尖，桩上应表示出桩号（施工图上方格网的编号）和施工标高（挖土用“+”，填土用“–”）。

2.自然地形的放线

挖湖堆山，首先确定堆山或挖湖的边界线。在缺乏永久性地面物的空旷地上时，应先在施工图上画方格网，再把方格网放大到地面上，然后将方格网和设计地形等高线的交点一一标到地面上并打桩，桩木上也要标明桩号及施工标高。由于堆山时土层不断升高，桩木可能被土埋没，所以，桩的长度应大于每层的标高，一种方法可用不同颜色标志不同层，以便识别。另一种方法是分层放线、分层设置标高桩，这种方法适用于较高的山体。

挖湖工程的放线工作和山体的放线基本相同，但由于水体挖深一般较一致，且池底常年在水下，放线可以粗放些，但水体底部应尽可能整平，不留土墩，这对养鱼、捕鱼有利。岸线和岸坡的定点放线应该准确，因为它是水上部分而影响造景，且和水体岸坡的稳定有很大关系。为精确施工，可用边坡样板来控制边坡坡度。

开挖沟槽时，用打桩放线的方法，在施工中桩木容易被移动甚至被破坏，进而影响校核工作，故应使用龙门板。龙门板的构造简单，使用方便。每隔30～100m设一块龙门板（其间距视沟渠纵坡的变化情况而定）。板上应标明沟渠中心线位置和沟上口、沟底的宽度等。为控制沟渠纵坡，板上还要设坡度板。

（七）修建临时设施及道路

根据土方和基础工程规模、工期长短、施工力量安排等修建简易的临时性生产和生活设施（如工具库、材料库、机具库、油库、修理棚、休息棚、茶炉棚等），同时敷设现场供水、供电、供压缩空气（爆破石方用）管线路，并进行试水、试电、试气。

修筑施工场地内机械运行的道路，主要临时运输道路宜结合永久性道路的布置修筑。道路的坡度、转弯半径应符合安全要求，两侧设排水沟。

三、园林土方工程的特点

（1）园林建设工程中在进行土方工程的同时，要考虑园林植物的生长。

（2）植物是构成风景的重要因素，现代园林一个重要特征是植物造景，植物生长所需要的多种生态环境对园林建设的土方工程提出了较高的要求。

（3）公园基地上也会保留一些有价值的老树，需要有效地保护好树木。

（4）通过土方工程，可以合理改良土壤的质地，利于植物的生长。

任何园林建筑物、构筑物、道路及广场等工程的修建，地面上都要做一定的基础，挖掘基坑、路槽等，以及园林中地形的利用、改造或创造，如挖湖堆山、平整场地都要依靠土方工程来完成。一般来说，土方工程在园林建设中是一项大工程，而且在建园过程中又是先行的项目，它完成的速度和质量，直接影响着后继工程，所以土方工程与整个园林建设工程的进度关系密切。土方工程的工程量和投资一般都很大。

四、园林主方工程的内容

园林土方工程一般包括挖湖、堆山和各类建筑、构筑物的基坑、基槽和管沟的开挖，而各单位工程又可包括各分项工程。

挖湖：（1）施工准备与临时设施工程。包括工地排水与降水、运输道路、供电照明。（2）施工测量放线。（3）平整建设场地工程。包括人工挖土、机械挖土。（4）收尾工程。

堆山：（1）施工准备与临时设施工程。包括运输道路、供电照明。（2）施工测量放线。（3）平整建设场地工程。包括人工回填、机械回填。（4）收尾工程。

基坑管沟开挖：（1）施工准备与临时设工程。包括工地排水与降水、工地照明。（2）施工测量放线。（3）地基与基础工程。包括人工开挖、机械挖土、基坑开挖与围护、基土钎探。

第二节　园林土方工程量计算

一、土方工程量计算

土方量的计算一般是根据附有原地形等高线的设计地形来进行的。根据精确程度要求，可分为估算和计算。在规划阶段，土方量的计算无须太过精细，粗略估计即可。而在制作施工图时，土方工程量则要求精确计算。

（一）估算法

体积公式估算法就是把设计的地形近似地假定为锥体、棱台等几何形体的地形单体，这些地形单体可用相近的几何体体积公式来计算。该方法简便、快捷，但精度不高。

（二）断面法

断面法是以一组等距（或不等距）的相互平行的截面将拟计算的地块、地形单体（如山、溪涧、池、岛等）和土方工程（如堤、沟渠、路堑、路槽等）分截成“段”，分别计算这些“段”的体积，再将各段体积累加，以求得该计算对象的总土方量。用此方法计算土方量时，精度取决于截取的断面数量，多则较精确，少则较粗略。

断面法可分为垂直断面法、等高面法与水平面成一定角度的成角断面法。

1.垂直断面法

垂直断面法多用于园林地形纵横坡度有规律变化地段的土方工程量计算，计算较为方便。其计算方法如下。

用一组相互平行的垂直截断面，将要计算的地形截成多“段”，相邻两断面之间间距一般用10m或20m，平坦地区可大些，但不得大于100m。

分别计算每个“段”的体积，把各“段”的体积相加，即得总土方量。其计算公式为：

$$V=\frac{A_1+A_2}{2}L \tag{3-1}$$

式中：

V——相邻两断面的土方量，m³；

A_1、A_2——相邻两横断面的挖（或填）方断面面积，m³；

L——相邻两横断面的间距，m。

2.等高面法

等高面法是沿等高线取断面，等高距即为两相邻断面的高差，计算方法同断面法。其体积计算公式如下：

$$V=\frac{A_1+A_2}{2}\cdot h+\frac{A_2+A_3}{2}\cdot h+\frac{A_3+A_4}{2}\cdot h+\cdots+\frac{A_{n-1}+A_n}{2}\cdot h+\frac{A_n}{3}\cdot h$$
$$=\left(\frac{A_1+A_n}{2}+A_2+A_3+A_4+\cdots+A_{n-1}+\frac{A_n}{3}\right)\cdot h \qquad (3\text{–}2)$$

式中：

V——土方体积，m³；

A——各层断面面积，m³；

h——等高距，m。

此方法适用于大面积自然山水地形的土方计算。我国园林崇尚自然，园林中山水的布局讲究地形起伏多变，挖湖堆山的工程多是在原有的崎岖不平的地面上进行的。因此，计算土方时必须考虑到原有地形的影响，而由于园林设计图纸上的原地形和设计地形均用等高线表示，因而采用等高面法进行计算最为便利。

（三）方格网法

方格网法是把平整场地的设计工作与土方量计算工作结合在一起进行的，用方格网计算土方量相对比较精确，一般用于平整场地，其基本工作程序如下。

划分方格网。根据已有地形图将场地划分成若干个方格网，尽量与测量的纵、横坐标网对应，将相应设计标高和自然地面标高分别标注在方格点的右上角和右下角。将自然地面标高与设计地面标高的差值，即各角点的施工高度（挖或填）填在方格网的左上角，挖方为（+），填方为（–）。

零点的位置按下式计算：

$$x_1=\frac{h_1}{h_1+h_3}\times a \qquad (3\text{–}3)$$

$$x_2 = \frac{h_3}{h_1 + h_3} \times a \tag{3-4}$$

式中：

x_1、x_2——角点至零点的距离，m；

h_1、h_3——相邻两角点的施工高度（均用绝对值），m；

a——方格网的边长，m。

二、土方的平衡与调配

（一）土方的平衡与调配原则

①挖方与填方基本达到平衡，在挖方的同时进行填方，尽量减少重复倒运。②挖（填）方量与运距的乘积之和尽可能最小，使总土方运输量或运输费用最小。③分区调配应与全场调配相协调，切不可只顾局部的平衡而妨碍全局。④土方调配应尽可能与地下建筑物或构筑物的施工相结合。⑤为便于机械化施工，应选择恰当的调配方向、运输路线、施工顺序，避免土方运输出现对流和乱流现象。⑥当工程分期分批施工时，先期工程的土方余额应结合后期工程需要，考虑其利用的数量和堆放位置，以便就近调配。

（二）土方的平衡与调配步骤与方法

第一，划分调配区。在平面图上先画出挖填区的分界线，然后在挖方区和填方区适当划分出若干调配区，最后确定调配区的大小和位置。划分时应注意以下几点：①划分应与房屋和构筑物的平面位置相协调，并考虑开工和分期施工顺序；②调配区大小应满足土方施工用主导机械的行驶操作尺寸的要求；③调配区范围应和土方工程量计算用的方格网相协调，通常可由若干个方格组成一个调配区；④当土方运距较大或场地范围内土方的调配不能达到平衡时，可就近借土或弃土，一个借土区或一个弃土区可作为一个独立的调配区。

第二，计算各调配区的土方量并在图上标明。

第三，计算各挖、填方调配区之间的平均运距，即挖方区土方重心至填方区土方重心的距离，取场地或方格网中的纵横两边为坐标轴，以一个角作为坐标原点，按下式求出各挖方或填方调配区土方重心坐标x_0及y_0：

$$x_0 = \frac{\sum(x_i V_i)}{\sum V_i}；\ y_0 = \frac{\sum(y_i V_i)}{\sum V_i} \tag{3-5}$$

式中：

x_0、y_0——i块方格的重心坐标；

V_i——i块方格的土方量。

填、挖方区之间的平均运距L_0为：

$$L_0=\sqrt{\left(x_{0T}-y_{0W}\right)^2-2} \tag{3-6}$$

式中：

x_{0T}——填方区的重心坐标；

y_{0W}——挖方区的重心坐标。

当填、挖方调配区之间的距离较远，采用自行式铲运机或其他运输工具沿现场道路或规定路线运土时，其运距应按实际情况计算。

三、挖方与土方运转

（一）一般规定

1.场地开挖

挖方边坡坡度应根据使用时间（临时或永久性）、土的种类、物理力学性质（内摩擦角、黏聚力、密度、湿度）、水文情况等确定。对于永久性场地，挖方边坡坡度应按设计要求放坡。如设计无规定，应根据工程地质和边坡高度，结合当地实践经验确定。

为防止在影响边坡稳定的范围内积水，对软土土坡或极易风化的软质岩石边坡，应对坡脚、坡面采取喷浆、抹面、嵌补、砌石等保护措施，并做好坡顶、坡脚排水。

挖方上缘至土堆坡脚的距离，应根据挖方深度、边坡高度和土的类别确定。当土质干燥、密实时，不得小于3m；当土质松软时，不得小于5m。在挖方下侧弃土时，为避免雨水排入挖方场地应将弃土堆表面整平并低于挖方场地标高且向外倾斜，或在弃土堆与挖方场地之间设置排水沟。

2.边坡开挖

场地边坡开挖应沿等高线自上而下，分层、分段依次进行。在边坡上采取多台阶同时开挖时，为防止塌方，上台阶比下台阶开挖进深应不少于30m。

为利于泄水边坡台阶开挖，应做成一定坡势，边坡下部没有护脚及排水沟时，在边坡修完后，应立即处理台阶的反向排水坡，进行护脚矮墙和排水沟的砌筑和疏通，以保证坡面不被冲刷和在影响边坡稳定的范围内不积水，否则应采取临时性排水措施。

（二）人工挖方

挖方施工中一般不垂直向下挖得很深，要有合理的边坡，并要根据土质的疏松和密实情况确定边坡坡度的大小。必须垂直向下挖土的，则在松软土情况下挖深不超过0.7m，中密度土质的挖深不超过1.25m，硬土情况下不超过2m深。

对岩石地面进行挖方施工，一般要先行爆破，将地表一定厚度的岩石层炸裂为碎块，再进行挖方施工。爆破施工时，要先打好炮眼，装上炸药雷管，待清理施工现场及其周围地带，确认爆破区无人滞留之后，方可点火爆破。爆破施工的最重要的问题是要确保人员安全。

相邻场地、基坑开挖时，应遵循先深后浅或同时进行的施工程序。挖土应自上而下水平分段分层进行，每层0.3m左右。边挖边检查坑底宽度及坡度，不合格时应及时修整，每3m左右修一次坡，至设计标高，再统一进行一次修坡清底，检查坑底宽和标高，要求坑底凹凸不超过1.5cm。在已有建筑物侧挖基坑（槽）应间隔分段进行，每段不超过2m，相邻段开挖应待已挖好的槽段基础完成并回填夯实后进行。

基坑开挖应尽量避免对地基土的扰动。采用人工挖土时，基坑挖好后不能立即进行下道工序时，应预留15～30cm厚的一层土不挖，待下道工序开始再挖至设计标高。

在地下水位以下挖土，为利于挖方的进行，应在基坑（槽）四侧或两侧挖好临时排水沟和集水井，将水位降低至坑槽底以下500mm，降水工作应持续到施工完成。

（三）机械挖方

在进行机械挖方之前，技术人员应向机械操作员进行技术交底，使其了解施工场地的情况和施工技术要求，并对施工场地中的定点放线情况进行深入了解，熟悉桩位和施工标高等，对土方施工做到心中有数。

施工现场布置的桩点和施工放线要明显。应适当增加桩木的高度，在桩木上做出醒目的标志或将桩木漆成显眼的颜色。在施工期间，为避免挖错位置，施工技术人员应与推土司机密切配合，随时随地用测量仪器检查桩点和放线情况。

在挖湖工程中，一定要保护好施工坐标和标高桩。挖湖的土方工程因湖水深度变化比较一致，而且放水后水面以下部分不会暴露，所以在湖底部分的挖土作业可以比较粗放，只有挖到设计标高处，并将湖底地面推平即可。但对湖岸线和岸坡坡度要求很准确的地方，可以用边坡样板来控制边坡坡度的施工，以确保施工精度。

挖土工程中对原地面表土要注意保护。因表土的土质疏松肥沃，适于种植园林植物。因此，在对地面50cm厚的表土层进行挖方时，要先用推土机将施工地段的这一层表面熟土推到施工场地外围，待地形整理停当，再把表土推回铺好。

（四）土方运转

在土方调配图中，一般都按照就近挖方、就近填方的原则，采取土石方就地平衡的方式。土石方就地平衡可以极大地减少土方的搬运距离，从而能节省人力，降低施工费用。土方转运分为人工转运和机械转运。

人工转运。人工转运土方一般为短途的小搬运。搬运方式有人力车拉、用手推车推或由人力肩挑背扛等。这种转运方式在有些园林局部或小型工程施工中常被采用。

机械转运。机械转运土方通常为长距离运土或工程量很大时的运土，运输工具主要是装载机和汽车。根据工程施工特点和工程量大小的不同，可采用半机械化和人工相结合的方式转运土方。另外，在土方转运过程中，应充分考虑运输路线的安排、组织，尽量使路线最短，以节省运力。为避免混乱和窝工，土方的装卸应有专人指挥，要做到卸土位置准确，运土路线顺畅。汽车长距离转运土方需要经过城市街道时，车厢不能装得太满，在驶出工地之前应当将车轮粘上的泥土全部扫掉，不允许在街道上撒落泥土和污染环境。

（五）安全措施

①开挖时，两人操作间距应大于2.5m。多台机械开挖，挖土机间距应大于10m。在挖土机工作范围内，不许进行其他作业。挖土应由上而下，逐层进行，不得先挖坡脚或逆坡挖土。②挖方不得在危岩、孤石的下边或贴近未加固的危险建筑物的下面进行。③放坡时应严格要求。操作时应随时注意土壁的变动情况，如发现有裂纹或部分坍塌现象，应及时进行支撑或放坡，并注意支撑的稳固和土壁的变化。当采取不放坡开挖时，应设置临时支护，各种支护应根据土质及深度经计算后确定。④机械多台阶同时开挖，为防止塌方，造成翻机事故，应验算边坡的稳定性，挖土机离边坡应有一定的安全距离。⑤深基坑上下应先挖好阶梯、支撑靠梯或开斜坡道，并需采取防滑措施，不得踩踏支撑上下。基坑四周应设安全栏杆。⑥人工吊运土方时，应检查起吊工具绳索是否牢靠；吊斗下面禁止站人，卸土堆应离开坑边一定距离。⑦用手推车运土时，应先平整好道路，卸土回填，不得放手让车自动翻转。用翻斗汽车运土时，运输道路的坡度、转弯半径应符合有关安全规定。⑧重物距土坡安全距离：汽车不小于3m；马车不小于2m；起重机不小于4m。土方堆放不少于1m；堆土高不超过1.5m；材料堆放应不小于1m。⑨当基坑较深或晾槽时间很长时，应采用边坡保护方法，以防止边坡失水松散或地面水冲刷、浸润影响边坡稳定。⑩爆破土石方时应遵守爆破作业安全有关规定。

挖方中常见问题及处理方法如下：①基底超挖。开挖基坑（槽）或管沟均不得超过设计基底标高，如果超过应会同设计单位共同协商解决，不得私自处理。②桩基产生位移。一般出现于软土区域。碰到此类土基挖方，应在打桩完成后，先间隔一段时间再对称挖土，并要制定相应的技术措施。③基底未加保护。基坑（槽）开挖后未进行后续基础施工，应注意在基底标高以上留出0.3m厚的土层，待基础施工时再挖去。④施工顺序不合理。土方开挖应从低处开始，分层分段依次进行，并形成一定坡度，以利于排水。⑤开挖尺寸不足，基底、边坡不平。开挖时没有加上应增加的开挖面积使挖方尺寸不足。故施工放线要严格，应充分考虑增加的面积，对于基底和边坡应加强检查并随时校正。⑥施工机械下沉采用机械挖方，必须掌握现场土质条件和地下水位情况，针对不同的施工条件采取相应的措施。一般推土机、铲运机需要在地下水位0.5m以上时推铲土，挖土机则要求在地下水位0.8m以上时挖土。

四、填方工程施工

（一）一般要求

1.土料要求

为保证填方的强度和稳定性，填方土料应符合设计要求，如设计无要求，应符合下列规定：①碎石类土、砂土和爆破石渣（粒径不大于每层铺厚的2/3。当用振动碾压时，不超过3/4）可用于表层下的填料；②含水量符合压实要求的黏性土，可作为各层填料；③碎块草皮和有机质含量大于8%的土仅用于无压实要求的填方；④淤泥和淤泥质土一般不能用作填料，但在软土或沼泽地区，经过处理含水量符合压实要求的，可用于填方中的次要部位；⑤含盐量符合规定的盐渍土一般可用作填料，但土中不得含有盐晶、盐块或含盐植物根茎。

2.基底处理

①场地回填应先清除基底的草皮、树根及坑穴中的积水、淤泥和杂物，并采取措施防止地表滞水流入填方区，浸泡地基，造成基土下陷。②当填方基底为耕植土或松土时，应将基底充分夯实或碾压密实。③当填方位于水田、沟渠、池塘或含水量很大的松软土地段，应根据具体情况采取排水疏干，或将淤泥全部挖出换土、抛填片石、填砂砾石、翻松掺石灰等措施进行处理。④为利于接合和防止滑动，当填土场地地面坡度大于1/5时，应先将斜坡挖成阶梯形，阶高0.2～0.3m，阶宽大于1m，然后分层填土。

3.填土含水量

①含水量的大小会直接影响夯实质量，为得到符合密实度要求条件下的最优含水量和最少夯实遍数，在夯实（碾压）前应先试验，含水量过小，会导致夯压不实；含水量过大，则易成为橡皮土。②遇到黏性土或排水不良的砂土时，其最优含水量与相应的最大干密度，应用击实试验测定。③土料含水量一般以手握成团、落地开花为宜。当含水量过大时，应采取翻松、晾干、风干、换土回填、掺入干土或其他吸水性材料等措施；如土料过

干，则应预先洒水润湿，亦可采取增加压实遍数或使用大功能压实机械等措施。

在气候干燥时，必须采取加速挖土、运土、平土和碾压等措施，以减少土的水分散失。当填料为碎石类土（充填物为砂土）时，为提高压实效果，碾压前应充分洒水湿透。

4.填土边坡

填方的边坡坡度应根据填方高度、土的种类和其重要性在设计中加以规定，当设计无规定时，可查询和参考相关行业标准。

（二）人工填土方法

①用手推车送土，用铁锹、耙、锄等工具进行人工回填土。②从场地最低部分开始，由一端向另一端自下而上分层铺填。每层虚铺厚度：用人工木夯夯实时，砂质土不大于30cm，黏性土为20cm；用打夯机械夯实时不大于30cm。③深浅坑相连时，应先填深坑，与浅坑相平后全面分层夯填。如采取分段填筑，交接处应填成阶梯形。墙基及管道回填为防止墙基及管道中心线移位，应在两侧用细土同时均匀回填夯实。④人工夯填土时，用60～80kg的木夯或铁夯、石夯，由4～8人拉绳，二人扶夯，举高不小于0.5m，一夯压半夯，按次序进行。⑤较大面积人工回填用打夯机夯实时，两机平行间距不得小于3m，在同一夯打路线上的前后间距不得小于10m。

（三）机械填土方法

1.推土机填土

填土应由下而上分层铺填，每层虚铺厚度不宜大于30cm。大坡度堆填土不得居高临下，不分层次，一次堆填。为减少运土漏失量，推土机运土回填可采取分堆集中、一次运送的方法，分段距离为10～15m，土方推至填方部位时，应提起一次铲刀，成堆卸土，并向前行驶0.5～1.0m，利用推土机后退时将土刮平。用推土机来回行驶进行碾压，履带应重叠一半。填土程序宜采用纵向铺填顺序，从挖土区段至填土区段，以40～60m距离为宜。

2.铲运机填土

铲运机铺土时，铺填土区段长度不宜小于20m，宽度不宜小于8m。铺土应分层进行，每次铺土厚度不大于30～50cm（视所用压实机械的要求而定），每层铺土后，利用空车返回时将地表面刮平。为利于行驶时初步压实，填土程序一般尽量采取横向或纵向分层卸土。

3.汽车填土

自卸汽车为成堆卸土，应配以推土机推土、摊平。每层的铺土厚度不大于30～50cm。填土可利用汽车行驶做部分压实工作，行车路线必须均匀分布于填土层上。

汽车不得在虚土上行驶，卸土推平和压实工作必须采取分段交叉进行。

（四）填埋顺序

①先填石方，后填土方。土、石混合填方时，或施工现场有需要处理的建筑渣土而填方区又比较深时，应先将石块、渣土或粗粒废土填在底层，并紧紧地筑实；然后将壤土或细土在上层填实。②先填底土，后填表土。在挖方中挖出的原地面表土，应暂时堆在一旁；而要将挖出的底土先填入填方区底层；待底土填好后，才将肥沃表土回填到填方区作面层。③先填近处，后填远处。近处的填方区应先填，待近处填好后再逐渐填向远处。但每填一处，还是要分层填实。

（五）填土压实

1.一般要求

（1）密实度要求

填方的密实度要求和质量指标通常以压实系数来表示。压实系数为土的控制（实际）干土密度与最大干土密度的比值。最大干土密度是当其处于最优含水量时，通过标准的击实方法确定的。

（2）铺土厚度和压实遍数

填土每层铺土厚度和压实遍数视土的性质、设计要求的压实系数和使用的压（夯）实机具性能而定，一般应进行现场碾（夯）压试验确定。

2.填土压（夯）实方法

填土压（夯）实方法也有人工压实和机械压实两种方法。

（1）人工压实方法

人工打夯前应将填土初步整平，打夯要按一定方向进行，一夯压半夯，夯夯相接，行行相连，两遍纵横交叉，分层打夯。夯实基槽及地坪时，行夯路线应由四边开始，然后夯向中间。

用蛙式打夯机等小型机具夯实时，一般填土厚度不宜大于25cm，打夯之前对填土应进行初步平整，打夯机依次夯打，均匀分布，不得留有间隙。

基坑（槽）回填应在相对两侧或四周同时进行回填与夯实。回填管沟时，应用人工先在管子周围填土夯实，并应从管道两边同时进行，直至管顶0.5m以上。在不损坏管道的情况下，方可采用机械填土回填夯实。

（2）机械压实方法

在机械碾压之前，宜先用轻型推土机、拖拉机推平，低速预压4～5遍，使表面平实，以保证填土压实的均匀性及密实度，避免碾轮下陷，提高碾压效率，采用振动平碾压实爆破石渣或碎石类土，应先静压，后振压。

碾压机械压实填方时，应控制行驶速度，平碾、振动碾一般不超过2km/h；羊足碾不超过3km/h；并要控制压实遍数。为防止将基础或管道压坏或移位，碾压机械与基础或管道应保持一定的距离。

用压路机进行填方压实时，应采用“薄填、慢驶、多次”的方法，填土厚度不应超过25～30cm；为防止压漏碾压方向应从两边逐渐向中间，碾轮每次重叠宽度15～25cm，为避免发生溜坡倾倒，运行中碾轮边距填方边缘应大于500mm，边角、边坡、边缘压实不到之处，应辅以人力夯或小型夯实机具夯实。压实密实度以压至轮子下沉量不超过1～2cm为度。每碾压完一层后，应用人工或机械（推土机）将表面拉毛以利接合。

平碾碾压完一层后，应用人工或推土机将表面拉毛。土层表面太干时，为保证上、下层接合良好，应洒水湿润，再继续回填。

用羊足碾碾压时，填土厚度不宜大于50cm，碾压方向应从填土区的两侧逐渐压向中心。每次碾压重叠宽度为15～20cm，并随时清除黏着于羊足之间的土料。羊足碾压过后，宜辅以拖式平碾或压路机补充压平、压实以提高上部土层密实度。

用铲运机及运土工具进行压实，铲运机及运土工具的移动须均匀分布于填筑层的全面，逐次卸土碾压。

3.填压方成品保护措施

①填运土方时不得碰撞定位标准桩、轴线控制桩、标准水准点和桩木等，并应定期复测检查这些标准桩是否正确。②凡夜间施工的应配足照明设备，防止铺填超厚，严禁用汽车将土直接倒入基坑（槽）内。③应在基础或管沟的现浇混凝土达到一定强度，不致因填土而受到破坏时，回填土方。④管沟中的管线或从建筑物伸出的各种管线，都应按规定严格保护，然后才能填土。

填压方的经验总结：①未按规定测定干密度。回填土每层都必须测定夯实后的干密度，待符合要求后才能进行上一层的填土。测定土壤种类、试验方法和结论等资料均应标明并签字，凡达不到测定要求的填方部位要及时提出处理意见。②回填土下沉。虚铺土超厚或冬季施工时遇到较大的冻土块或夯实遍数不够、漏夯、回填上所含杂物超标等，都会导致回填土下沉。碰到这些情况时应检查并制定相应的技术措施进行处理。③管道下部夯填不实。这主要是施工时没有按施工标准回填打夯，出现漏夯或密实度不够，导致管道下方回填空虚。④回填土夯压不密。如果回填土含水量过大或过少，都可能导致土方填压不密。此时，对于过干的土壤要先洒水润湿后再铺；过湿的土壤应先摊铺晾干，待符合标准后方可作为回填土。⑤管道中心线产生位移或遭到损坏。这是在用机械填压时不注意施工规程造成的。因此，施工时应先人工把管子周围填土夯实，并要求从管道两侧同时进行，直到管顶0.5m以上，在保证管道安全的情况下可用机械回填和压实。

五、土石方的放坡处理

在挖方工程和填方工程中，常常需对边坡进行处理，使之达到安全、合理的施工目的。土方施工所造成的土坡，都应当是稳定的，是不会发生坍塌现象的，而要达到这个要求，对边坡的坡度处理就非常重要。不同土质、不同疏松程度的土方在做边坡时，能够达到的稳定性是不同的。

挖方边坡。受土壤性质、土壤密实度和坡面高度等因素的制约，用地的自然放坡有一定限制，其挖方和填方的边坡做法各不相同，即使是岩石边坡的挖、填方做坡，也有所不同。岩石边坡的坡度允许值（高宽比）受石质类别、石质风化程度以及坡面高度三方面因素的影响。

填方边坡。填方的边坡坡度应根据填方高度、土的种类和其重要性在设计中加以规定。

土壤的自然倾斜角。土壤在自然堆积条件下，经过自然沉降稳定后的坡面与地平面之间所形成的夹角，叫作土壤的安息角，即土壤的自然倾斜角，以ψ表示。一般的土坡坡度夹角小于土壤安息角时，土坡是相对稳定的，不会发生自然滑坡和坍塌现象。

六、特殊问题及表土处理

（一）土洞处理

在黄土层或岩溶地层，由于地表水的冲蚀或地下水的潜蚀作用形成的土洞、落水洞往往发育良好，常成为排水地表径流的暗道，影响边坡或场地的稳定，必须进行处理，避免继续扩大，造成边坡塌方或地基塌陷。

处理方法是将土洞（落水洞）上部挖开，清除软土，分层回填好土（灰土或砂卵石）并夯实，面层用黏土夯填并比周围地表高些，同时做好地表水的截流，将地表径流引到附近排水沟中，防止下渗；对地下水可采用截流改道的办法，如用作地基的深埋土洞，宜用砂、砾石、片石或混凝土填灌密实，或用灌浆挤压法加固。对地下形成的土洞和陷穴，除先挖除软土抛填块石外，还应做反滤层，面层用黏土夯实。

（二）冲沟处理

对边坡上不深的冲沟，可用好土或3：7灰土逐层回填夯实，或用浆砌块石填至与坡面相平，并在坡顶设置排水沟及反水坡，以阻截地表雨水冲刷坡面；对地面冲沟用土层夯填，因其土质结构松散，承载力低，可采取加宽基础的处理方法。

（三）古河道、古湖泊处理

古河道、古湖泊的成因不同：有的年代久远，经大气降水及自然沉实，土质较为均匀，密实含水量为20%左右，含杂质较少；有的年代近，土质结构均较松散，含水量较大，含较多碎块、有机物。这些都是由天然地貌的低洼处长期积水、泥砂沉积而形成，土层由黏性土、细砂、卵石和角砾所构成。

年代久远的古河道、古湖泊，已被密实的沉积物填满，底部还有砂卵石层，一般土的含水量小于20%，且无被水冲蚀的可能性，土的承载力不低于相接天然土的，可不处理；对年代近的故河道、古湖泊，土质较均匀，含有少量杂质，含水量大于20%，如沉积物填充密实，承载力不低于同一地区的天然土，亦可不处理；如为松软含水量大的土，应挖除后用好土分层夯实，或采用地基加固措施，用作地基部位应用灰土分层夯实，与河、湖边坡接触部位做成阶梯形接槎，阶宽不小于1m，接槎处应仔细夯实，回填应按先深后浅的顺序进行。

（四）滑坡、塌方处理

1.产生的原因

斜坡土（岩）体本身存在倾向相近、层理发达、破碎严重的裂隙，或内部夹有易滑动的软弱带，如软泥、黏土质岩层，受水浸后易滑动或塌落。

土层下有倾斜度较大的岩层，或软弱土夹层，或土层下的岩层虽近于水平，但距边坡过近，边坡倾度过大，在堆土或堆置材料、建筑物荷重或地表水作用下，增加了土体的负担，降低了土与土、土体与岩面之间的抗剪强度，从而易引起滑坡或塌方。

边坡坡度不够，倾角过大，土体因雨水或地下水侵入，剪切应力增大，黏聚力减弱，使土体失稳而滑动。

开堑挖方，切割坡脚不合理；坡脚被地表、地下水掏空；斜坡地段下部被冲沟所切，地表、地下水浸入坡体；开坡放炮、坡脚松动等，使坡体坡度加大，破坏了土（岩）体的内力平衡，使上部土（岩）体失去稳定而滑动。

在坡体上不适当地堆土、填土，或设置建筑物，或土工构筑物（如路堤、土坝）设置在尚未稳定的古（老）滑坡上或设置在易滑动的坡积土层上，填土或建筑物增荷后，重心改变，坡体在外力（堆载振动、地震等）和地表水、地下水双重作用下失去平衡或触发古（老）滑坡复活，从而产生滑坡。

2.处理的措施

加强工程地质勘察。对拟建场地（包括边坡）的稳定性进行认真分析和评价；工程和线路一定要选在边坡稳定的地段，一般不选具备滑坡形成条件的或存在古（老）滑坡的地段作为建筑场地，或对其采取必要的措施加以预防。

做好泄洪系统。在滑坡范围外设置多道环形截水沟来拦截附近的地表水，在滑坡区内，为防止地表水、地下水渗入滑体，应修设或疏通原排水系统来疏导。主排水沟宜与滑坡滑动方向一致，支排水沟与滑坡方向成30° ~45° 斜角，防止冲刷坡脚。

处理好滑坡区域附近的生活及生产用水，防止浸入滑坡地段。

如因地下水活动有可能形成山坡浅层滑坡时，可设置支撑盲沟、渗水沟，排除地下水。盲沟应布置在平行于滑坡滑动方向有地下水露头处。

保持边坡有足够的坡度，避免随意切割坡脚。土体尽量削成较平缓的坡度，或做成台阶状，使中间有1~2个平台，以增加稳定；土质不同时，视情况削成2~3种坡度。在坡脚处有弃土条件时，将土石方填至坡脚，使其起反压作用。修筑挡土堆或修筑台地，避免在滑坡地段切去坡脚或深挖方。如平整场地必须切割坡脚，且不设挡土墙时，应按切割深度将坡脚随原自然坡度由上而下削坡，逐渐挖至要求的坡脚深度。

尽量避免在坡脚处取土，在坡肩上设置弃土或建筑物。在斜坡地段挖方时，应遵守由上而下分层的开挖程序。在斜坡上填方时，应遵守由下往上分层填压的施工程序，避免在斜坡上集中弃土，同时，避免对滑坡体的各种振动作用。

对可能出现的浅层滑坡，如滑坡土方量不大时，最好将滑坡体全部挖除；如土方量较大，不能全部挖除，且表层破碎含有滑坡夹层时，可对滑坡体采取深翻、推压、打乱滑坡夹层、表面压实等措施，减少滑坡因素。

对于滑坡体的主滑地段可采取挖方卸荷、拆除已有建筑物等减重辅助措施，对抗滑地段可采取堆方加重等辅助措施。

滑坡面土质松散或具有大量裂缝时，应进行填平、夯填，防止地表水下渗；在滑坡面采取植树、种草皮、浆砌片石等保护措施。

倾斜表层下有裂隙滑动面的，可在基础下设置混凝土锚桩（墩）。土层下有倾斜岩层，将基础设置在基岩上用锚挂固定或做成阶梯形或采用灌注桩基减轻土体负担。

（五）表土处理

1.表土的采取与复原

为了防止重型机械进入现场压实土壤，使土壤的团粒结构遭到破坏，最好使用倒退铲车掘取表土，并按照一个方向进行。表土最好复原，直接平铺在预定栽植的场地，不要临时堆放，防止地表固结。平铺表土同样要使用倒退铲车的施工方法，现场无法使用倒退铲车时，可以利用接地压强小的适合沼泽地作业的推土机。另外，掘取、平铺表土作业不能在雨后进行，施工时的地面应该十分干燥，机械不得反复碾压。为了避免在复原的地面形成滞水层，平铺时要很好地耕耘，必要时需铺设碎石暗渠和透水管等，以利排水。

2.表土的临时堆放

应选择排水性能良好的平坦地面临时堆放表土，长时间（6个月以上）堆放时，应在临时堆放表土的地面上铺设碎石暗渠等，以利排水。堆积高度最好在1.5m以下，不要用重型机械压实。不得已时，堆积高度也应在2.5m以下。这是因为过分密实会破坏土壤最下部的团粒结构，造成板结。板结的土壤不得复原利用。

（六）流砂处理

1.流砂

当基坑（槽）开挖深于地下水位0.5m以下，采取坑内抽水时，坑（槽）底下砌的土产生流动状态随地下水一起涌进坑内，边挖边冒、无法挖深的现象称为流砂。

发生流砂时，土完全失去承载力，不但使施工条件恶化，而且流砂严重会引起基础边坡塌方，附近建筑物会因地基被掏空而下沉、倾斜，甚至倒塌。

2.流砂形成的原因

当坑外水位高于坑内抽水后的水位，坑外水压向坑内流动的动水压等于或大于颗粒的浸水密度时，使土粒悬浮失去稳定变成流动状态，随水从坑底或四周流入坑内，如施工时采取强挖，抽水愈深，动水压就愈大，流砂就愈严重。由于土颗粒周围附着亲水胶体颗粒，饱和时胶体颗粒吸水膨胀，使土粒密度减小，因而在不大的水冲力下能悬浮流动。饱和砂土在振动作用下，结构被破坏，使土颗粒悬浮于水中并随水流动。

3.流砂处理的原则

流砂处理的原则主要是减小或平衡动水压力或使动水压力向下，使坑底土粒稳定，不受水压干扰。

4.流砂的处理方法

①安排在全年最低水位季节施工，使基坑内动水压减小。②采取水下挖土（不抽水或少抽水），使坑内水压与坑外地下水压相平衡或缩小水头差。③采用井点降水，使水位降至基坑底0.5m以下，使动水压力方向朝下，坑底土面保持无水状态。④沿基坑外围四周打板桩，深入坑底下面一定深度，增加地下水从坑外流入坑内的渗流路线和渗水量，减小动水压力。⑤采用化学压力注浆或高压水泥注浆，固结基坑周围砂层使其形成防渗帷幕。⑥往坑底抛大石块，增加土的压重和减小动水压力，同时组织快速施工。⑦当基坑面积较小时，也可在四周设钢板扩筒，随着挖土不断加深，直到穿过流砂层。

（七）橡皮土处理

1.橡皮土

当地基为黏性土且含水量很大、趋于饱和时，夯（拍）打后，地基土变成踩上去有一种颤动感觉的土，称为橡皮土。

2.橡皮土形成的原因

在含水量很大的黏土、粉质黏土、淤泥质土、腐殖土等原状土上进行夯（压）实或回填土，或采用这类土进行回填土工程时，由于原状被扰动，颗粒之间的毛细孔遭到破坏，水分不易渗透和散发，当气温较高时，对其进行夯击或碾压，特别是用光面碾（夯锤）滚压（或夯实），表面形成硬壳，进一步阻止了水分的渗透和散发，形成软塑状的橡皮土。埋藏深的土水散发慢，往往长时间不易消失。

3.橡皮土的处理方法

暂停一段时间施工，避免再直接拍打，使橡皮土含水量逐渐降低，或将土层翻起进行晾晒。如地基已成橡皮土，可在上面铺一层碎石或碎砖后进行夯击，将表土层挤紧。橡皮土较严重的，可将土层翻起并搅拌均匀，掺加石灰吸收水分水化，同时改变原土结构成为灰土，使之有一定强度和水稳性。如用作荷载大的房屋地基，可打石桩，将毛石（块度为20～30cm）依次打入土中，或垂直打入M10机砖，纵距26cm，横距30cm，直至打不下去为止，最后在上面满铺厚50mm的碎石后再夯实。采取换土法，挖去橡皮土，重新填好土或级配砂石夯实。

第三节　园林地形设计

一、园林地形的分类

（一）平地

在现实世界的外部环境中，绝对平坦的地形是不存在的，所有的地面都有不同程度甚至是难以察觉的坡度，因此，这里的“平地”指的是那些总体看来是“水平”的地面，更为确切地描述是指园林地形中坡度小于4%的较平坦用地。平地对于任何种类的密集活动都是适用的。

由于排水的需要，园林中完全水平的平地是没有意义的。因此，园林中的平地是具有一定坡度的相对平整的地面。为避免水土流失及提高景观效果，单一坡度的地面不宜延续过长，应有小的起伏或施工成多个坡面。平地坡度的大小，可视植被和铺装情况以及排水要求而定。

园林中，平地适于建造建筑，铺设广场、停车场、道路、草坪草地，建设游乐场、苗圃等。因此，现代公共园林中必须设有一定比例的平地以供人流集散以及交通、游览使用。

平地可以开辟大面积水体以及作为各种场地用地，可以自由布置建筑、道路，铺装广场及园林构筑物等景观元素，亦可以对这些景观元素按设计需求进行适当组合、搭配，以创造出丰富的空间层次。

园林中对平地应适当进行地形调整，一览无余的平地不加处理容易平淡，适当地对平地形挖低堆高，造成地形高低变化，或结合这些高低变化设计台阶、挡墙，并通过景墙、植物等景观元素对平地进行分隔与遮挡，可以创造出不同层次的园林空间。

（二）坡地

坡地一般与山地、丘陵或水体并存，其坡向和坡度视土壤、植被、铺装、工程设施、使用性质以及其他地形地物因素而定。坡地的高程变化和明显的方向性（朝向）使其在造园用地中具有广泛的用途和施工灵活性。如用于种植，提供界面、视线和视点，塑造多级平台、围合空间等。但坡地坡角超过土壤的自然安息角时，为保持土体稳定，应当采取护坡措施，如砌挡土墙、种植地被植物及堆叠自然山石等。

园林中可以结合地形进行改造，使地面产生明显的起伏变化，增加园林艺术空间的生动性。坡地地表径流速度快，不会产生积水，但是若地形起伏过大或坡度不大但同一坡度的坡面延伸过长，则容易产生滑坡现象，因此，地形起伏要适度，坡长应适中。坡地按照其倾斜度的大小可以分为缓坡、中坡、陡坡、急坡和悬崖、陡坎五种类型。

1.缓坡

缓坡坡度为4%～10%，适宜于运动和非正规的活动，一般布置道路和建筑基本不受地形限制。缓坡地可以修建为活动场地、游憩草坪、疏林草地等。缓坡地不宜开辟面积较大的水体。

2.中坡

中坡坡度为10%～25%，只有山地运动或自由游乐才能积极加以利用，在中坡地上爬上爬下显然很费劲。在这种地形中，建筑和道路的布置会受到限制。垂直于等高线的道路要做成梯道，建筑一般要顺着等高线布置并结合现状进行地形改造才能修建，并且占地面积不宜过大。对于水体布置而言，除溪流外不宜开辟河湖等较大面积的水体。中坡地植物种植基本不受限制。

3.陡坡

陡坡坡度为25%～50%。陡坡的稳定性较差，容易造成滑坡，甚至塌方，因此，在陡坡地段的地形改造一般要考虑加固措施，如建造护坡、挡墙等。陡坡上布置较大规模建筑会受到很大限制，并且土方工程量很大。如布置道路，一般要做成较陡的梯道；如要通车，则要顺应地形起伏做成盘山道。陡坡地形更难设计较大面积水体，只能布置小型水池。陡坡地上土层较薄，水土流失严重，植物生根困难，因此陡坡地种植树木较困难。如要对陡坡进行绿化，可以先对地形进行改造，改造成小块平整土地，或在岩石缝隙中种植树木，必要时可以对岩石打眼处理，留出种植穴并覆土种植。

4.急坡、悬崖、陡坎

急坡的坡度是土壤自然安息角的极值范围；悬崖、陡坎的坡度大于100%，坡角在45°以上，已超出土壤的自然安息角；一般位于土石山或石山，种植需采取特殊措施保持水土、涵养水分。道路及梯道布置均困难，工程投资大。

（三）山地

山地是地貌施工的核心，它直接影响空间的组织、景物的安排、天际线的变化和土方工程量等。由于山地尤其是石山地的坡度较大，因此在园林地形中往往能表现出奇、险、雄等效果。山地上不宜布置较大建筑，只能通过地形改造点缀亭、廊等单体建筑。

1.未山先麓，陡缓相间

山脚应缓慢升高，坡度要陡缓相同，山体表面呈凹凸不平状，变化自然。

2.歪走斜伸，逶迤连绵

山脊线呈之字形走向，曲折有致，起伏有度，逶迤连绵顺乎自然。

3.主次分明，互相呼应

主山宜高耸、盘厚，体量较大，变化较多；客山则奔趋、拱状，呈余脉延伸之势。先立主位，后布辅从，比例应协调，关系要呼应，注意整体组合。忌孤山一座。

4.左急右缓，勒放自如

山体坡面应有急有缓，等高线有疏密变化。一般朝阳和面向园内的坡面较缓，地形较为复杂；朝阴和面向园外的坡面较陡，地形较为简单。

5.丘壑相伴，虚实相生

山脚轮廓线应曲折圆润，柔顺自然。山臃必虚其腹，谷壑最宜幽深，虚实相生，空间丰富生动。

（四）丘陵

丘陵的坡度一般在10%～25%，在土壤的自然安息角以内不需要工程措施，高度也多在1～3m变化，在人的视平线高度上下浮动。丘陵在地形施工中可视作土山的余脉、主山的配景、平地的外缘。

二、园林地形处理与作用

（一）园林地形处理

1.园林的功能要求

园林中各项功能要求决定了地形处理的必要性，不同功能分区及景点设施对于地形的要求也有所不同。如文化娱乐、体育活动、儿童游戏区要求场地平坦，而游览观赏区最好要有起伏的地形及空间的分隔，水上娱乐区应有满足不同需要的水面等。

2.城市环境的要求

园林景观是城市面貌的组成部分，城市格局当然就会对园林地形的处理产生影响。如风景区或分园出入口的设计，就取决于周围地形环境因素和公园内外联系的需要。由于周围环境是一个定值，因此园林出入口的位置，集散广场、停车场的布置要根据环境的变化进行处理。

3.园林造景的需要

园林造景要根据园林用地的具体条件及中国传统的造园手法，通过地形改造构成不同的空间。如要突出立面景观，就得使地形的起伏度、坡度较大；若要创设开朗风景，则可利用开阔的地段形成开敞的空间，地形的坡度要小。

4.植物种植方面的要求

植物有多种不同的生态习性，要想形成生物多样、生态稳定的植物群落景观，就必须对地形进行改造和处理，从而为各种植物创造出适宜的种植环境。这样既可丰富植物景观，又可保证植物有较好的生态条件。

5.园林工程技术的要求

在园林工程措施中，要考虑地形与园内排水的关系。地形不能造成积水和涝害，要有利于排水。同时，也要考虑排水对地形坡面稳定性的影响，进行有目的的护坡护岸处理。在坡地设置建筑，需要对地形进行整平改造；在洼地开辟水体，也要改变原地形，挖湖堆山，降低和抬高一部分地面的高程。即使是一般的建筑修建，也需要破土挖槽，做好基础工程。所以，地形处理也是园林工程技术的要求。

（二）园林地形的作用

1.地形的骨架作用

地形是构成城市景观的基本骨架。建筑、植物、落水等景观都以地形为依托，使视线在水平和垂直方向上有所变化。由于园林景观的形成在不同程度上都与地面相接触，因此地形便成了环境景观不可缺少的基础成分和依赖成分。地形是连接景观中所有因素和空间的主线，它的结构作用可以一直延续到地平线的尽头或水体的边缘。因此，地形对景观的决定作用和骨架作用是不言而喻的。

2.地形的空间作用

园林空间的形成往往是受地形因素直接制约的。不同的地形具有构成不同形状、不同特点园林空间的作用。因此，地形对园林空间的形状起决定作用。地形能影响人们对户外空间范围和气氛的感受。要形成好的园林景观，就必须处理好由地形要素组成的园林空间的界面，即水平界面、垂直界面和依坡就势的斜界面。

3.地形的造景作用

虽然地形始终在造景中起着类似骨架的作用，但地形本身的造景作用也可以在适当的条件下发挥出来。若将地形做成诸如圆台、半圆环体等规则的几何形体或相对自然的曲面体，可以形成别具一格的形象。

4.地形的背景作用

园林中的景物具有前景、中景和背景的特征。一般着力表现的主景皆需良好的背景来衬托。凹凸地形的坡面均可作为景物的背景，但应该处理好地形、景物和视距之间的关系，尽量通过视距的控制来保证景物和作为背景的地形之间有较好的构图关系。

5.地形的观景作用

园林地形还可为人们提供观景的位置和条件，它在游览观景中的重要性是非常明显的，如坡地、山顶能让人登高望远，观赏辽阔无边的原野景致；草地、广场、湖池等平坦地形，可以使园林内部的立面景观集中地显露出来，让人们直接观赏到园林整体的艺术形象；在湖边的凸形岸段，能够观赏到湖周的大部分景观，观景条件良好；而狭长的谷地地形，则能引导视线集中投向谷地的端头，使端头处的景物显得最突出、最醒目。

6.地形的工程作用

地形在园林的给排水工程、绿化工程、环境生态工程和建筑工程中都起着重要的作用。地形过于平坦，不利于排水，容易积涝；但是地形坡度太陡，径流量就比较大，径流速度也太快，易引起地面冲刷和水土流失。因此，创造一定的地形起伏，合理安排地形的分水和汇水线，使地形具有较好的自然排水条件，是充分发挥地形排水工程作用的有效措施。

地形条件对山地造林、湿地植树、坡面种草和一般植物的生长等园林绿化方面有明显的影响作用。同时，地形因素对园林管线工程的布置、施工和对建筑、道路的基础施工都存在着有利和不利的影响作用。地形还可以改善局部地区的小气候条件，如光照、风向及降雨量等。

第四章　园林水工程及小品工程施工

第一节　园林给排水及水景工程施工

一、给水工程施工

（一）园林给水管网的布置原则和形式

1.园林给水管网的布置原则

给水管网的布置要求供水安全可靠，投资节约，一般应遵循以下原则：

（1）干管应靠近主要供水点，保证足够的水量和水压。

（2）和其他管道按规定保持一定距离，注意管线的最小水平净距和垂直净距。

（3）管网布置必须保证供水安全可靠，干管一般随主要道路布置，宜成环状，但应尽量避免在园路和铺装场地下敷设。

（4）力求以最短距离敷设管线，以降低费用。

（5）在保证管线安全不受破坏的情况下，干管宜随地形敷设，避开复杂地形和难于施工的地段，减少土方工程量。在地形高差较大时，可考虑分压供水或局部加压，不仅能节约能量，还可以避免地形较低处的管网承受较高压力。

（6）分段分区设阀门井、检修井，一般在干管与支干管、支干管与支管连接处设阀门井，在转折处、干管长度不大于500m处设检修井。

（7）预留支管接口。

（8）管端井应设泄水阀。

（9）确定管顶覆土厚度：管顶有外荷载时不小于0.7m；管顶无外荷载、无冰冻时可小于0.7m；给水管在冰冻地区应埋设在冰冻线以下20cm处。

（10）消火栓的设置：在建筑群中不大于120m；距建筑外墙不大于5m，最小为1.5m；距路缘石不大于2m。

2.园林给水管网的布置形式

（1）树枝状管网

树枝状管网由干管和支管组成，布置犹如树枝，从树干到树梢越来越细。这种布置形式的优点是管线短、投资省，但供水可靠性差，一旦管网局部发生事故或需检修，则后面的所有管道就会中断供水。另外，当管网末端用水量减小，管中水流缓慢甚至停流而造成“死水”时，水质容易变坏。因此，树枝状管网适用于用水量不大、用水点较分散的情况。

（2）环状管网

环装管网是主管和支管均呈环状布置的管网，其突出优点是供水安全可靠，管网中任何管道都可由其余管道供水，水质不易变坏，但管线总长度大于树枝状管网，造价高。

在实际工程中，给水管网往往同时存在以上两种布置形式，称为混合管网。在初期工程中，对连续性供水要求较高的局部地区、地段可布置成环状管网，其余采用树枝状管网，然后再根据改扩建的需要增加环状管网在整个管网中所占的比例。

（二）园林给水管网设计

在最高日最高时用水量的条件下，确定各管段的设计流量、管径及水头损失，再据此确定所需水泵扬程或水塔高度。

1.收集分析有关的图纸、资料

收集公园设计图纸，分析公园附近市政干管布置情况及其他水源情况。

2.布置管网

在公园设计平面图上定出给水干管位置、走向，并对节点进行编号，量出节点间的长度。

3.求公园中各用水点的用水量（设计流量）

根据公园中各用水点的用水量，求得各管段的设计流量。

4.确定各管段的管径

根据各用水点所求得的设计流量及管段流量并考虑经济流速，查铸铁管水力计算表确定各管段的管径。同时，还可查得与该管径相对应的流速和单位长度的沿程水头损失值。

5.水头计算

公园给水干管所需水压可按下式计算：

$$H=H_1+H_2+H_3+H_4 \tag{4-1}$$

式中：

H——引水点处所需的总水压，Pa；

H_1——配水点与引水点之间的地面高程差，m；

H_2——配水点与建筑物进水管之间的高差，m；

H_3——配水点所需的工作水头，Pa；

H_4——沿程水头损失和局部水头损失之和，Pa。

“计算配水点”应当是管网中的最不利点。最不利点是指所处地势高、距离引水点远、用水量大或要求工作水头特别高的用水点。只要最不利点的水压得到满足，则同一管网中的其他用水点的水压也能得到满足。

6.校核

通过上述水头计算，若引水点的自由水头略高于用水点的总水压要求，则说明该管段的设计是合理的；否则，需对管网布置方案或对供水压力进行调整。

7.采用网格法进行管线定位

每段给水管的管径、坡度、流向均用数字及箭头准确标注，管底标高分别用指引线清晰标出，使人一目了然。

（三）园林给水管网施工

城市给水管线绝大部分埋在绿地下，当穿越道路、广场时才设在硬质铺地下，特殊情况下也可考虑设在地面上。给水管线敷设原则如下。

（1）水管管顶以上的覆土深度，在非冰冻地区金属管道一般不小于0.7m，非金属管道不小于1.0m。

（2）冰冻地区除考虑以上条件外，还须考虑土壤冰冻深度，一般水管的埋深在冰冻线以下的深度：管径D=300～600mm时，深度为0.75D；D>600mm时深度为0.5D。

（3）在土壤耐压力较高和地下水位较低时，水管可直接埋在天然地基上，但在岩基上应加垫沙层。对承载力达不到要求的地基土层，应进行基础处理。

（4）给水管道相互交叉时，其净距不小于0.15m；与污水管平行时，间距取1.5m；与污水管或输送有毒液体管道交叉时，给水管道应敷设在上面，且不应有接口重叠。

（四）园林给水管网的实践操作

1.熟悉设计图纸

熟悉管线的平面布局，管段的节点位置，不同管段的管径、管底标高，阀门井以及其他设施的位置等。

2.清理施工场地

清除场地内有碍管线施工的设施和建筑垃圾等。

3.施工定点放线

根据管线的平面布局，利用相对坐标和参照物，把管段的节点放在场地上，连接邻近的节点即可。

4.抽沟挖槽

根据给水管的管径确定沟槽尺寸。沟槽通常为梯形，宽度为管径加上60～70cm，深度为管道埋深，如承载力达不到要求的地基上层，应挖得更深一些，以便进行基础处理。处理后需要检查基础标高与设计的管底标高是否一致，有差异需要做调整。

5.管道安装

在管道安装之前，要准备相关材料，计算相邻节点之间所需要的管材和各种管件的数量；如果是用镀锌钢管，则要进行螺纹丝口的加工后再进行管道安装。安装顺序一般是先干管后支管再立管，在工程量大和工程复杂地域可以分段和分片施工，利用管道井、阀门井和活接头连接。

6.覆土填埋

管道安装完毕，通水检验管道渗漏情况再填土，填土前用沙土填实管底和固定管道，不使水管悬空和移动，防止在填埋过程中压坏管道。

7.修筑管网附属设施

在日常施工中遇到最多的是阀门井和消火栓，要按照设计图纸进行施工。

（五）园林喷灌系统施工

1.施工准备

施工准备的要求是施工场地范围内绿化地坪、大树调整、建（构）筑物的土建工程水源、电源、临时设施应基本到位。

2.施工放样

施工放样应尊重设计意图，尊重客观实际。放样时应先确定喷头位置，再确定管道位置。

3.开挖沟槽

因喷灌管道沟槽断面较小，同时也为了防止对地下隐蔽设施的损坏，一般不采用机械方法进行开挖。

沟槽应尽可能挖得窄些，只在各接头处挖成较大的坑；断面形式可取矩形或梯形；沟槽宽度一般可按管道外径加0.4m确定；沟槽深度应满足地埋式喷头安装高度及管网泄水的要求，一般情况下，绿地中管顶埋深为0.5m，普通道路下埋深为1.2m（不足1m时，需在管道外加钢套管或采取其他措施）。沟槽开挖时应根据设计要求保证槽床至少有0.2%的坡度，坡向指向指定的泄水点，以便做好防冻。挖好的管槽底面应平整、压实，具有均匀的密实度。

4.管道安装

（1）连接管道

管道材质不同，其连接方法也不同，目前喷灌系统中普遍采用的是硬聚氯乙烯（PVC）。硬聚氯乙烯管的连接方式有冷接法和热接法，其中冷接法不需要加热设备，便于现场操作，故广泛用于绿地喷灌工程。操作过程中应注意：保证管道工作面及密封圈干净，不得有灰尘和其他杂物；不得在承口上涂润滑剂。

（2）加固管道

加固管道指用水泥砂浆或混凝土支墩对管道的某些部位进行压实或支撑固定，以减小喷灌系统在启动、关闭或运行时产生的水锤和振动作用，增加管网系统的安全性，一般在水压试验和泄水试验合格后实施。对于地埋管道，加固位置通常是弯头、三通、变径、堵头以及间隔一定距离的直线管段。

5.水压试验和泄水试验

管道安装完成后，应分别进行水压试验和泄水试验。水压试验的目的在于检验管道及其接门的耐压强度和密实性，泄水试验的目的是检验管网系统是否有合理的坡降，能否满足冬季泄水的要求。

6.回填土方

（1）部分回填

部分回填是指管道以上约100mm范围内的回填。一般采用沙土或筛过的原土回填，管道两侧分层踩实，禁止用石块或砖、砾等杂物单侧回填。对于聚乙烯管（PE软管），填土前应先对管道压力充水至接近其工作压力，以防止回填过程中管道挤压变形。

（2）全部回填

全部回填是指采用符合要求的原土，分层轻夯或踩实。回填时一次填土100 ~ 150mm，直至高出地面100mm左右。填土到位后对整个管槽进行夯实，以免绿化工程完成后出现局部下陷，影响绿化效果。

7.修筑管网附属设施

附属设施主要有阀门井、泵站等，应严格按照设计图纸进行施工。

8.安装设备

（1）水泵和电机设备的安装

水泵和电机设备的安装施工必须严格遵守操作规程，确保施工质量。

（2）喷头安装施工注意事项

①喷头安装前，应彻底冲洗管道系统，以免管道中的杂物堵塞喷头。②喷头的安装高度以喷头顶部与草坪根部或灌木的修剪高度平齐为宜。

二、排水工程施工

（一）园林绿地排水系统

园林环境与一般城市环境很不一样，其排水工程的情况也和城市排水系统的情况有相当大的差别。因此，园林绿地在排水类型、排水方式、排水量构成、排水工程构筑物等方面都有其自己的特点。

1.园林排水概述

（1）污水的分类

生活污水：林中的生活污水主要来自餐厅、茶室、小卖部、厕所、宿舍等处。这些污水中所含的有机污染物较多，一般不能直接向园林水体中排放，而是要经过除油池、沉淀池、化粪池等进行处理后才能排放。另外，做清洁卫生时产生的废水也可划入这一类中。

生产废水：盆栽植物浇水时浇的多余的水，鱼池、喷泉池、睡莲池等较小的水景池排放的水都属于园林生产废水。游乐设施中的水体面积一般不大，积水太久会使水质变坏，所以每隔一定时间就要换水，如游泳池、戏水池、碰碰船池、冲浪池、航模池等就常在换水时有废水排出。

降水：园林排水管网要收集、输送和排除雨水及融化的冰、雪水。这些天然的降水在落到地面前后，会受到空气污染物和地面泥沙等的污染，但污染程度不高，一般可以直接向园林水体如湖、池、河流中排放。

（2）排水工程系统的组成

生活污水排水系统，这种排水系统主要是排除园林生活污水，包括室内和室外部分，具体包括如下部分：①室内污水排放设施如厨房洗物槽、下水管、房屋卫生设备等；②除油池、化粪池、污水集水口；③污水排水干管、支管组成的管道网；④管网附属构筑物如检查井、连接井、跌水井等；⑤污水处理站，包括污水泵房、澄清池、过滤池、消毒池、清水池等；⑥出水口，它是排水管网系统的终端出口。

雨水排水系统：园林内的雨水排水系统不只是排除雨水，还要排除园林生产废水和游乐废水。因此，它的基本构成部分如下：①汇水坡地、集水浅沟和建筑物的屋面、天沟、雨水斗、竖管、散水；②排水明渠、暗沟、截水沟、排洪沟；③雨水口、雨水井、雨水排水管网、出水口；④在利用重力自流排水困难的地方，还可设置雨水排水泵站。

排水工程系统的体制：将园林中的生活污水、生产废水、游乐废水和天然降水从产生地点收集、输送和排放的基本方式称为排水系统的体制，简称排水体制。排水体制主要有分流制与合流制两类。

2.园林排水的特点

（1）主要是排除雨水和少量生活污水。

（2）园林中多具有起伏多变的地形有利于地面水的排除。

（3）园林中大多有水体，雨水可就近排入园中水体。

（4）园林中大量的植物可以吸收部分雨水，同时考虑旱季植物对水的需要，干旱地区更应注意保水。

3.园林排水的方式

（1）地面排水

地面排水即利用地面坡度使雨水汇集，再通过沟、谷、涧、山道等加以组织引导，就近排入附近水体或城市雨水管渠。此法是公园排除雨水的一种主要方法，特点是经济适用、便于维修、景观自然，通过合理安排可充分发挥其优势。利用地形排除雨水时，若地表种植草皮，则最小坡度为0.5%。

（2）管渠排水

明沟排水：明沟主要是指土质明沟，其断面形式有梯形、三角形和自然式浅沟，沟内可植草种花，也可任其生长杂草，通常采用梯形断面；在某些地段，根据需要也可砌砖、石或混凝土明沟，断面形式常采用梯形或矩形。

盲沟排水：盲沟又称暗沟，是一种地下排水渠道，主要用于排除地下水、降低地下水水位。在一些要求排水良好的全天候的体育活动场地、地下水位高的地区以及某些不耐水的园林植物生长区等都可以采用盲沟排水。

盲沟排水的优点是取材方便，可利用砖石等材料，造价相对低廉；地面没有雨水口、检查井之类的构筑物，从而保持了园林绿地草坪及其他活动场地的完整性。

盲沟的布置形式取决于地形及地下水的流动方向，常见的有树枝式、鱼骨式和铁耙式三种，分别适用于洼地、谷地和坡地。

盲沟的埋深主要取决于植物对地下水位的要求、根系破坏的影响、土壤质地、冰冻深度及地面荷载情况等因素，通常为1.2～1.7m；支管间距则取决于土壤种类、排水量和排水要求，要求高的场地应多设支管，支管间距一般为9～24m。

盲沟沟底纵坡不小于0.5%。只要地形等条件许可，纵坡坡度应尽可能取大些，以利地下水的排除。

（3）地表径流的排除

地表径流是指雨水径流对地表的冲刷，对地表造成危害是地面排水所面临的主要问题。因此，必须采取合理措施来防止对地表的冲刷，进而保持水土、维护园林景观。通常从以下几方面着手来解决。

竖向设计排除：①控制地面坡度，使之不要过陡，不至于形成过大的地表径流速度，如果坡度大而不可避免，需设加固措施；②同一坡度的坡面不宜延续过长，应有起伏变化，以免造成大的地表径流。

工程措施排除：在园林中，除了在竖向设计中考虑外，有时还必须采取工程措施防止地表冲刷，也可以结合景点设置。

利用植物排除：园林植物具有对地表径流施加阻碍、吸收以及固土等诸多作用，合理种植、用植被覆盖地面是防止地表径流的有效措施与正确选择。

埋管排水排除：地势低洼处无法用地面排水时，可采用管渠进行排水，尽快地把园林绿地的积水排除。

（二）园林绿地雨水管道系统

雨水管道系统通常由雨水口、连接管、检查井、干管和出水口共五部分组成。

1.实践操作

（1）收集和整理所在地区和设计区域的各种原始资料，包括设计区域总平面布置图、竖向设计图，当地的水文、地质、暴雨等资料。

（2）根据排水区域地形、地物等情况划分汇水区，通常沿山脊线（分水岭）、建筑外墙、道路等进行划分。给各汇水区编号并求其面积。

（3）作管道布置草图。根据汇水区划分、水流方向及附近城市雨水干管分布情况等，确定管道走向以及雨水口、检查井的位置。给各检查井编号并求其地面标高，标出各段管长。

（4）确定各汇水区的平均径流系数值。径流系数是单位面积径流量与单位面积降雨量的比值。地面性质不同，其径流系数也不同。

（5）绘制雨水管道平面图。

（6）绘制雨水干管纵剖面图。

2.雨水口布置要点

雨水口是雨水管渠上收集雨水的构筑物，其位置应能保证迅速有效地收集地面雨水。连接管是雨水口与检查井之间的连接管段，长度一般不超过25m，坡度不小于1.5%。检查井是为了在对管道进行检查和清理同时也起连接作用而设置的雨水管道系统附属构筑物，通常设在管渠交汇、转弯、尺寸或坡度改变、跌水等处以及相隔一定距离的直线管段上。出水口设在雨水管渠系统的终端，用以将汇集的雨水排入天然水体。

3.雨水管渠布置的一般规定

（1）管道的最小覆土深度。雨水管道的最小覆土深度根据雨水井连接管的坡度、冰冻深度和外部荷载情况决定，一般为0.5～0.7m。

（2）管道的最小管径和最小设计坡度。雨水管道多为无压自流管，只有具有一定的纵坡值，雨水才能靠自身重力向前流动，而且管径越小所需最小纵坡值越大。雨水管道最小坡度规定：雨水管道最小管径为200mm，而相应坡度为4%；公园绿地雨水管径为300mm而相应最小坡度为3.3%；管径为350mm，相应最小坡度为3%；管径为400mm，相应最小坡度为2%。

（3）管道的最小容许流速。各种管道在自流条件下的最小容许流速不得小于0.75m/s；各种明渠不得小于0.4m/s。

（4）管道的最大设计流速。流速过大会磨损管壁，降低管道的使用年限。各种金属管道的最大设计流速为10m/s，非金属管道为5m/s；各种明渠的最大设计流速中草皮护面、干砌块石、浆砌块石及浆砌砖、混凝土分别是1.6m/s、2.0m/s、3.0m/s、4.0m/s。

（5）管道材料的选择。排水管道材料的种类一般有铸铁管、钢管、石棉水泥管、陶土管、混凝土管和钢筋混凝土管等。室外雨水的无压排除通常选用陶土管、混凝土管和钢筋混凝土管等。

4.雨水管渠布置的要点

（1）当地形坡度较大时，雨水干管应布置在地形低的地方；在地形平坦时，雨水干管应布置在排水区域的中间地带，以尽可能地扩大重力流排除范围。

（2）尽量利用地形汇集雨水，尽量利用地面输送雨水，以达到所需管线最短的目的。

（3）应结合区域的总体规划进行考虑，如道路情况、建筑物情况、远景建设规划等。

（4）为了尽快地将雨水排入水体，尽量采用分散出水口的方式。

（5）雨水口的布置应考虑及时排除附近地面的雨水。

（6）在满足冰冻深度和荷载要求的前提下，管道坡度宜尽量接近地面坡度。

三、水景工程施工

（一）自然式园林水景

1.人工湖的施工

（1）认真分析设计图纸，并按设计图纸确定土方量。

（2）详细勘查现场，按设计线形定点放线，放线可用石灰、黄沙等材料。打桩时，沿湖池外缘15～30cm打一圈木桩，第一根桩为基准桩，其他桩皆以此为准，基准桩即湖体的池缘高度。桩打好后，注意保护好标志桩、基准桩，并预先准备好开挖方向及土方堆积方法。

（3）考察基址渗漏状况。好的湖底全年水量损失占水体积累的5%～10%；一般湖底占10%～20%；较差的湖底层占20%～40%，以此制定施工方法及工程措施。

（4）湖体施工时排水尤为重要。如水位过高，施工时可用多台水泵排水，也可通过梯级排沟排水；由于水位过高，为避免湖底受地下水的挤压而被抬高，必须特别注意地下水的排放。通常用15cm厚的碎石层铺设整个湖底，上面再铺5～7cm厚的沙子就足够了。如果这种方法还无法解决，则必须在湖底开挖环状排水沟，并在排水沟底部铺设带孔聚氯乙烯（PVC）管，四周用碎石填塞，会取得较好的排水效果。同时，要注意开挖岸线的稳定，必要时要用块石或竹木支撑保护，最好做到护坡或驳岸的同步施工。通常，基址条件较好的湖底不用做特殊处理，适当夯实即可，但渗漏性较严重的必须采取工程手段，常见的措施有灰土层湖底、塑料薄膜湖底和混凝土湖底等。

（5）湖底做法应因地制宜。灰土做法适于大面积湖池。

（6）湖岸处理。湖岸的稳定性对湖体景观有特殊意义，应严格将湖岸线用石灰放出，放线时应保证驳岸（或护坡）制基桩的标注。开挖后要对易崩塌之处用木条、板（竹）等支撑（参见土方施工），遇到洞、孔等渗漏性大的地方，要结合施工材料采用抛石、填灰土、三合土等方法处理。如岸壁土质良好，做适当修整后可进行后续施工（详见驳岸和护坡工程）。湖岸的出水口常设计成水闸，水闸应保证足够的安全性。

2.小溪的施工

（1）施工准备

施工准备的主要环节是进行现场踏查，熟悉设计图纸，准备施工材料、施工机具、施工人员，对施工现场进行清理平整，接通水电，搭置必要的临时设施等。

（2）溪道放线

依据已确定的小溪设计图纸，用白粉笔、黄沙或绳子等在地面上勾画出小溪的轮廓，同时确定小溪循环用水的出水口和承水池间的管线走向。由于溪道宽窄变化多，放线时应加密打桩量，特别是在转弯点。各桩要标注清楚相应的设计高程，变坡点（设计小跌水之处）要做特殊标记。

（3）溪槽开挖

小溪要按设计要求开挖，最好掘成U形坑，因小溪多数较浅，表层土壤较肥沃，要注意将表土堆放好，作为溪涧种植用土。溪道开挖要求有足够的宽度和深度，以便安装散点石。值得注意的是，一般的溪流在落入下一段之前都应有至少7cm的水深，故挖溪道时每一段最前面的水都要深些，以确保小溪的自然。溪道挖好后，必须将溪底基土夯实，溪壁拍实。如果溪底用混凝土结构，可先在溪底铺10～15cm厚的碎石层作为垫层。

（4）溪底施工

混凝土结构：在碎石垫层上铺上沙子（中沙或细沙），垫层2.5～5cm，盖上防水材料（EPDM、油毡卷材等），然后现浇混凝土，厚度为10～15cm（北方地区可适当加厚），其上铺M7.5水泥砂浆约3cm，然后再铺素水泥浆2cm，按设计种上卵石即可。

柔性结构：如果小溪较小，水又浅，溪基土质良好，可直接在夯实的溪道上铺一层2.5～5cm厚的沙子，再将衬垫薄膜盖上；衬垫薄膜纵向的搭接长度不得小于30cm，留于溪岸的宽度不得小于20cm，并用砖、石等重物压紧；最后用水泥砂浆把石块直接粘在衬垫薄膜上。

（5）溪壁施工

溪岸可用大卵石、砾石、瓷砖、石料等铺砌处理。和溪道底一样，溪岸也必须设置防水层，防止溪流渗漏。如果小溪环境开朗，溪面宽、水浅，可将溪岸做成草坪护坡，且坡度尽量平缓。临水处用卵石封边即可。

（6）溪道装饰

为使溪流更自然有趣，可用较少的鹅卵石放在溪床上，这会使水面产生轻柔的涟漪。同时，按设计要求进行管网安装，最后点缀少量景石，配以水生植物，饰以小桥汀步等小品。

（7）试水

试水前应将溪道进行全面清洁，检查管路的安装情况。而后打开水源，注意观察水流及岸壁，如达到设计要求，说明溪道施工合格。

自然界中的溪流多是在瀑布或涌泉下游形成的，上通水源，下达水体。溪岸高低错落，流水清澈晶莹，且多有散石净沙、绿草翠树，很能体现水的姿态和声音。园林中由于地形条件的限制，在平坦的基址上设计小溪有一定的难度，但通过合理有效的工程措施是可以再现自然溪流的，且不乏佳例。

3.瀑布的施工

（1）现场放线

可参考小溪放线，但要注意落水口与承水潭的高程关系（用水准仪校对），同时要将落水口前的高位水池用石灰或沙子放出。如属掇山型瀑布，平面上应将掇山位置采用“宽打窄用”的方法放出外形，施工时最好先按比例做出模型，以便施工时参考。此外，还应注意循环供水线路的走向。

（2）基槽开挖

基槽可采用人工开挖，挖方时要经常以施工图校对，避免过量挖方，保证各落水高程的正确。如瀑道为多层跌落方式，更应注意各层的基底设计坡面。承水潭的挖方请参考水池施工。

（3）管线安装

对于埋地管可结合瀑道基础施工时同步进行。各连接管（露地部分）在浇捣混凝土1～2天后安装，出水口管段一般待山石堆掇完毕后再连接。

（4）瀑布装饰与试水

根据设计的要求对瀑道和承水潭进行必要的点缀，如种上卵石、水草，铺上净砂、散石，必要时安装上灯光系统。瀑布的试水与小溪相同。

（二）驳岸、护坡

1.驳岸

（1）驳岸的概念和作用

园林驳岸也是园景的组成部分。在古典园林中，驳岸往往用自然山石砌筑，与假山、置石、花木相结合，共同组成园景。驳岸必须结合所处环境的艺术风格、地形地貌、地质条件、材料特性、种植特色以及施工方法、技术经济要求等来选择其结构形式，在实用、经济的前提下注意外形的美观，使其与周围景色协调。

驳岸的作用如下：①驳岸用来维系陆地与水面的界限，使其保持一定的比例关系。驳岸是正面临水的挡土墙，用来支撑墙后的陆地土壤。如果水际边缘不做驳岸处理，就很容易因为水的浮托、冻胀或风浪淘蚀而使岸壁塌陷，导致陆地后退、岸线变形，影响园林景观。②驳岸能保证水体岸坡不受冲刷。通常水体岸坡受水冲刷的程度取决于水面的大小、水位高低、风速及岸土的密实度等。当这些因素达到一定程度时，如水体岸坡不做工程处理，岸坡将失去稳定，进而造成破坏。因此，要沿岸线设计驳岸以保证水体坡岸不受冲刷。③驳岸还可强化岸线的景观层次。驳岸除有支撑和防冲刷作用外，还可通过不同的形式进行处理，以增加驳岸的变化，丰富水景的立面层次，增强景观的艺术效果。

（2）驳岸不同部位的破坏因素分析

驳岸可分为低水位以下部分、常水位至低水位部分、常水位至高水位部分和高水位以上部分。

高水位以上部分是不淹没部分，主要受风浪撞击和淘刷、日晒风化或超重荷载影响，致使下部坍塌，造成岸坡损坏。

常水位至高水位部分属周期性淹没部分，多受风浪拍击和周期性冲刷，使水岸土壤遭冲刷淤积水中，进而损坏岸线，影响景观。

常水位至低水位部分是常年被淹部分，其主要受湖水浸渗冻胀，剪力破坏，风浪淘刷的影响。我国北方地区因冬季结冻，常造成岸壁断裂或移位；有时因波浪淘刷，土壤被淘空后导致坍塌。

（3）驳岸平面位置和岸顶高程的确定

整形驳岸的岸顶宽度为30～50cm。如驳岸有所倾斜，则需根据斜度和岸顶高程向外推求。岸顶高程应比最高水位高出一段，以保证水不致因浪激而翻上岸边地面，高出多少则要根据当地风浪拍击驳岸的实际情况制定。湖面广大、风大的地方应高出多一些，湖面窄狭而又有挡风地形条件的可高出少一些，一般以高出25～100cm为宜。从造景的角度讲，深潭和浅水面的要求不一样，一般情况下驳岸以贴近水面为好。在水面积大、地下水位高、岸边地形平坦的情况下，对于人流稀少的非主要地带可以考虑短时间被洪水淹没以降低大面积垫土或增高驳岸的造价。驳岸的纵向坡度应根据原有地形条件和设计要求安排，不必强求平整，可随地形起伏，起伏过大的地方甚至可做成纵向阶梯状。

（4）驳岸施工

驳岸施工前应进行现场调查，了解岸线地质及有关情况，作为施工时的参考。

放线：布点放线应依据设计图上的常水位线确定驳岸的平面位置，并在基础两侧各加宽20cm放线。

挖槽：基槽一般由人工开挖，工程量较大时采用机械开挖。为了保证施工安全，对需要放坡的地段，应根据规定进行放坡。

夯实地基：开槽后应将地基夯实，遇土层软弱时需进行加固处理。

浇筑基础：基础一般为块石混凝土，浇筑时应将块石分隔，不得互相靠紧，也不得置于边缘。

砌筑岸墙：浆砌块石岸墙的墙面应平整、美观；砌筑砂浆饱满，勾缝严密。应每隔25～30m做伸缩缝，缝宽3cm，可用板条、沥青、石棉绳、橡胶、止水带或塑料等防水材料填充。填充时应略低于砌石墙面，缝用水泥砂浆勾满。如果驳岸有高差变化，则应做沉降缝，以确保驳岸稳固。驳岸墙体应于水平方向2～4m、竖直方向1～2m处预留泄水孔，口径为120mm×120mm，便于排除墙后积水，保护墙体；也可于墙后设置暗沟，填置砂石排除积水。

砌筑压顶：可采用预制混凝土板块压顶，也可采用大块方整石压顶。顶石应向水中至少探出5～6cm，并使顶面高出最高水位50cm为宜。

驳岸施工前，一般应放空湖水，以便于施工：新挖湖池应在蓄水之前进行驳岸施工。属于城市排洪河道、蓄洪湖泊的水体，可分段围堵截流，排空作业现场围堰以内的水。选择枯水期施工，如枯水位距施工现场较远，当然也就不必放空湖水再施工。驳岸采用灰土基础时，以干旱季节施工为宜，否则会影响灰土的凝结。浆砌块石施工中，砌筑要密实，要尽量减少缝穴，缝中灌浆务必饱满。浆砌块石缝应控制在2～3cm，勾缝可稍高于石面。

为防止冻凝，驳岸应设伸缩缝并兼作沉降缝：伸缩缝要做好防水处理，同时也可采用结合景观的设计使驳岸曲折有度，这样既丰富了驳岸的变化，又减少了伸缩缝的设置，使驳岸的整体性更强。

为排除地面渗水或地面水在岸墙后的滞留，应考虑设置泄水孔：泄水孔可等距离分布，平均3～5m处可设置一个。在孔后可设倒滤层，以防阻塞。

2.护坡的设计与施工

（1）铺石护坡

当坡岸较陡、风浪较大或因造景需要时，可采用铺石护坡。铺石护坡施工容易，抗冲刷力强，经久耐用，护岸效果好，还能因地造景，灵活随意，是园林常见的护坡形式。

护坡石料要求吸水率低（不超过1%）、密度大（大于2t/m³）和具有较强的抗冻性，如石灰岩、砂岩、花岗石等岩石，以块径为18～25cm、长宽比为1：2的长方形石料最佳。

铺石护坡的坡面应根据水位和土壤状况确定，一般常水位以下部分坡面的坡度小于1：4，常水位以上部分坡度为1：1.5。

施工方法如下。首先把坡岸平整好，并在最下部挖一条梯形沟槽，槽沟宽40～50cm，深50～60cm。铺石以前先将垫层铺好，垫层的卵石或碎石要求大小一致、厚度均匀，铺石时由下至上铺设。下部要选用大块的石料，以增加护坡的稳定性。铺时石块摆成丁字形，与岸坡平行，一行一行往上铺，石块与石块之间要紧密相贴，如有突出的棱角，应用铁锤将其敲掉。铺后检查一下质量，即当人在铺石上行走时铺石是否移动，如果不移动，则施工质量合乎要求。下一步就是用碎石嵌补铺石缝隙，再将铺石填实即成。

（2）灌木护坡

灌木护坡较适于大水面平缓的坡岸。由于灌木有韧性，根系盘结，不怕水淹，能削弱风浪冲击力、减少地表冲刷，因而护岸效果较好。护坡灌木要具备速生、根系发达、耐水湿、株矮常绿等特点，可选择沼生植物护坡。施工时可直播，可植苗，但要求较大的种植密度。若因景观需要，强化天际线变化，可适量植草和乔木。

（3）草皮护坡

草皮护坡适于坡度为1：5～1：20的湖岸缓坡。护坡草种要求耐水湿、根系发达、生长快、生存力强，如假俭草、狗牙根等。护坡做法按坡面具体条件而定，如果原坡面有杂草生长，可直接利用杂草护坡，但要求美观；也可直接在坡面上播草种，加盖塑料薄膜；还可先在正方砖、六角砖上种草，然后用竹签四角固定做护坡。较为常见的是块状或带状种草护坡，铺草时沿坡面自下而上成网状铺草，用木方条分隔固定，稍加压踩。若要增加景观层次、丰富地貌、加强透视感，可在草地散置登山石，配以花和灌木。

第二节　园林小品工程施工

一、景墙工程施工

（一）常用墙面装饰材料

1.砌体材料

（1）砖与卵石选择，颜色、质感及砌块组合与勾缝的变化，形成美的外观。（2）石块，石块通过留自然荒包、打钻路、扁光等方式进行加工处理，能达到不同的表面效果。

2.贴面材料

（1）饰面砖

墙面砖：其一般规格有200mm×100mm×12mm、150mm×75mm×12mm、75mm×75mm×8mm、108mm×108mm×8mm等，分有釉和无釉两种。

马赛克：是用优质瓷土烧制的片状小瓷砖拼成各种图案贴在墙上的饰面材料。

（2）饰面板

剁斧板：表面粗糙，具有规则的条状斧纹。

机刨板：表面平整，具有相互平行的刨纹。

粗磨板：表面光滑、无光。

磨光板：表面光亮、色泽鲜明、晶体裸露。

（3）青石板

青石板有暗红、灰、绿、紫等不同颜色，按其纹理构造可劈成自然状薄片。使用规格为长宽为300～500mm不等的矩形块。形状自然、色彩富有变化是其装饰的特点。

（4）文化石

文化石分为天然和人造两种。天然文化石是开采于自然界的石材矿，其中的板岩、砂岩、石英岩经加工成为一种装饰材料，具有材质坚硬、色泽鲜明、纹理丰富、抗压、耐磨、耐火、耐腐蚀、吸水率低等特点；人造文化石采用硅钙、石膏等材料精制而成。它模仿天然石材的外形纹理，具有质地轻、色彩丰富、不霉、不燃、便于安装等特点。

（5）水磨石饰面板

它是将大理石石粒、颜料、水泥、中砂等材料经过选配制坯、养护、磨光打亮而制成。具有色泽多样、表面光滑、美观耐用的特点。

3.装饰抹灰

（1）抹灰层次

装饰抹灰有水刷石、水磨石、斩假石、干黏石、喷砂、喷涂、彩色抹灰等多种形式，无论选用哪一种，都需分层涂抹。涂抹层次可分为底层、中层和面层。底层主要起黏结作用，中层主要起找平作用，面层起装饰作用。

（2）主要抹灰材料

白水泥：是白色硅酸盐水泥的简称，一般不用于墙面，多为装饰性用，如白色墙面砖的勾缝。

彩色石渣：是由大理石和白云石等石材经破碎而成，用于水刷石、干黏石等，要求颗粒坚硬、洁净，含泥量不大于2%。

花岗岩石屑：是花岗岩的碎料，平均粒径为2～5mm，主要用于斩假石面层。

彩砂：有天然的和人工烧制的，主要用于外墙喷涂。其粒径为1～3mm，要求颗粒均匀、颜色稳定，含泥量不超过2%。

颜料：是配制装饰抹灰色彩的调刷材料，要求耐碱、耐日光晒，其掺量不超过水泥用量的12%。

107胶：为聚乙烯醇缩甲醛，是一种有机类胶黏剂；常拌于水泥中使用，能加强面层与基层的黏结，提高涂层的强度及柔韧性，减少开裂。

有机硅憎水剂：如甲基硅醇钠，是一种无色透明液体；当面层抹灰完成后，将其喷于层面之外，起到憎水、防污的作用。

4.金属材料

主要指型钢、铸铁、锻铁、铸铝和各种金属网材，如镀锌铅丝网、铝板网、不锈钢网等，用于局部金属景墙的施工。

（二）景墙的设计要求

1.保证或有足够的稳定性

（1）平面布置

景墙一般以锯齿形错开或沿墙轴线前后错动，折线、曲线和蛇形布置，其稳定性好。而直线形稳定性较差，须增加墙厚或扶壁来提高稳定性。景墙常采用组合方式进行平面布置，如景墙与景观墙体建筑、景观挡土墙、花坛之间的组合，都将提高景观墙体的稳定性。

（2）基础

一般地基土上基础深度为45～60cm。在黏土上，基础埋深要求达到90cm甚至更深。当地基土质不均时，景墙基础可采用混凝土、钢筋混凝土，基础的宽度与埋深最好咨询结构工程师。

2.抵抗外界环境变化

（1）抵御雨雪的侵蚀

景墙往往处于露天环境，这就要求墙体在砌筑材料的选择上和外观细部设计上应考虑雨、雪的影响。

（2）防止热胀冷缩的破坏

景墙为适应热胀冷缩的影响，需要做伸缩缝和沉降缝。一般用砖、混凝土砌块所做的景墙，每隔12m需留一条10mm宽的伸缩缝，并用专用的有伸缩性的胶黏水泥填缝。

3.具有与环境景观协调的造型与装饰

景墙是以造景为第一目的，外观设计上应处理好色彩、质感和造型，既要体现不同造型，又要表现一定的装饰效果。

在景墙上进行雕刻或者彩绘艺术作品；在居住区、企业、商业步行街等场所提供名称、标志性符号等信息；通过多种透空方式，形成框景，以增加景观的层次和景深；现代景墙常与喷泉、涌泉、水池等搭配，加上灯光效果，使其更有观赏性。

（三）景墙的几种表现形式

1.砖砌景墙

砖砌景墙的外观效果取决于砖的质量，部分取决于砌合的形式。砌体宜采用一顺一丁砌筑。若为清水墙，对其砖表面的平整度、完整性、尺度误差和砖与砖之间勾缝及砌砖排列方式要求严格，否则将直接影响其美观；若砖墙表面作装饰抹灰或贴各种饰面材料，则对砖的外观和灰缝要求不高。

2.石砌景墙

石砌景墙能给环境带来自然、永恒的感觉。石块的类型有多种，石材表面通过留自然荒包、打钻路、扁光等方式进行加工处理，可以得到多种表面效果，同时，天然石块（卵石）的应用也是多样的，这就使石砌景墙有不同砌合与表现形式，形成不同的景观效果。

3.混凝土砌块景墙

混凝土砌块常模仿天然石块的各种形状，与现代建筑搭配，应用于景墙的设计与施工之中，取得了较好的效果。混凝土砌块在质地、色泽及形状上的多种变化，使景墙更好地为整体环境发挥景观服务功能。

（四）砖砌景墙的施工实践

1.基槽放线

根据图纸设计要求，在地面上打桩放线，确定沟槽的平面位置。

2.基槽开挖

按基槽平面位置及深度开挖基槽，基槽沟底进行素土夯实并找平。

3.混凝土基础砌筑

清除木模板内的泥土等杂物，并浇水润湿模板。按混凝土配合比投料，投料顺序为碎石、水泥、中砂、水，配成M7.5水泥砂浆。当混凝土振捣密实后，表面应及时用木杆刮平，木抹子搓平，之后洒水覆盖，养护期一般不少于7昼夜。

4.墙身砌筑

（1）抄平为使砖墙底面标高符合设计要求，砌墙前应在基面（基础防潮层）上定出各层标高，并采用M7.5水泥砂浆找平。（2）弹线根据施工图要求，弹出墙身轴线、宽度线。（3）砌筑选用“一顺一丁”砌法，即一层顺砖与一层丁砖相互间隔砌成。上下层错缝1/4砖长。砖砌筑时，砖应提前1～2 d浇水湿润。

砌砖宜采用一铁锹灰（M5水泥砂浆）、一块砖、一挤揉的“三一”砌砖法，即满铺、满挤操作法。砌砖时，砖要放平。里手高，墙面就要张；里手低，墙面就要背。砌砖一定要跟线，“上跟线，下跟棱，左右相邻要对平”。水平灰缝厚度和竖向灰缝宽度一般为10mm，但不应小于8mm，也不应大于12mm。

随砌随将舌头灰刮尽。用2m靠尺检查墙面垂直度和平整度，随时纠正偏差。

5.压顶处理

根据实际情况，压顶可采用砖砌（整砖丁砌）、贴瓦或混凝土砌块安装处理。压顶高度可设置200mm左右，宽度同墙厚或挑出。

6.墙面装饰

（1）勾缝装饰

墙面勾缝一般宜用1：2的水泥砂浆。勾缝前应清扫墙面上黏结的砂浆、灰尘，并洒水湿润。勾凹缝时，宜按“从上而下，先平（缝），后立（缝）”的顺序勾缝；勾凸缝时，宜先勾立缝，后勾平缝。

（2）抹灰装饰

底层与中层砂浆宜采用1：2的水泥砂浆，总厚度控制在12mm，待中层硬结后，再进行面层处理。面层处理可以有以下几种方式。

水刷石。将水泥与石子按质量比1：3进行拌和。拌和均匀后进行摊铺，厚度控制在30mm，拍平压实，并将内部水泥浆挤压出来，尽量保证石子大面朝上，再用铁抹子溜光压实，反复3～4遍，待水泥初凝（指按无痕）用刷子刷不掉石子为宜。然后开始喷洒面层水泥浆，喷洒分两遍进行：第一遍用毛刷沾水刷去水泥砂浆，露出石料；第二遍用喷雾器将四周表面喷湿润。之后喷水冲洗，喷头距墙面10～20cm，喷刷要均匀，使石子表面露出1～2mm为宜，最后用水管将表面冲刷干净。当墙面较大时，可用3mm厚玻璃条分隔，施工完毕玻璃条不取出。

喷砂。喷砂前，墙面应平整无孔洞，墙面无粉尘，将墙面喷水充分湿润，深度为3mm左右，使其为内湿状态。喷砂材料配合比应按粉与砂比为1：1.5～1：2.0配制，并加喷砂专用胶搅拌均匀，搅拌时间应为1.5～2.0min。搅拌好的材料应在2.5～3.0h用完，以免硬化。施工时，空气压缩机压力不得小于8mPa，以确保喷砂附着力。喷枪与墙面应保持垂直状态，距离为30～50cm，由上而下或由左而右匀速进行喷洒施工。喷砂点高度为1～3 nim，底部直径2mm左右，以形成点、网状均匀覆盖基层为宜。

喷涂。喷涂作业时，手握喷枪要稳，涂料出口应与被涂面垂直，喷枪移动时应与涂面保持平行。喷枪运行速度要适宜，且应保持一致。喷枪直线喷涂移动70～80cm后，应拐弯180。向后喷涂下一行。喷涂时，第一行与第二行的重叠宽度控制在喷涂宽度的1/3～1/2，使涂层厚度比较均匀，色调基本一致。喷涂要连续作业，到分界处再停歇。喷涂一般分遍完成，波状和花点喷涂为两遍，粒状喷涂为三遍，前后两遍的喷涂间隔为1～2 h。涂料干燥前，应防止雨淋，尘土沾污。

彩色抹灰。面层材料可以选择水泥色浆，抹灰后形成不同的色彩线条和花纹等装饰效果。

二、廊架工程施工

（一）廊架在园林中的作用

（1）联系功能廊架可将单体建筑连成有机的群体，使之主次分明，错落有致；廊架可配合园路，构成全园交通、浏览及各种活动的通道网络，以“线”联系全园。

（2）分隔与围合空间在花墙的转角处，以种植竹石、花草构成小景，可使空间相互渗透，隔而不断，层次丰富。廊架又可将空旷开敞的空间围成封闭的空间，在开阔中有封闭，热闹中有静谧，使空间变幻的情趣倍增。

（3）造景功能廊架样式各异，外形美观，加之材质丰富，其本身就是一道景观。而且廊架的自身构造为绿化植被的立面发展创造了条件，避免了植物种植的单一与单薄，使得乔木、灌木、藤本植物各有发展空间，相得益彰。

（4）遮阳、防雨、休息功能。无论是现代还是古典特色廊架均可为人们提供休闲、休憩的场所，同时还有防雨淋、遮阳的作用，形成观赏的佳境。

（二）廊架的形式

1.廊的表现形式

根据廊的平面与立面造型，可分为双面空廊、单面空廊、复廊、双层廊、爬山廊、曲廊和单支柱廊等。

2.廊架的表现形式

（1）单片式

该花架是简单的网格式，其作用是为攀缘植物提供支架，在高度上可根据需要而定，而在长度上可适当延长，材料多用木条或钢铁制作，一般布置在庭院及面积较小的环境内。

（2）独立式

这种花架一般是作为独立观赏的景物，在造型上可以设置为类似一座亭子，顶盖是由攀缘植物的叶与蔓组成，架条从中心向外放射，形成舒展新颖、别具风韵的风格。

（3）直廊式

这种花架是园林中常见的一种表现形式，类似于葡萄架。此花架是先立柱，再沿柱子排列的方向布置梁，在两排梁上按照一定的间隔布置花架条，两端向外挑出悬臂，在梁与梁之间，可布置坐凳或花窗隔断，既提供休息场所，又有良好的装饰效果。

（4）组合式

组合式是将直廊式花架与亭、景墙或独立式花架结合，形成一种更具有观赏性的组合式建筑。

（三）廊架的位置选择

1.廊的位置选择

（1）平地建廊

常建于草坪一角、休息广场中、大门出入口附近，也可沿园路布置或与建筑相连等。在小型园林中建廊，常沿界墙及附属建筑物以“占边”的形式布置。有时，为划分景区，增加空间层次，使相邻空间形成既有分割又有联系的效果，可把廊、墙、花架、山石、绿化互相配合起来。

（2）水上建廊

位于岸边的廊，廊基一般与水面相接，廊的平面也大体贴紧岸边，尽量与水接近。在水岸自然曲折的情况下，廊大多沿着水边成自由式格局，顺自然之势与环境相融合。

驾临水面之上的廊，以露出水面的石台或石墩为基，廊基一般宜低不宜高，最好使廊的底板尽可能贴近水面，并使两侧水面能穿经廊下而互相贯通，人们在廊上漫步，宛若置身水面之上，别有风趣。

（3）山地建廊

可供游山观景和联系山坡上下不同标高的建筑物之用，也可借以丰富山地建筑的空间构图。

2.花架的位置选择

花架在庭院中的布局可以采取附建式，也可以采取独立式。附建式属于建筑的一部分，是建筑空间的延续。它应保持建筑自身统一的比例与尺度，在功能上除供植物攀缘或设桌凳供游人休息外，也可以只起装饰作用。独立式的布局应在庭院总体设计中加以确定，它可以在花丛中，也可以在草坪边，使庭院空间有起有伏，增加平坦空间的层次，有时亦可傍山临池随势弯曲。花架如同廊道也可起到组织浏览路线和组织观赏景点的作用。布置花架时一方面要格调清新，另一方面要注意与周围建筑和绿化栽培在风格上的统一。

（四）廊架的常用材料

廊架的材料可分为人工材料和自然材料两种，在建造廊架时，选择不同的材料，可形成不同的廊架，见表4-1。

表4-1　廊架的常用材料

材料		说明
人工材料	金属品	铁管、铝管、铜管、不锈钢管均可应用
	水泥品	水泥、粉光、洗石、磨石、清水砖、美术砖、瓷砖、马赛克等。本身骨干以钢筋混凝土制作，表面以上述材料装饰
	塑胶品	塑胶管、硬质塑胶、玻璃纤维（玻璃钢）。塑胶管绿廊需要考虑绿廊顶架的负荷，包括攀附其上的枝干重量，塑胶管的厚度及管内填充物。需有底模，花样多，但造价较昂贵
自然材料	木竹绿廊	常用的一种，材质轻，质感好，造型简单容易，易保养
	树廊	用可遮阳的树枝，枝条相交培育成廊架的形式。如行道树、凤凰木、榕树、木麻黄夹道成行
	石廊	用自然石加工或不加工构筑而成

三、园桥工程施工

园林中的桥，可以联系风景点的水陆交通，组织游览线路，变换观赏视线，点缀水景，增加水面层次，兼有交通和艺术欣赏的双重作用。园桥在造园艺术上的价值，往往超过交通功能。

园桥的位置和体型要和景观相协调。大水面架桥，又位于主要建筑附近的，宜宏伟壮丽，重视桥的体型和细部的表现；小水面架桥，则宜轻盈质朴，简化其体型和细部。水面宽广或水势湍急者，桥宜较高并加栏杆；水面狭窄或水流平缓者，桥宜低并可不设栏杆。水陆高差相近处，平桥贴水，过桥有凌波信步亲切之感；沟壑断崖上危桥高架，能显示山势的险峻。水体清澈明净，桥的轮廓需考虑倒影；地形平坦，桥的轮廓宜有起伏，以增加景观的变化。此外，还要考虑人、车和水上交通的要求。

（一）园桥的类型

园林中的桥，可以联系风景点的水陆交通，组织游览线路，转换观赏视线，点缀水景，增加水面层次，兼有交通和艺术欣赏的双重作用。

1.平桥

平桥有木质桥、石质桥、钢筋混凝土桥等。其特点是桥面平整，为一字形，结构简单，桥身不设栏杆或只做矮护栏，桥主体结构是木梁、石梁、钢筋混凝土直梁。

平桥造型简朴雅致，其紧贴水面设置，或增加风景层次，或便于观赏水中倒影，池里游鱼，或平中有险，别有一番乐趣。

2.平曲桥

平曲桥的构造同平桥，其桥面形状不为一字形，而是左右转折的折线形。根据转折数可分为三曲桥、五曲桥、七曲桥、九曲桥等。转折角多为90° 和120° ，有时也采用150° 转角。其桥面为低而平的构造形式，景观效果好。

平曲桥的作用不在于便利交通，而是要延长游览行程的时间，以扩大空间感，在曲折中变换游览者的视线方向，做到“步移景异”；也有的用来陪衬水上亭、榭等建筑物，如上海城隍庙九曲桥。

3.拱桥

拱桥是园林造景用桥的主要形式，多置于大水面，桥面抬高，做成玉带状。其特点为筑桥材料易得、施工简单且造价低，多应用于园林工程造园之中。拱桥分为石拱桥和砖拱桥，也有钢筋混凝土拱桥。

4.亭桥与廊桥

在桥面较高的平桥或拱桥上建造亭、廊的桥，称为亭桥或廊桥。其可供游人遮阳避雨，又可增加桥的形体变化。亭桥如杭州西湖三潭印月，廊桥如苏州拙政园“小飞虹”。

5.栈桥与栈道

栈桥与栈道没有本质上的区别，架设长桥作为道路是它们的基本特点。栈桥多独立设置在水面或地面上，而栈道则更多地依傍于山壁或岸崖处。

6.吊桥

吊桥是利用钢索、铁索为结构材料，把桥面悬吊在水面上的一种园桥形式。其主要用于风景区河面或山沟上。

7.汀步

汀步是没有桥面只有桥墩的特殊造型的桥，即特殊的路。它是采用线状排列的块石、混凝土墩或预制汀步构件布置在浅水区域、沼泽区等形成的步行通道。

（二）园桥的位置选择

桥位选址与景区总体规划、园路系统、水面的分隔或聚合、水体面积大小密切相关。

在大水面上建桥，最好采用曲桥、廊桥、栈桥等比较长的园桥，桥址应选在水面相对狭窄的地方。当桥下不通游船时，桥面可设计低平一些，使人更接近水面；桥下需要通过游船时，则可把部分桥面抬高，做成拱桥样式。另外，在大水面沿边与其他水道相交接的水口处，设置拱桥或其他园桥，可以增添岸边景色。

庭院水池或面积较小的人工湖，适宜布置体量较小、造型简洁的园桥。若是用桥来分隔水面，则小曲桥、拱桥、汀步等都可选用。

在园路与河流、溪流交接处，桥址应选在两岸之间水面最窄处或靠近较窄的地方。跨越带状水体的园桥，造型可以比较简单，有时甚至只搭上一个混凝土平板，就可作为小桥，但是桥虽简单，其造型还是应有所讲究，要做得小巧别致，富于情趣。

在园林内的水生及沼泽植物景区（如湿地公园），可采用栈桥形式，将人们引入沼泽地游览观景。

（三）园桥的结构形式

园桥的结构形式随其主要建筑材料而有所不同，如钢筋混凝土桥与木桥的结构常用板梁柱式，石桥常用拱券式或悬壁梁式，铁桥常采用桁架式，吊桥常用悬索式。

1.板梁柱式

它以桥柱或桥墩支承桥体重量，以直梁拄简支梁方式两端搭在桥柱上，梁上铺设桥板作桥面。在桥孔跨度不太大的情况下，也可不用桥梁，直接将桥板两端搭在桥墩上，铺成桥面。桥梁、桥板一般用钢筋混凝土预制或混凝土现浇。如果跨度较小，也可用石梁或石板。

2.悬壁梁式

桥梁从桥孔两端向中间悬挑伸出，在悬挑的梁头再盖上短梁或桥板，连成完整的桥孔。这种方式可以增大桥孔的跨度，以方便桥下行船。石桥和钢筋混凝土桥都可以采用悬壁梁式结构。

3.拱券式

桥由砖、石材料拱券而成，桥体重量通过圆拱传递到桥墩。单孔桥的桥面一般也是拱形，所以它基本上都属于拱桥。三孔以上的拱券式桥，其桥面多数做成平整的路面形式，但也有把桥顶做成半径很大的微拱形桥面的。

4.桁架式

它用铁制桁架作为桥体。桥体杆件多为受拉或受压的轴力构件，这种杆件取代了弯矩产生的条件，使构件的受力特性得到充分发挥。杆件的结点多为铰接。

5.悬索式

它是一般索桥的结构形式。以粗长悬索固定在桥的两头，底面有若干根钢索排成一个平面，其上铺设桥板作为桥面；两侧各有一至数根钢索从上到下竖向排列，并由许多下垂的钢绳相互串联在一起，下垂钢绳的下端，则吊起桥板。

（四）拱桥中拱圈施工技术

1.拱架搭设

（1）拱架采用钢管脚手架满布式搭设于排架之上（排架采用6m长，间距为1 000mm×1 000mm的松木桩打设而成），立杆间距为600mm×800mm，步距根据桥拱实际尺寸灵活布置，但不得少于两步。

（2）为使拱架具有准确的外形和外部尺寸，在拱架搭设前，先在桥台上放出拱架大样，根据大样制作加工杆件，待杆件加工完毕后，再进行试拼，然后在桥孔中安装。

2.拱圈砌筑（或浇筑）

修建拱圈时，为保证整个施工过程中拱架受力均匀，变形最小，必须选择适当的砌筑方法和顺序。一般根据跨径大小、构造形式等分别采用不同繁简程度的施工方法。

通常跨径在10m以下的拱圈，可按拱的全宽和全厚，由两侧拱脚同时对称地向拱顶砌筑，但应争取尽快的速度，使在拱顶合拢时，拱脚处的混凝土未初凝或石拱桥拱石砌缝中的砂浆尚未凝结。跨径为10～15m的拱圈，最好在拱脚预留空缝，由拱脚向拱顶按全宽、全厚进行砌筑（浇筑混凝土）。待拱圈砌浆达到设计强度70%后（或混凝土达到设计强度），再将拱脚预留空缝用砂浆（或混凝土）填塞。

3.拱架的卸落

拱圈砌筑（或现浇混凝土）完毕，待达到一定强度后即可拆除拱架。如果施工情况正常，在拱圈合拢后，拱架应保留的最短时间与跨径大小、施工期间的气温、养护的方式等因素有关。对于石拱桥，一般当跨径在20m以内时为20d；跨径大于20m时为30d。对于混凝土拱桥，按设计强度要求，视混凝土试压强度的具体情况确定。因施工要求必须提早拆除拱架时，应适当提高砂浆（或混凝土）标号或采取其他措施。

4.拱上建筑施工

拱上建筑的施工，应在拱圈合拢，混凝土或砂浆达到设计强度30%后进行。对于石拱桥，一般不少于合拢后三昼夜。

拱上建筑的施工，应避免使主拱圈产生过大的不均匀变形。实腹式拱上建筑，应由拱脚向拱顶对称地砌筑。当侧墙砌筑好以后，再填筑拱腹填料及修建桥面结构等。空腹式拱桥一般是在腹孔墩砌完后就卸落拱架，然后再对称均衡地砌筑腹拱圈，以免由于主拱圈的不均匀下沉而使腹拱圈开裂。

5.拱桥施工中注意事项

（1）保证桥台的施工质量

拱桥是一种有推力的结构。桥台的质量对整个拱桥的安全影响很大，对于地质条件较差的拱桥墩台更应注意。施工中也要注意及时进行台后填土并分层夯实。拱桥造好后，若台后无填土，土压力起不到作用，是十分危险的。当拱桥的桥台后设有挡土墙时，需注意挡土墙的基础不要落在桥台上，否则将会引起挡土墙的不均匀沉降，造成在桥台与挡土墙接缝处的上端拉开。

（2）拱桥必须对称均衡施工

拱桥的各阶段施工均注意对称均衡施工，以免拱轴线发生不正常变形，导致安全和质量事故。不但在砌筑时要对称均衡，卸落拱架时也要对称均衡。

四、园亭工程施工

（一）园亭的特点

园亭是供游人休息、观景或构成景观的开敞或半开敞的小型园林建筑。现代园林中的园亭式样更加抽象化，亭顶成圆盘式、菌蕈式或其他抽象化的建筑，多采用对比色彩，装饰趣味多于实用价值。

1.兼有实用和观赏价值

园亭既作点缀景观之用，又是供游人驻足休息之处，可防日晒、雨淋，消暑纳凉，畅览园林景色。

2.造型优美，形象生动

现代新型园亭千姿百态，在传统亭的基础上，增加时代气息，优美、轻巧、活泼、多姿是园亭的特点。

3.与周围环境的巧妙结合

亭身一般为四面灵空，空间通透，在建筑空间上，亭能完全融入园林环境，内外交融，浑然一体，它在空间上体现了有限空间的无限性。能集纳园林诸景，聚散山川云气，产生无中生有的空间景象。

4.在装饰上，繁简多样

亭在装饰上繁简皆宜，可以精雕细琢，构成花团锦簇之亭；也可不施任何装饰，构成简洁质朴之亭，别具一格。

（二）园亭的类型

1.木结构亭

传统的木结构学承重结构不是砖墙而是木柱，墙只起到围护作用。所以亭的形态可灵活多变，而且由于亭的形体小，其构造可不受传统做法的限制。从亭的造型上看，主要取决于其平面形状和屋顶形式。

2.砖结构亭

砖结构亭一般是用砖发券砌成，支撑屋面。如碑亭，其体型厚重，与亭内的石碑相称。也有的小亭略显轻巧，是由于其跨度较小所致。

另有一些纪念性的亭子使用石材结构，也有的梁柱用石材，其他仍用木质结构，如苏州沧浪亭，既古朴庄重，又富自然之趣。

3.竹亭

多见于江南一带，取材方便，形式上轻巧自然。近年来，由于竹材处理技术的发展与完善，用竹材造亭的数量有所增加。竹亭建造比较简易，内部可用木结构、钢结构等，而外表选用竹材，使其既美观牢固，又易于施工。

4.钢筋混凝土结构亭

钢筋混凝土结构亭主要有三种表现形式：一是现场用混凝土浇筑，结构较坚固，但制作细部较浪费模具；二是用预制混凝土构件焊接装配；三是使用轻型结构，顶部采用钢板网，上覆混凝土进行表面处理。

5.钢结构亭

钢结构亭可有多变的造型，在北方建亭需要考虑风压、雪压的负荷。对于屋面不一定全部使用钢结构，可使用其他材料相结合的做法，形成丰富的造型。

此外，园亭从平面看，有三角、四角、五角、六角、圆形等；从亭顶看，有平顶、笠顶、四坡顶、半球顶、伞顶、蘑菇式等；从立面看，有单檐和重檐之分，极少有三重檐；亭除单体式外，也有组合式以及与廊架、景墙相结合的形式等。

（三）园亭的构造

园亭一般小而集中，向上独立而完整，由地基、亭柱和亭顶三部分组成，另外还有附设物。

1.地基

基础采用独立柱基或板式柱基的构造形式，较多地采用钢筋混凝土结构方法。基础的埋置深度不应小于500mm。亭子的地上部分负荷重者，需加钢筋、地梁；地上部分负荷较轻者，如用竹柱、木柱盖以稻草的，可将亭柱部分掘穴以混凝土作基础即可。

2.亭柱

亭柱一般为几根承重立柱，形成比较空灵的亭内空间。柱的断面多为圆形或矩形，也有多角形，其断面尺寸一般为ϕ（250～350）mm或250mm×250mm～370mm×370mm，具体数值应根据亭子的高度与所用结构材料而定。亭柱的结构材料有水泥、石块、砖、树干、木条、竹竿等。

3.亭顶

亭子的顶部梁架可用木料做成，也有用钢筋混凝土或金属铁架的。亭顶一般可分为平顶和攒尖顶，形状有方形、圆形、多角形、梅花形和不规则形等，顶盖材料可选用瓦片、稻草、茅草、树皮、木板、竹片、柏油纸、石棉瓦、塑胶片、铝片、洋铁皮等。

4.附设物

为了美观与适用，往往在园亭旁边或内部设置桌椅、栏杆、盆钵、花坛等附设物，但设置不必多，以适量为原则，也可在亭的梁柱上采用各种雕刻装饰。

（四）园亭位置的选择

1.山地建亭

适宜远眺的地形，尤其在山巅、山脊上，其眺览的范围大、方向多，同时也为游人登山中的休息提供一个坐坐看看的环境。一般选在山巅、山腰台地、山坡侧旁、山洞洞口和山谷溪涧等处。

2.临水建亭

水面设亭，宜尽量贴近水面，宜低不宜高，宜突出于水中，三面或四面为水面所环绕。凌驾于水面的亭常位于小岛、半岛或水中石台之上，以堤、桥与岸相连，岛上置亭可形成水面之上的空间环境，别有情趣。一般选在临水岸边、水边石矶、岛上和泉、瀑一侧。

3.平地建亭

一般位于道路的交叉口，路旁的林荫之间，有时为一片花木山石所环绕，形成一个小的有私密性空间气氛的环境。通常选在草坪上、广场上、台阶之上、花间林下，以及园路的中间、一侧、转折和岔路口处。

五、花坛砌筑工程施工

（一）花坛的分类

中国古典园林中的花坛是指“边缘用砖石砌成的种植花卉的土台子”。随着时代的发展，花坛的形式也在变化和拓宽，有的花坛不只是种植花卉，而是以种植不同的灌木和乔木为主，以种树为主的，供观赏者观看的，称为树池。花坛作为硬质景观和软质景观的结合体，具有很强的装饰性，分类方法有多种。

1.按花材分类

（1）盛花花坛（花丛花坛）。

（2）模纹花坛：①毛毡花坛；②浮雕花坛；③彩结花坛。

2.按空间位置分类

（1）平面花坛。

（2）斜面花坛。

（3）立体花坛（包括造型花坛、标牌花坛等）。

3.按花坛组合分类

（1）独立花坛（单体花坛）。

（2）组合花坛（花坛群）。

（二）花坛的布置位置

花坛一般设在道路的交叉口上、公共建筑的正前方，或园林绿地的入口处，或广场的中央，即游人视线交汇处，构成视觉中心，几种布置方式：位于道路交叉口；位于道路一侧；位于道路转折处；位于建筑一角等。花坛的平、立面造型应根据所在园林空间环境特点、尺度大小、拟栽花木生长习性及观赏特点而定。

树池一般设在道路两侧和道路的分车带上、广场上、建筑前或与花坛结合布置。

（三）花坛建造所需材料

1.花坛砌筑材料

（1）普通砖。

（2）石材。

（3）砂浆。

（4）混凝土。

2.花坛装饰材料

花坛砌体材料主要是砖、石块等，通过选择砖、石块的颜色、质感及砌块的组合与勾缝的变化，形成美的外观。

（1）砖的勾缝类型

齐平：齐平是一种平淡的装饰缝，雨水直接流经墙面，适用于露天的情况。通常用泥刀将多余的砂浆去掉，并用木条或麻布打光。

风蚀：风蚀的坡形剖面有利于排水；其上方2～3mm的凹陷在每一砖行产生阴影线，有时将垂直勾缝抹平以突出水平线。

钥匙：钥匙是用窄小的弧线工具压印而成更深的装饰缝；其阴影线更加美观，但对于露天的场所不适用。

突出：突出是将砂浆抹在砖的表面，它将起到很好的保护作用，并伴随着日晒雨淋而形成迷人的乡村式外观；可以选择与砖块的颜色相匹配的砂浆，或用麻布打光。

提桶把手：提桶把手的剖面图为曲线形，它利用圆形工具获得，该工具是镀锌桶的把手；提桶把手适度地强调了每块砖的形状，而且能防日晒雨淋。

凹陷：凹陷是利用特制的“凹陷”工具，将砖块间的砂浆方方正正地按进去，强烈的阴影线夸张地突出了砖线。本方法只适用非露天的场地。

（2）石块勾缝装饰

蜗牛痕迹：蜗牛痕迹使线条纵横交错，使人觉得每一块石头都与相邻的石头相配。当砂浆还是湿的时候，利用工具或小泥刀沿勾缝方向划平行线，使砂浆砌合变得更光滑、完整。

圆形凹陷：利用湿的弯曲的管子或塑料水管，在湿砂浆上按入一定深度。这使得每块石头之间形成强烈的阴影线。

双斜边：利用带尖的泥刀加工砂浆，产生一种类似鸟嘴的效果。本方法需要专业人员去完成，以求达到美观的效果。

刷：“刷”是在砂浆完全凝固之前，用坚硬的铁刷将多余的砂浆刷掉而呈现出的外观效果。

方形凹陷：如果是正方形或长方形的石块，最好使用方形凹陷。方形凹陷需要用专用工具处理。

草皮勾缝：利用泥土或草皮取代砂浆，本方法只有在石园或植有绿篱的清水石墙上才适用。要使勾缝中的泥土与墙的泥土相连以保证植物根系的水分供应。

3.其他材料

随着装饰材料及生产工艺的发展，一些新材料应用于花坛及树池的砌体围合之中，充当矮栏，表现很强的装饰效果，如金属材料、加工木料、塑料制品等。

（四）花坛砌体结构

（1）砖砌体结构花坛。

（2）钢筋混凝土与砖砌体结构花坛。

（3）钢筋混凝土砌体结构花坛。

（4）石材砌体结构花坛。

（5）混凝土砌体结构花坛。

（五）花坛施工实践

1.砖砌花坛施工

（1）定点放线

根据花坛设计要求，将圆形花坛砌体图形放线到地面上，具体操作方法如下：①在地面上找出花坛中心点，并打桩定点；②以桩点为圆心以R为半径划出两个同心圆，用白灰在地面上做好标记。

（2）基础处理

①放线完成后，按照已有的花坛边缘线开挖基槽。②基槽开挖宽度应比墙体基础宽100mm左右，深度根据设计而定，一般在120mm。③槽底要平整，素土夯实。④根据设计尺寸，确定花坛的边线及标高，并打设龙门桩。在混凝土基础边外，放置施工挡板，在挡板上划出标高线，采用C10混凝土作基础，厚80cm。

（3）砌筑施工

①砌筑前，应对花坛位置尺寸及标高进行复核，并在混凝土基础上弹出其中心线及水平线。②对砖进行浇水湿润，其含水率一般控制在10%～15%。③对基层砂灰、杂物进行清理并浇水湿润。④用M5.0混合砂浆，MU≥7.5标准砖砌筑，高为560mm。选用“一顺一丁”砌法，即一层顺砖与一层丁砖相互间隔砌成。要求砂浆饱满、上下错缝、内外搭接、灰缝均匀。⑤墙砌筑好之后，回填土将基础埋上，并夯实。

（4）花坛装饰

①用水泥和粗砂配1：2.5的水泥砂浆对墙体抹面，抹平即可，不要抹光。②根据设计要求，用20mm厚米黄色水刷石饰面。

（5）种植床整理

当花坛装饰完成后，对种植床进行整理。在种植床中，填入较肥沃的田园土，有条件的再填入一层肥效较长的有机肥作为基肥，然后进行翻土作业，一面翻土，一面挑选、清除土中杂物。把表层土整细、耙平，以备植物图案放线，栽种花卉植物。

2.五色草立体花坛施工

（1）分析设计图案

①五色草立体花坛是利用不同种类的五色草，配置草花、灌木，建造立体景物或组成文字，美观高雅，富有诗情画意。②下面以大象立体花坛为例具体说明：本立体（造型）花坛，以五色草为主体，其他花木作配材，动物造型为大象，图案设计简洁大方。

（2）骨架制作

制作之前，要根据所设计的大象立体形象，用泥或石膏、木材等按比例制作模型。骨架也叫架林，是动物造型的支撑体，一般情况要按大象的形象，设计出大小宽窄和高度相宜的骨架。骨架用工字钢、角钢、钢筋焊接制作，也可用木材、竹材或砖石等材料制作。骨架结构要坚固，按预计的承重力选择用料，绝对避免用材不合理出现变形或倒塌。骨架表面焊上细钢筋，每根长8～10cm，骨架中间必须加固立柱，起支撑和承重作用。

（3）骨架安装

注意骨架各边的尺寸，要小于原设计8～10cm，用于在骨架上铺网、缠草、抹泥、栽草等。整个大象形体下面要求有十字铁作基础，灌筑于地下深约1m，以防止倾斜。

（4）搭荫棚、缠草把

为防止泥浆暴晒而干裂，在缠草之前必须先立支架，搭上荫棚，同时也可避免雨水冲刷，然后再往骨架上缠绕带泥草绳。东北地区用谷草、稻草蘸上肥沃而有黏着力的稀泥，拧成5～10cm粗的草辫子，当地叫拉和辫子。工作时由下而上编缠，厚度为5～10cm。如果所造的景物较小较精细，草辫宜随之变细。拉和辫子所用的材料，必须是新草，因新草拉力大，可延长腐烂时间。在缠草辫子过程中，中间空隙要用土填实，以解决五色草吸收水分和养分的问题。

（5）栽五色草

栽草本着先上后下，先左后右，先放线栽出轮廓，然后再顺序栽植。栽植要细心，选草适当，密度适宜，并要均匀地划分株行。栽植时一般用稍尖的木棒挖栽植穴，栽后要按实，栽时注意苗和体床面呈锐角，一般45°～60°锐角栽植，小苗斜向上生长，着光好，根系也可自然向下，抗旱性好，浇水时不易被冲掉。

（6）养护管理

五色草立体花坛的养护工作对于保持花坛的造型效果有着重要的作用，要求比较细致，而且要坚持经常养护管理，主要有浇水、拔除杂草和修剪。

水分管理。由于土层薄，含水少，小苗生长慢，栽后一周内每天喷水两次，保持土壤潮湿，待小苗长根与土壤密接后，可适当减少浇水量。

定型修剪。五色草立体花坛栽后半个月就要进行修剪，在7～8月份生长旺季，最好每半个月修剪一次。修剪时要根据花坛纹样剪得凸凹有致，线条要保持平直，以突出观赏效果。纹样两侧要剪成坡面，这样可形成浮雕效果，另外在修剪时，可同时进行除杂和补苗工作。补苗时一定要按原要求，缺什么苗补什么苗，以便保护设计效果。

病虫害控制。五色草易受地老虎危害，可在栽植前用3%呋喃丹颗粒剂防治，每平方米用药量为3～5g。用药量不宜过多，施药过多不仅浪费，还影响花草的根部发育。生长季节，天旱时易发生红蜘蛛、射虫等，可用乐果1 500倍液喷洒防治。

第五章　园林绿化意义及绿地的构成

第一节　园林绿化的意义与效益

一、园林绿化的概念及意义

（一）园林绿化的概念

1.绿地

凡是生长绿色植物的地块统称为绿地，它包括天然植被和人工植被，也包括观赏游憩绿地和农林牧业生产绿地。绿地的含义比较广泛，它并非指全部用地皆为绿化，一般指绿化栽植占大部分的用地。绿地的大小往往相差悬殊，大者如风景名胜区，小者如宅旁绿地；其设施质量高低相差也大，精美者如古典园林，粗放者如防护林带。各种公园、花园、街道及滨河的种植带，防风、防尘绿化带，卫生防护林带，墓园及机关单位的附属绿地，以及郊区的苗圃、果园、菜园等均可称为“绿地”。从城市规划的角度看，绿地是指绿化用地，即城市规划区内用于栽植绿色植物的用地，包括规划绿地和建成绿地。

2.园林

园林是指在一定的地域范围内，根据功能要求、经济技术条件和艺术布局规律，利用并改造天然山水地貌或人工创造山水地貌，结合植物栽植和建筑、道路的布置，从而构成一个供人们观赏、游憩的环境。各类公园、风景名胜区、自然保护区和休息疗养胜地等都以园林为主要内容。园林的基本要素包括山水地貌、道路广场、建筑小品、植物群落和景观设施。

园林与绿地属同一范畴，具有共同的基本内容。从范围看，“绿地”比“园林”广泛，园林可供游憩且必是绿地，而“绿地”不一定称“园林”，也不一定供游憩。

“绿地”强调的是栽植绿色植物、发挥植物生态作用、改善城市环境的用地，是城市建设用地一种重要类型；“园林”强调的是为主体服务，功能、艺术与生态相结合的立体空间综合体。

把城市规划绿地按较高的艺术水平、较多的设施和较完善的功能而建设成为环境优美的景境便是“园林”，所以，园林是绿地的特殊形式。有一定的人工设施，具有观赏、游憩功能的绿地称为“园林绿地”。

3.绿化

绿化是栽植绿色植物的工艺过程，是运用植物材料把规划用地建成绿地的手段，它包括城市园林绿化、荒山绿化、“四旁”和农田林网绿化。从更广的角度来看，人类一切为了工、农、林业生产，减少自然灾害，改善卫生条件，美化、香化环境而栽植植物的行为都可称为“绿化”。

4.造园

造园是指营建园林的工艺过程。广义的造园包括园地选择（相地）、立意构思、方案规划、设计施工、工程建设、养护管理等过程。狭义的造园指运用多种素材建成园林的工程技术建设过程。堆山理水、植物配植、建筑营造和景观设施建设是园林建设的四项主要内容。因此，广义的园林绿化是指以绿色植物为主体的园林景观建设，狭义的园林绿化是指园林景观建设中植物配置设计、栽植和养护管理等内容。

（二）园林绿化的意义

1.城市园林绿化的意义

人们根据生态学的原理，通过园林绿化措施，把破坏了的自然环境改造和恢复过来，使城市环境能满足人们在工作生活和精神方面的需要。在现代化城市环境条件不断变化的情况下，园林绿化显得越来越重要。园林绿化把被破坏了的自然环境改造和恢复过来，并创造更适合人们工作、生活的宁静优美的自然环境，使城乡形成生态系统的良性循环。

园林绿化通过对环境的“绿化、美化、香化、彩化”来改造我们的环境，保证具有中国特色的社会主义现代化建设顺利进行。城市园林绿化是城市现代化建设的重要项目之一，它不仅美化环境，给市民创造舒适的游览休憩场所，还能创造人与自然和谐共生的生态环境。只有加强城市园林绿化建设，才能美化城市景观，改善投资环境，生物多样性才能得到充分发挥，生态城市的持续发展才能得到保证。因此，园林绿化水平已成为衡量城市现代化水平的质量指标，城市园林绿化建设水平是城市形象的代表，是城市文明的象征。

园林绿化工作是现代化城市建设的一项重要内容，它关系到物质文明建设，也关系到精神文明建设。园林绿化创造并维护了适合人民生产劳动和生活休息的环境，因此，要有计划、有步骤地进行园林绿化建设，搞好经营管理，充分发挥园林绿化的作用。

2.一般园林绿化的意义

（1）园林是一种社会物质财富

园林和其他建设一样，是不同地域、不同历史时期的社会建设产物，是当时当地社会生产力水平的反映。古典园林是人类宝贵的物质财富和遗产，园林的兴衰与社会发展息息相关，园林与社会生活同步前进。

（2）园林是一种社会精神财富

园林的建设反映了人们对美好景物的追求，人们在设计园林时，融入了作者的文化修养、人生态度、情感和品格，园林作品是造园者精神思想的反映。

（3）园林是一种人造艺术品

园林是一种人造艺术品，其风格必然与文化传统、历史条件、地理环境有着密切的关系，也带有一定的阶级烙印，从而在世界上形成了不同形式和艺术风格的流派和体系。造园是把山水、植物和建筑组合成有机的整体，创造出丰富多彩的园林景观，给人以赏心悦目的美的享受的过程，是一种艺术创作活动。

二、园林绿化的效益

（一）园林绿化的生态效益

1.园林绿化调节气候，改善环境

（1）调节温度，减少辐射

影响城市小气候最突出的有物体表面温度、气温和太阳辐射，其中气温对人体的影响是最主要的。城市本身如同一个大热源，不断散射热能，利用砖、石、水泥建造的房屋、道路、广场以及各种金属结构和工业设施在阳光照射下也散发大量的热能，因此，市区的气温在一年四季都比郊区要高。在夏季炎热的季节，市区与郊区的气温相差1～2℃。绿化环境具有调节气温的作用，因为植物蒸腾作用可以降低植物体及叶面的温度。一般1g水（在20℃）蒸发时需要吸收584Cal的能量（太阳能），所以叶的蒸腾作用对于热能的消散起着一定的作用。

植物的树冠能阻隔阳光照射，为地表遮阴，使水泥或柏油路及部分墙垣、屋面，减少和降低辐射热和辐射温度，改善小气候。经测定，夏季树荫下与阳光直射区的辐射温度可相差30～40℃之多。夏季树荫下的温度较无树荫处低3～5℃，较有建筑物的地区低10℃左右。即使在没有树木遮阴的草地上其温度也比无草皮空地的温度低些。绿地的蔽荫表面温度低于气温，而道路、建筑物及裸土的表面温度则高于气温。经测定，当夏季城市气温为

27.5℃时，草坪表面温度为22～24.5℃，比裸露地面低6～7℃，比柏油路面低8～20.5℃。这使人在绿地上和在非绿地上的温度感觉差异很大。据观测夏季绿地比非绿地温度低3℃左右，相对湿度提高4%；而在冬季绿地散热又较空旷地少0.1～0.5℃，故绿化了的地区有冬暖夏凉的效果。除了局部绿化所产生的不同表面温度和辐射温度的差别外，大面积的绿地覆盖对气温的调节作用则更加明显。

（2）调节温度

凡没有绿化的空旷地区，一般只有地表蒸发水蒸气，而经过了绿化的地区，地表蒸发明显降低了，但有树冠、枝叶的物理蒸发作用，又有植物生理过程中的蒸腾作用。据研究，树木在生长过程中，所蒸发的水分要比它本身的重量大三四百倍。经测定，1hm^{2}阔叶林夏季能蒸腾2 500t水，比同面积的裸露土地蒸发量高20倍，相当于同面积的水库蒸发量。树木在生长过程中，每形成1kg的干物质，大约需要蒸腾300～400kg的水。植物具有这样强大的蒸腾作用，所以城市绿地相对湿度比建筑区高10%～22%。适宜的空气湿度（30%～60%）有益于身体健康。

（3）影响气流

绿地与建筑地区的温度还能形成城市上空的空气对流。城市建筑地区的污浊空气因温度升高而上升，随之城市绿地系统中温度较低的新鲜空气就移动过来，而高空冷空气又下降到绿地上空，这样就形成了一个空气循环系统。静风时，由绿地向建筑区移动的新鲜空气速度可达1m/s，从而形成微风。如果城市郊区还有大片绿色森林，则郊区的新鲜冷空气就会不断向城市建筑区流动。这样既调节了气温，又改善了城市的通气条件。

（4）通风防风

城市带状绿化如城市道路与滨水绿地，是城市气流的绿色通道。特别是带状绿地的方向与该地夏季主导风向相一致的情况下，可将城市郊区的新鲜气流顺风势引入城市中心地区，为炎热夏季时城市的通风降温创造良好的条件。而冬季时，大片树林可以降低风速，发挥防风作用，因此在垂直冬季寒风方向种植防风林带，可以防风固沙，改善生态环境。

2.园林绿化净化空气，保护环境

（1）吸收二氧化碳，释放氧气

树木花草在利用阳光进行光合作用，制造养分的过程中吸收空气中的二氧化碳，并放出大量氧气。由于工业的发展，并且工业生产大都集中在较大的城市中，因此大城市在工业生产过程中，燃料的燃烧和人的呼吸排出大量二氧化碳并消耗大量氧气。绿色植物的光合作用可以有效地解决城市中氧气与二氧化碳的平衡问题。植物的光合作用所吸收的二氧化碳要比呼吸作用排出的二氧化碳多20倍，因此，绿色植物消耗了空气中的二氧化碳，增加了空气中的氧气含量。

（2）吸收有毒气体

工厂或居民区排放的废气中，通常含有各种有毒物质，其中较为普遍的是二氧化硫、氯气和氟化物等，这些有毒物质对人的健康危害很大，当空气中二氧化硫浓度大于6μL/L（μL/L是个比例，相当于百万分之一，现在标准用法是mg/kg）时，人便感到不适；如果浓度高达10μL/L，人就难以长时间进行工作；到400μL/L时，人就会立即死亡。绿地具有减轻污染物危害的作用，因为一般污染气体经过绿地后，即有25%可被阻留，危害程度大大降低。据研究发现，空气中的二氧化硫主要是被各种植物表面所吸收，而植物叶片的表面吸收二氧化硫的能力最强，为其所占土地面积吸收能力的8～10倍。当二氧化硫被植物吸收以后，便形成亚硫酸盐，然后被氧化成硫酸盐。只要植物吸收二氧化硫的速度不超过亚硫酸盐转化为硫酸盐的速度，植物叶片便不断吸收大气中的二氧化硫而不受害或受害轻。随着叶片的衰老凋落，它所吸收的硫一同落到地面，或者流失或者渗入土中。植物年年长叶、年年落叶，所以它可以不断地净化空气，是大气的“天然净化器”。据研究，许多树种如小叶榕、鸡蛋花、罗汉松、美人蕉、羊蹄甲、大红花、茶花、乌桕等能吸收二氧化硫而呈现较强的抗性。氟化氢是一种无色无味的毒气，许多植物如石榴、蒲葵、葱兰、黄皮等对氟化氢具有较强的吸收能力。因此，在产生有害气体的污染源附近，选择与其相应的具有吸收能力和抗性强的树种进行绿化，对于防止污染、净化空气是十分有益的。

（3）吸滞粉尘和烟尘

粉尘和烟尘是造成环境污染的原因之一。工业城市每年每平方公里降尘量平均为500～1 000t。这些粉尘和烟尘一方面降低了太阳的照明度和辐射强度，削弱了紫外线，对人体的健康产生不利影响；另一方面，人呼吸时，飘尘进入肺部，容易使人得气管炎、支气管炎、尘肺、矽肺等疾病。我国一些城市的飘尘量大大超过了卫生标准，降低了人们生活的环境质量。要防治粉尘和烟尘的飘散，以植物尤其是树木的吸滞作用为最佳。带有粉尘的气流经过树林时，由于流速降低，大粒灰尘降下，其余灰尘及飘尘则附着在树叶表面、树枝部分和树皮凹陷处，经过雨水的冲洗，树木又能恢复其吸尘的能力。由于绿色植物的叶面面积远远大于其树冠的占地面积，例如，森林叶面积的总和是其占地面积的60～70倍，生长茂盛的草皮也有20～30倍，因此其吸滞烟尘的能力是很强的。所以说，绿地和森林就像一个巨大的“大自然过滤器”，使空气得到净化。

（4）杀菌作用

空气中含有千万种细菌，其中很多是病原菌。很多树木分泌的挥发性物质具有杀菌能力。例如，樟树、桉树的挥发物可杀死肺炎球菌、痢疾杆菌、结核菌和流感病毒；圆柏和松的挥发物可杀死白喉杆菌、结核杆菌、伤寒杆菌等多种病菌，而且1hm² 松柏林一昼夜能分泌30kg的杀菌素。据测定，森林内空气含菌量每立方米为300 ～ 400个/m³，林外每立方米则达3万～

4万个。

（5）防噪作用

城市噪声随着工业的发展日趋严重，对居民身心健康危害很大。一般噪声超过70dB，人体便会感到不适，如高达90dB，会引起血管硬化，国际标准组织（ISO）规定住宅室外环境噪声的容许量为35～45dB。园林绿化是减少噪声的有效方法之一。因为树木对声波有散射的作用，声波通过时，树叶摆动，使声波减弱消失。据测试，40m宽的林带可以使噪声降低10～15dB，公路两旁各15m宽的乔灌木林带可使噪声降低一半。街道、公路两侧种植树木不仅有减少噪声的作用，而且对于净化汽车废气及消除光化学烟雾污染也有作用。

（6）净化水体与土壤

城市和郊区的水体常受到工厂废水及居民生活污水的污染，进而影响环境卫生和人们的身体健康，而植物则有一定的净化污水的能力。研究证明，树木可以吸收水中的溶解质，减少水中的细菌数量。例如，在通过30～40m宽的林带后，1L水中所含的细菌数量比不经过林带的减少1/2。

（7）保持水土

树木和草地对保持水土有非常显著的功能。树木的枝叶能够防止暴雨直接冲击土壤，减弱了雨水对地表的冲击，同时还能截留一部分雨水，植物的根系能紧固土壤，这些都能防止水土流失。当自然降雨时，有15%～40%的水被树林树冠截留和蒸发，有5%～10%的数量被地表蒸发，地表的径流量仅占0.5%～1%，大多数的水，即占50%～80%的水被林地上一层厚而松的枯枝落叶所吸收，然后逐步渗入土壤中，变成地下江流。这种水经过土壤、岩层的不断过滤，流向下坡和泉池溪涧。

（8）安全防护

城市常有风灾、火灾和地震等灾害。大片绿地有隔断大火并使火灾自行停息的作用，树木枝叶含有大量水分，亦可阻止火势的蔓延。树冠浓密，可以降低风速，减少台风带来的损失。

（二）园林绿化的社会效益

1.美化环境

（1）美化市容

城市街道、广场四周的绿化对市容市貌影响很大。街道绿化得好，人们虽置身于闹市中，却犹如生活在绿色走廊里。街道两边的绿化，既可供行人短暂休息、观赏街景，满足闹中取静的需要，又可以达到装饰空间、美化环境的效果。

（2）增加建筑的艺术效果

用绿化来衬托建筑，使得建筑效果升级，并可用不同的绿化形式衬托不同用途的建筑，使建筑更加充分地体现其艺术效果。例如，纪念性建筑及体现庄重、严肃的建筑前多采用对称式布局，并较多采用常绿树，以突出庄重、严肃的气氛；居住性建筑四周的绿化布局及树种多体现亲切宜人的环境氛围。园林绿化还可以遮挡不美观的物体或建筑物、构筑物，使城市面貌更加整洁、生动、活泼，并可利用植物布局的统一性和多样性来使城市具有统一感、整体感，丰富城市的多样性，增强城市的艺术效果。

（3）提供良好的游憩条件

在人们生活环境的周围，选栽各种美丽多姿的园林植物，使周围呈现千变万化的色彩、绮丽芳香的花朵和丰硕诱人的果实，为人们能在工作之余小憩或周末假日调节生活提供良好的条件，以利人们的身心健康。

2.保健与陶冶功能

多层次的园林植物可形成优美的风景，参天的木本花卉可构成立体的空中花园，花的香芬能唤起人们美好的回忆和联想。森林中释放的气体像雾露一样地熏肤、充身、润泽皮毛、培补正气。绿色能吸收强光中对眼睛和神经系统产生不良刺激的紫外线，且绿色的光波长短适中，对眼睛视网膜组织有调节作用，从而消除视力疲劳。绿叶中的叶绿体及其中的酶利用太阳能，吸收二氧化碳，合成葡萄糖，把二氧化碳储存在碳水化合物中，放出氧气，使空气清新。清新空气能使人精力充沛。生活在绿化地带的居民，与邻居和家人都能和谐相处。因绿色营造的环境中含有比非绿化地带大得多的空气负离子，对人的生理、心理等多方面都有很大益处。

园林植物能寄物抒情，园林雕塑能启迪心灵，园林文学因素能表达情感。当人们在优美的园林环境中放松和享受时，可消除疲劳，陶冶情操，彼此间可以增进友谊，对生活质量和工作、学习效率的提高大有裨益，有利于构建文明、和谐社会，这是不可估量的社会效益。

3.使用功能

园林绿地中的日常游憩活动一般包括钓鱼、音乐、棋牌、绘画、摄影、品茶等静态游憩活动，游泳、划船、球类、田径、登山、滑冰、狩猎和健身等体育活动，以及射箭、碰碰车、碰碰船、游戏攀岩、蹦极等动态游憩活动。人们游览园林，可普及各种科学文化教育，寓教于乐，了解动植物知识，开展丰富多彩的艺术活动，展示地方人文特色，并展览书法、绘画、摄影作品等，提高人们的艺术素养，陶冶情操。

第二节 园林绿地的构成要素

园林与绿地属同一范畴，所含的构成要素和功能基本相同，都是由山水地形、植物、园林建筑构成。

一、山水地形

园林工作者在进行城市园林绿地创作时，通常利用地域内的种种自然要素来创造和安排室外空间以满足人们的需要。山水地形是最主要也是最常用的因素之一，且显现不同的起伏状态，如山地、丘陵或坡地、平地、水体等，它们的面积、形状、高度、坡度、深度等直接影响城市园林绿地的景观效果。

（一）在园林中的作用

山水地形是城市园林绿地诸要素的依托，是构成整个园林景观的骨架。园林绿地建设的原有地形往往多种多样，或平坦起伏，或沼泽水塘，无论铺路、建筑、挖池、堆山、栽植等均需适当地利用或改造地形，进行适当的地形改造可以取得事半功倍的效果。

1.满足园林的不同功能要求

组织、创造不同空间和地貌，以利开展不同的活动（集体活动、锻炼、表演、登高、划船、戏水等），遮蔽不美观或不希望游人见到的部分，阻挡不良因素的危害及干扰（狂风、飞沙、尘土、噪声等），并能起到丰富立面轮廓线、扩大园景的作用。如北京颐和园后湖北侧的小山就阻挡了颐和园的北墙，使人有小山北侧还是园林的感觉。

2.改善种植和建筑的条件

地形的适当改造能创造不同的地貌形式（如水体、山坡地），改善局部地区的小气候，为对生态环境有不同需求的植物创造适合的生长条件。另外，在改造地形的同时也可为不同功能和景观效果的建筑创造和建造地形条件，同时为一些基础设施（如各种管线的铺设）创造施工条件。

3.解决排水问题

园林绿地应能在暴雨后尽快恢复正常使用，利用地形的合理处理，使积水迅速地通过地面排除，同时节省地下排水设施，降低造价。

（二）山水地形在园林中的设计原则

地形设计必须遵循“适用、经济、美观”这一城市建设的总原则，同时还要注意以下几点。

1.因地制宜

中国传统造园以因地制宜著称，即所谓“自成天然之趣，不烦人事之工”。因地制宜就是要就低挖池、就高堆山，以利用为主，结合造景及使用需求进行适当的改造，这样做还能减少土方工程量，降低园林工程的造价。

2.合理处理园林绿地内地形与周围环境的关系

园林绿地内地形并不是孤立存在的，无论是山坡地，还是河网地、平地，园林绿地内外的地形均有整体的连续性。此外，还需要注意与环境的协调关系。若周围环境封闭，整体空间小，则绿地内不应设起伏过大的地形，若周围环境规则严整，则绿地内地形以平坦为主。

3.满足园林的功能要求

在进行地形设计时，要注意满足园林内各种使用功能的要求，如应有大面积的观赏、集体活动、锻炼、表演等需要的平地，散步、登高等需要的山坡地，划船、戏水、种植水生植物等需要的水体。

4.满足园林的景观要求

在进行地形设计时，还要考虑利用地形组织空间，创造不同的立面景观效果。可设计山坡地将园林绿地内的空间划分为大小不等、或开阔或狭长的各种空间类型，丰富园林的空间，使绿地内立面轮廓线富于变化。在满足景观要求的同时，还要注意使地形符合自然规律与艺术要求。自然规律如山坡角度是否是自然安息角，若不是，则要用工程措施处理；山是否有峰、有脊、有谷、有壑，否则水土易被冲刷，且山体不美观；坡度是否不等，最好南缓北陡，东缓西陡或西缓东陡，山与水的关系是不是相依相抱的山环水抱或水随山转的自然依存关系。总之，要使山、水诸景达到“虽由人作，宛自天开”的艺术境界。

5.满足园林工程技术的要求

地形设计要符合稳定合理的工程技术要求。只有工程稳定合理，才能保证地形设计的效果持久不变，符合设计意图，并有安全性。

6.满足植物种植的要求

在园林中设计不同的地形，可为不同生态条件下生长的各种植物提供生长所需的环境，使园林景色美观、丰富，如水体可为水生植物提供生长空间，创造荷塘远香的美景。

7.土方要尽量平衡

设计的地形最好使土方就地平衡，应根据需要和可能，全面分析，多做方案进行比较，使土方工程量达到最小限度。这样可以节省人力，缩短运距，降低造价。

（三）山水地形的设计

1.陆地的设计

陆地可分为平地、坡地和山地。园林绿地中地形状况与容纳游人数量及游人的活动内容有密切的关系，平地容纳的游人较多，山地及水面的游人容量受到限制，有水面才能开展水上活动，如划船、游泳、垂钓等，有山坡地才能供人进行爬山锻炼、登高远望等活动。一般理想的比例是：陆地占全园面积的2/3～3/4，其中平地占陆地面积的1/2～2/3，丘陵占陆地面积的1/3～1/2；山地占全园面积的1/3～1/2；水面占全园面积的1/4～1/3。平地是指坡度比较平缓的地。它便于群众开展集体性的文体活动，利于人流集散并可形成开朗的园林景观，也是游人欣赏景色、游览休息的好地方，因此公园中都有较大面积的平地。在平地的坡度设计中，为了有利于排水，一般平地要保持0.5%～2%的坡度，除建筑用地基础部分外，绿化种植地坡度最大不超过5%。同时，为了防止水的冲刷，应注意避免同一坡度的坡面延续过长，而要有起有伏。园林中的平地按地面材料可分为土地面、沙石地面（可做活动用）、铺装地面（道路、广场、建筑地）和绿化种植地面。按使用功能可分为交通集散性广场、休息活动性广场、生产管理性广场。土地面可作为文体活动的场所，但在城市园林绿地中应力求减少裸露的土地面，尽量做到“黄土不露天”。沙石地面有天然的岩石、卵石或沙砾，视其情况可用作活动场地或风景游憩地。

绿化种植地面包括草坪，或在草地中栽植树木、花卉，或营造树林、树丛、花境供游人游憩观赏。坡地是倾斜的地面。因倾斜的角度不同可分为缓坡（8%～10%）、中坡（10%～20%）、陡坡（20%～40%）。坡地多是从平地到山地的过渡地带或临水的缓坡逐渐伸入水中。山地包括自然的山地和人工的叠石堆山。山地能构成山地景观空间，丰富园林的观赏内容，提供建筑和种植需要的不同环境，改善小气候，因此平原的城市园林绿地常用挖湖的土堆山。人工堆叠的山称为假山，它虽不同于自然风景中雄伟挺拔或苍阔奇秀的真山，但作为中国自然山水园林的组成部分，必须遵循自然造山运动、浓缩自然景观，这对于形成中国园林的民族传统风格有着重要作用。山地按材料可分为土山、石山（天然石山、人工石山）、土石山（外石内土的山或土上点石的山）。土山一般坡度比较缓（1%～33%），在土壤的自然安息角（30°左右）以内，占地较大，因此不宜设计得过高，可用园内挖出的土方堆置，且造价较低。

石山包括天然石山和人工塑山两种，它是以天然真山为蓝本，加以艺术提炼和夸张，用人工堆叠、塑造的山体形式。石材堆叠，可塑造成峥嵘、明秀、玲珑、顽拙等丰富多变的山景。利用山石堆叠构成山体的形态有峰、峦、岭、崮、岗、岩、崖、坞、谷、丘、壑、岫、洞、麓、台、蹬道等。石山坡度一般比较陡（50%以上），且占地较小。因石材造价较高，故不宜太高，体量也不宜过大。土石山有土上点石、外石内土（石包山）两种。土上点石是以土为主体，在山的表面适当位置点缀石块以增加山势，便于种植和建筑。这种山坡占地较大，不宜太高，它有土有石，景观丰富，以土为主，造价较低，因此，土上点石的山体做法可多运用。外石内土是在山的表面包了一层石块，它以石块挡土，因此坡可较陡。这种山坡占地较小，可堆得高一些。北京北海的琼华岛后山是我国现存最大、最宏伟而自然山色丰富的外石内土型假山，被园林专家赞美“其假山规模之大、艺术之精巧、意境之浪漫，不仅是全国仅有的孤本，也是世界上独一无二的珍品”。假山的堆叠讲究“三远”：高远，自下仰视山巅；深远，自山前麓看山后；平远，自近山望远山。假山可采用等高线设计法，其步骤为先定山峰位置，再画山脊线，定高度和高差，而后画等高线标高程，最后对其进行检查和修改。

2.置石与掇山

在园林中置石与掇山是我国园林艺术的特色之一，有“无园不石”之说。石有天然的轮廓造型，质地粗实而纯净，是园林建筑与自然环境间恰当的协调介质。我国地域辽阔，叠山置石的材料各不相同，应因地制宜，就地取材。常用的石类有湖石类、黄石类、卵石类、剑石类等，岭南园林中还广泛采用泥灰塑山。置石与掇山不同于建筑、种植等其他工程，由于自然的山石没有统一的规格与造型，设计除了要在图上绘出平面位置、占地大小和轮廓外，还需要联系施工或到现场配合施工，才能达到设计意图。设计和施工应观察掌握山石的特征，根据山石的不同特点来叠置。山石的设置方式可分三类：置石成景、整体构景和配合工程设施。

3.水景的设计

中国古典园林中的山水是密不可分的，掇山必须顾及理水，“水随山转，山因水活”。水与凝重敦厚的山相比，显得逶迤婉转，妩媚动人，别有情调，能使园林产生很多生动活泼的景观。如产生倒影使一景变两景：低头见云天，打破了空间的闭锁感，有扩大空间的效果，养鱼池可开展观鱼、垂钓活动，也可种植水生植物，增加水中观赏景物；较大的水面往往是城市河湖水系的一部分，可以用来开展水上活动，也可蓄洪排涝，提高空气湿度，调节小气候。此外，还可以用于灌溉、消防。从园林艺术上讲，水体与山体还形成了方向与虚实的对比，构成了开朗的空间和较长的风景透视线。

园林中创造的水体水景形式可多种多样。水体水景按形式可分为自然式水体水景、规则式水体水景和混合式水体水景。自然式水体水景是保持天然的或模仿天然形状的水体形式，包括溪、涧、河、池、潭、湖、涌泉、瀑布、叠水、壁泉；规则式水体水景是人工开凿成的几何形状的水体形式，包括水渠、运河、几何形水池、喷泉、瀑布、水阶梯、壁泉；混合式水体水景是规则与自然的综合运用。水体水景按水的形态可分为静水、动水。静水能给人以明洁、怡静、开朗、幽深或扑朔迷离的感受，包括湖、池、沼、潭、井；动水能给人以清新明快、变化多端、激动、兴奋的感觉，不仅给人以视觉美感，还能给人以听觉上的美感享受，包括河、溪、渠、瀑布、喷泉、涌泉、水阶梯等，如无锡寄畅园的八音涧、绍兴兰亭的曲水流觞。水体水景按水的面积可分为大水面和小水面。大水面可开展水上活动或种植水生植物；小水面仅供观赏。水体水景按水的开阔程度可分为开阔的水面和狭长的水体。水体水景按使用功能可分为可开展水上活动的水体和纯观赏性的水体。

园林中常见的水景有湖池、溪涧、瀑、泉、岛、坝等。湖池有天然、人工两种。园林中湖池多以天然水域略加修饰或依地势就低开凿而成，水岸线往往曲折多变。小水面应以聚为主，较大的湖池中可设堤、岛、半岛、桥或种植水生植物分隔，以丰富水中观赏内容及观赏层次，增加水面变化。堤、岛、桥均不宜设在水面正中，应设于偏隅之处，使水面有大小之对比变化。另外岛的数量不宜多且忌成排设置，形体宁小勿大，轮廓形状应自然而有变化。人工湖池还应该注意有水源及去向安排，可用泉、瀑作为水源，用桥或半岛隐藏水的去向。规则式水池有方形、长方形、圆形、抽象形及组合形等多种形式。水池的大小可根据环境来定，一般宜占用地的1/10～1/5，如有喷泉，应为喷水高度的2倍，水深为30～60cm。园林中的河流，平面不宜过分弯曲，但河床应有宽有窄，以形成空间上开合的变化，如北京颐和园后河，河岸随山势有缓有陡，使沿岸景致丰富。

自然界中，泉水由山上集水而下，通过山体断口夹在两山间的水流为涧，山间浅流为溪。习惯上“溪”“涧”通用，常以水流平缓者为溪，湍急者为涧。园林中可在山坡地适当之处设置溪涧，溪涧的平面应蜿蜒曲折，有分有合，有收有放，构成大小不同的水面或宽窄各异的水流。竖向上应有缓有陡，陡处形成跌水或瀑布，落水处还可构成深潭。多变的水形及落差配合山石的设置，可使水流忽急忽缓、忽隐忽现、忽聚忽散，形成各种悦耳的水声，给人以视听上的双重感受，引人遐想。

二、园林植物

园林植物是园林绿地中一个极为重要的组成要素。它是指在园林中有观赏、组景、分隔空间、装饰、蔽荫、防护、覆盖地面等用途的植物，包括木本和草本，要有形态美或色彩美，能适应当地的气候和土壤条件，在一般管理条件下能发挥园林植物的综合功能。而且这些植物经过选择、安排和种植后，在适当的生长年龄和生长季节中可成为园林中主要的观赏内容，有时还能产出一些副产品。

（一）园林植物种植设计的原则

自然界的植物素材，主要以树木、花、草为主，如果按生态环境条件，又可分为陆生、水生、沼生等类型。我国园林植物资源十分丰富，在园林中运用园林草坪、园林花卉、园林树木以及水生植物、攀缘植物等各种园林植物材料，须遵循科学性和艺术性两项原则。

1.科学性

园林植物种植的目的性明确，要符合绿地的性质和功能要求。园林植物的种植设计首先要从园林绿地的性质和主要功能出发。园林绿地的面积悬殊、性质各不相同，功能也就不一致了，具体到某一绿地的某一部位，也有其主要功能。同时，注意选择合适的植物种类，满足植物的生态要求（即适地适树），可突出当地植物景观的观赏特色，充分发挥它们的各种效能。此外，合理的种植密度直接影响绿化、美化效果。种植过密会影响植物的通风采光，导致植物的营养面积不足，造成植物病虫害易发及植株生长瘦小枯黄的不良后果，因此种植设计时应根据植物的成年冠幅来决定种植距离。如想在短期内就取得好的绿化效果，种植距离可减半，如悬铃木行道树间距本应为7～8m，在设计时可先定为3.5～4m，几年后可间伐或间移，也可采用速生材和慢长树适当配植的办法来解决，但树种搭配必须合适，要满足各种植物的生态要求。除密度外，植物之间的相互搭配也很重要。搭配得合理则绿化美化效果就好，搭配不好则会影响植物的生长，易诱发病虫害。如不能将海棠、梨等蔷薇科植物与桧柏种在一起，以避免梨锈病的发生。另外，在植物配置上速生与慢长、常绿与落叶、乔木与灌木、观叶与观花、草坪与地被等搭配及比例也要合理，这样才能保证整个绿地各种功能的发挥。

2.艺术性

种植设计与园林布局要协调。园林布局形式有规则、自然之分，要注意种植形式的选择应与园林绿地的布局形式协调，包括建筑、设施及铺装地。在设计中，还需考虑园林绿地四季景色随着大自然的季节变化而有变化。园林中，主要的构成因素和环境特色是以绿色植物为第一位，而设计要从四季景观效果考虑，不同地理位置、不同气候各有特色。中国长江流域四季常绿，花开周年。四季变化的植物造景，令游人百游不厌，流连忘返。如春天的桃花，夏天的荷花，秋天的桂花，冬天的梅花，是杭州西湖风景区最具代表性的季节花卉。在植物种植设计时还应根据园林植物本身具有的特点，全面考虑各种观赏效果，合理配置。如观整体树形或花色的植物可布置得距游人远一点；而观叶形、花形的植物可布置在距游人较接近的地方；淡色开花植物近旁最好配以叶色浓绿的植物，以衬托花色。有香味的植物可布置在游人可接近的地方，如广场、休息设施旁。在植物种植设计中还须重视总体效果，包括平面种植的疏密和轮廓线、竖向的树冠线、植物丛中的透景线、景观层次与建筑的关系变化等空间观赏效果。

（二）园林植物种植设计的要点

园林中植物造景的素材，无非是常绿乔木、落叶乔木、常绿灌木、落叶灌木、花卉、草皮、地被植物，再有就是水生植物、攀缘植物等主要种类。其中，陆地植物造景是园林种植设计的核心和主要内容。在园林设计过程中，首先要有整体观点。以公园为例，全园的植物造景，要从平面布局的块状、线状、散点、水体等角度统筹安排，要利用各种的种植类型，创造出四时烂熳、景观各异、色彩斑斓、引人入胜的植物景观。

三、园路及园林铺装

园路及园林铺装作为园林的脉络，是联系各景区、景点的纽带，是园林绿地中游人使用率最高的设施，在园林中起着极其重要的作用，直接影响游人的赏景和集散。

（一）园路

园路（游步道）是构成园景的重要因素。它有引导游览、组织交通、划分空间、构成景色、为水电工程创造条件、方便管理等作用。

（二）台阶

台阶是为解决园林地形高差而设置的。它除了具有使用功能外，由于其富有节奏的外形轮廓，还具有一定的美化装饰作用，构成园林小景。台阶常附设于建筑入口、水边、陡峭狭窄的山上等地，与花台、栏杆、水池、挡土墙、山体、雕塑等一起形成动人的园林美景。台阶设计应结合具体的环境，尺度要适宜。舒适的台阶尺寸为踏面宽30～38cm，高度10～17cm。如杭州望湖楼前的台阶、日本东京某植物园内的台阶、杭州灵峰探梅笼月楼前的台阶。

（三）园桥及汀步

园桥是跨越水面及山涧的园路，汀步是园桥的特殊形式，也可看作点（墩）式园桥。园林绿地中的桥梁，不仅可以连接水两岸的交通，组织导游，而且可以分隔水面，增加水面层次，影响水面的景观效果，甚至还可以自成一景，成为水中的观赏之景。因此园桥的选择和造型好坏，往往直接影响园林布局的艺术效果，如日本东京大学植物园内的汀步和南京瞻园的汀步。

（四）园林广场

广场即是园路的扩大部分。园林广场有组织交通、集散游人、方便管理，为游人提供休息、社交、锻炼等活动场所的作用。

四、园林建筑

园林建筑是园林中建筑物与构筑物的统称。它的形式和种类很多，在园林中形成了丰富多彩的景观。

（一）园林建筑的形式

园林建筑的形式和类型很多，按使用功能可分为游憩性建筑、服务性建筑、公用性建筑和管理性建筑。游憩性建筑又分为科普展览建筑、文体娱乐建筑和游览观光建筑、售票房等。公用性建筑指厕所、电话通信设施、饮水设施、供电及照明设施、供水及排水设施、停车处等。管理性建筑指大门、办公室、仓库、宿舍、变电室、垃圾处理站等。

（二）园林建筑的特征

园林建筑有较高的观赏价值，富有一定的诗情画意，空间变化多样，与环境结合巧妙，具有适宜的使用功能。

五、园林小品

（一）园林小品的形式

园林小品是指园林中体量小巧、数量多、分布广、功能简明、造型别致，具有较强装饰性且富有情趣的精美设施。它包括两方面内容：第一，园林的局部和配件，包括花架、景墙、雕塑、花台、园灯、水池、果皮箱、园桌、园椅、栏杆、导游牌、宣传牌等；第二，园林建筑的局部和配件，包括园门、景窗、花格等。

（二）园林小品的特征

小巧、美观，能烘托环境是园林小品的特征。不同的园林小品有各自的使用功能。

（三）园林小品的设计

1.花架

花架是指供攀缘植物攀爬的棚架。它造型灵活、富于变化，可供游人休息、赏景，还可划分空间，引导游览，点缀风景。它是园林中与自然结合最密切的构筑物之一。花架的形式有点式（单柱、多柱）、廊式（单臂、多臂），或可分为直线形、曲线形、闭合形、弧形或单片式（花格栏杆或墙）、网格式等。花架可独立设，也可与亭、廊、墙等组合设置。一般设在地势平坦处的广场边、广场中、路边、路中、水畔等处。点状似亭，线状似廊，材料取竹、木、钢、石、钢筋混凝土等。在设计花架的形式时要注意与周围建筑和绿化的风格统一，廊式花架要注意转折结构的合理性，花架的比例尺度要适当。因与山水田园风格不尽相同，在我国传统园林中较少采用花架，但在现代园林中融合了传统园林和西洋园林的诸多技法，因此花架这一小品形式在现代造园艺术中为园林设计者所乐用。

2.园墙

园林中的墙有围界及分隔空间、组织游览路线、衬托景物、遮蔽视线、遮挡土石、装饰美化等作用，是重要的园林空间构成要素之一。它与山石、花木、窗门配合，可形成一组组空间有序、富有层次、虚实相衬、明暗变化的景观效果。园墙按功能可分为围墙，设定空间范围，在院、园的周边：景墙，作为对景、障景，或分隔空间用，在广场中、风景视线端头或两区（空间）的交界处，挡土墙，作挡土用，防止山坡下滑，用在土坡旁。围墙、景墙按造型特点又可分为普通墙、云墙、梯形墙和花格墙、漏花墙。

园墙一般采用砖、毛石、竹、预制混凝土块等材料。砖墙上可粘贴各种贴面材料，如烧瓷壁画、石雕贴片等。砖墙厚度为224cm、37cm，毛石墙厚度为40cm左右。围墙设置时应注意，一是北方地区基础要在冻土线以下；二是景墙的端头可用山石、树木做隐蔽处理，不使其显得突兀。

3.栏杆

栏杆在园林中除本身具有一定的安全防护、分隔功能外，也是组景中一种重要的装饰构件，起美化作用，坐凳式栏杆还可供游人休息。

4.景门

景门在园林建筑设计中具有进出交通及组景作用，它可形成园林空间的渗透及空间的流动，具有园内有园、景外有景、变化丰富的意境效果。景门可分为曲线型、直线型和混合型。曲线型主要指月洞门、汉瓶门、葫芦门、梅花门等。直线型主要指方门、八方门、长八方门等。混合型则以直线型为主体、在转折部位加入曲线段进行连接或将某些直线变为曲线。景门设计时应注意位置的安排，要方便导游并能形成好的框景效果。形式的选择应结合意境，综合考虑建筑、山石和环境配置等因素，务求协调。门宽不窄于0.7m，高度不低于1.9m。

5.景窗

景窗在建筑设计中除具有采光、通风的功能作用外，还可把分隔开的相邻空间联系起来，形成园林空间的渗透。另外，景窗还是园林中重要的观赏对象及形成框景、漏景的主要构造。景窗可分为空窗（什锦窗）、漏花窗两类。漏花窗又分花纹式和主题窗。景窗的设计尺寸为0.3m×0.5m或0.3m×0.6m。花纹式景窗主要采用瓦、木、铁、砖、预制钢筋混凝土块等材料，主题式景窗主要采用木、铁等材料。景窗设计要注意尺度，一定要与所在建筑物相关部分的尺度协调。主题式漏花窗应与建筑物的意境内容相适应。

6.园椅及园桌凳

园林座椅及园桌凳除具有供游人休息的功能外，还有组景、点景的作用。造型优美、使用舒适的园椅及园桌凳，能使游人充分地享受游览园林的乐趣。园椅及园桌凳一般设在铺装地边、水边及建筑物附近的树阴下，最好既可观赏风景，又可安静休息，夏能蔽阴，冬能避风。园凳形式各种各样，有铁架园椅、木板坐凳、石桌凳等许多种类。

7.园灯

园灯在园林中也是一种引人注目的小品，白天可起雕塑作用装点园景，夜晚的照明功能可充分发挥指示和引导游人的作用，同时可突出主要景点，丰富园林的夜色。

8.导游牌

导游牌是园林中指引游人顺利游览必不可少的设施。除了导游作用外，设计精美的导游牌还能起到点景的作用。导游牌一般设在入口广场上、主要景点的建筑旁及交叉路口。导游牌的造型及形式可灵活多样，山石、岩壁均可作为导游牌的底牌，现代大型园林还引用了触摸式电脑导游装置。

9.花坛

花坛是现代园林中运用最广泛的小品形式之一，在园林中主要起点缀作用，有时甚至能成为局部空间的主景。花坛按布局形式可分为规则式和自然式；按平面组合可分为单体（各种几何形）和组合体（几个几何体的错落叠加）；按建造地点可分为建于地面上的和建于墙上或隔栏上的。花坛一般布置在入口处两侧及对景处广场上（中、边角）、道路端头对景处建筑旁等。花池一般采用砖、天然石、混凝土及各种表面装饰材料，它的体量及平面形式应与环境协调，单体宽度不小于30cm。

10.雕塑

园林中的雕塑主要是指具有观赏性的装饰性雕塑，除此之外，还有少量纪念性雕塑、主题性雕塑。园林中的雕塑题材广泛，可点缀风景，丰富游览内容，给游人以视觉上和精神上的享受。抽象雕塑还能使人产生无限的遐想。一般采用金属（铜、不锈钢等）、石、水泥、玻璃钢等材料。雕塑按功能可分为纪念性雕塑、主题性雕塑和装饰性雕塑；按形式可分为圆雕和浮雕，均有具象、抽象之分；按题材可以分为人物雕塑、动物雕塑、植物雕塑、金属雕塑、器物雕塑等自然界有形之体。

雕塑可配置于规则式园林的广场上、花坛中、道路端头、建筑物前等处，也可点缀在自然式园林的山坡、草地、池畔或水中等风景视线的焦点处，与植物、岩石、喷泉、水池花坛等组合在一起。园林雕塑的取材与构思应与主题一致或协调，体量应与环境的空间大小比例恰当，布置时还要考虑观赏时的视距、视角、背景等问题。布置动物类雕塑时，可将基座埋于地下，以取得更好的效果。

第六章　园林绿化工程项目管理分析

第一节　园林工程的内容及绿化工程的发展

一、园林工程的主要内容

园林工程设计是综合考虑艺术、生态、技术等各个层面，研究风景园林建设的工程技术和造景技艺的一门学科。其研究范围包括工程原理、工程设计、施工技术以及施工管理等。风景园林工程以市政工程原理为基础，以园林艺术理论、生态科学为指导，目标是将设计思想转化为物质现实，在创造优美景观的同时，不仅要兼顾功能和技术方面的要求，而且要尽可能降低造价、便于管理，满足可持续发展的要求。它是集建筑掇山、理水、铺地、种植、供电为一体的大型综合的和系统性的工程。这一系统工程的重点是应用工程技术的手段，本着可持续发展的观念构筑城市生态环境体系，为人们创建舒适优美的休闲游憩及生活的空间。园林工程的内容包括以下几个方面：土方工程、园林给排水与污水处理工程、水景工程、铺装工程、假山工程和绿化工程。下面将对每一个要点进行简要的概述。

（一）土方量计算

土方量计算一般根据附有原地形等高线的设计地形图来进行，但通过计算，有时反过来又可以修订设计图中的不足，使图纸更完善。土方量的计算在规划阶段无须过分精确，故只需估算，而在作施工图时，土方工程量就需要较精确的计算。

（二）园林给排水与污水处理工程

园林给排水与污水处理工程是园林工程中的重要组成部分之一，必须满足人们对水量、水质和水压的要求。园林给排水工程主要包括园林给水工程和园林排水工程。水在使用过程中会受到污染，故必须对污水进行处理。而完善的给排水工程及污水处理工程对园林建设及环境保护具有十分重要的作用。

1.园林给水

园林给水分为生活用水、生产用水及消防用水。给水的水源，一是地表水源，主要是江、河、湖、水库等，这类水源的水量充沛，是风景园林中的主要水源；二是地下水源，如泉水、承压水等，在选择给水水源时，首先应满足水质良好、水量充沛、便于防止污染的要求。最理想的是在园林附近直接从就近的城市给水管网系统接入，如附近无给水管网则优先选用地下水，其次才考虑使用江、河、湖、水库的水。给水系统一般由取水构筑物、泵站、净水构筑物输水管道、水塔及高位水池等组成。给水管网的水力计算包括用水量的计算，一般以用水定额为依据，它是给水管网水力计算的主要依据之一。给水系统的水力计算就是确定管径和计算水头损失，从而确定给水系统所需的水压。给水设备的选用包括对室内外设备和给水管径的选用等。

2.园林排水

（1）排水系统的组成

污水排水系统由室内卫生设备和污水管道系统、室外污水管道系统、污水泵站及压力管道、处理污水的构筑物与排入水体的出水口等组成。

雨水排水系统由景区雨水管渠系统、出水口、雨水口等组成。

（2）排水系统的形式

污、雨水管道在平面上可布置成树枝状，并顺地面坡度和道路由高处向低处排放，应尽量利用自然地面或明沟排水，以减少投资。常用的形式如下：利用地形排水，通过竖向设计将谷、涧、沟、地坡、小道顺其自然适当加以组织，划分排水区域，就近排入水体或附近的雨水干管，可节省投资，利用地形排水、地表种植草皮，最小坡度为0.5%；明沟排水主要指土明沟，也可在一些地段视需要砌砖、石、混凝土明沟，其坡度不小于0.4%；管道排水，将管道埋于地下，有一定的坡度，污水通过排水构筑物等排出。

在我国，园林绿地的排水主要以采取地表及明沟排水为宜，局部地段也可采用暗管排水作为辅助手段；采用明沟排水应因地制宜，可结合当地地形因势利导；为使雨水在地表形成的径流能迅速疏导和排除，但又不会由于流速过大而冲蚀地表土导致水土流失，在进行竖向规划设计时应结合理水综合考虑地形设计。

3.园林污水的处理

园林中的污水主要有生活污水、降水。风景园林中所产生的污水主要是生活污水，因而含有大量的有机质、细菌等，有一定的危害。污水处理的基本方法有物理法、生物法，化学法等，这些污水处理方法常需要组合应用。沉淀处理为一级处理，生物处理为二级处理，在生物处理的基础上，为提高水质再进行化学处理称为三级处理。目前国内各风景区及风景城市，一般污水通过一、二级处理后基本上能达到国家规定的污水排放标准。三级处理适用于排放标准要求特别高（如作为景区水源一部分时）的水体或污水量不大时。

（三）水景工程

水景工程包括小型水闸、驳岸、护坡和水池工程、喷泉等。古今中外，凡造景，无不涉及水体，水是环境艺术空间创作的一个主要因素，可借以构成各种格局的园林景观，艺术地再现自然。水有四种基本表现形式：一为流水，其有急缓、深浅之分；二为落水，水由高处下落则有线落、布落、挂落、跌落等，可潺潺细流、悠然而落，亦可奔腾磅礴、气势恢宏；三是静水，平和宁静、清澈见底；四则为压力水，喷、涌、溢泉、间歇水等表现出一种动态美。用水造景，动静相补，声色相衬，虚实相映，层次丰富，得水以后，古树亭榭、山石形影相依，会产生一种特殊的魅力。水池、溪涧、河湖、瀑布、喷泉等水体往往又给人以静中有动、寂中有声、以少胜多、发人联想的强感染力。

（四）铺装工程

着重在园路的线形设计、园内的铺装、园路的施工等。园路既是交通线又是风景线，园之路，犹如脉络，既是分隔各个景区的景界，又是联系各个景点的“纽带”，具有导游、组织交通、划分空间界面、构成园景的艺术作用。园路分主路、次路与小径（自然游览步道）。主园路连接各景区，次园路连接诸景点，小径则通幽。

在园路工程设计中，道路平面线形设计就是具体确定道路在平面上的位置，依据勘测资料和道路性质等级要求以及景观需要，定出道路中心位置，确定直线段，选用平曲线半径，合理解决曲直线的衔接等，以绘出道路平面设计图。道路纵断面线型设计主要是确定路线合适的标高，设计各路段的纵坡及坡长，保证视距要求，选择竖曲线半径，配置曲线、确定设计线，计算填挖高度，定桥涵、护坡、挡土墙位置，绘制纵断面设计图等。

在风景旅游区等地的道路，不能仅仅看作是由一处通到另一处的旅行通道，而应当看作是整个风景景观环境的不可分割的组成部分，所以在考虑道路时，要用地形地貌造景，利用自然植物群落与植被，营造出生态绿廊的景观效果。

道路的景观特色还可以利用不同类型品种的植物在外观上的差异及其乡土特色，通过不同的组合和外轮廓线的修剪造型，产生良好的景观识别效果。同时，尽可能将园林中的道路布置成“环网式”，以便组织不重复的游览路线和交通导游。各级园路回环萦绕，收放开合，藏露交替，使人渐入佳境。园路路网应有明确的分级，园路的曲折迂回应有构思立意，应做到艺术上的意境性与功能上的目的性有机结合，使游人步移景异。风景旅游区及园林中的停车场应设在重要景点进出口边缘地带及通向尽端式景点的道路附近。同时，也应按车辆的不同类型及性质分别安排停车场地，其交通路线必须明确。在设计时综合考虑场内路面结构、绿化、照明、排水及停车场的性质，配置相应的附属设施。园路的路面结构从路面的力学性能出发，分为柔性路面、刚性路面及庭院路面。

园林铺地是我国传统园林技艺之一，而如今也得以创新与发展。它既有实用要求，又有艺术要求，主要是用来引导和用强化的艺术手段组织游人活动，表达不同主题立意和情感，利用组成的界面功能分割空间、格局和形态，强化视觉效果。一般说来，铺地要进行铺地艺术设计，包括纹样和图案设计、铺地空间设计、结构构造设计、铺地材料设计等。常用的铺地材料分为天然材料和人造材料，天然材料有青（红）山岩、石板、卵石、碎石、条（块）石、碎大理石片等；人造材料有青砖、水磨石、斩假石、本色混凝土、彩色混凝土、沥青混凝土等。

（五）假山工程

假山工程包括假山的材料和采运方法、置石与假山布置、假山结构设施等。

1.假山和置石

假山工程是园林建设的专业工程，人们通常所说的“假山工程”实际上包括假山和置石两部分。我国园林中的假山技术是以造景和提供游览为主要目的，同时还兼有一些其他功能。假山是以土石等为材料，以自然山水为蓝本并加以艺术提炼与夸张，用人工再造的山水景物。至于零星山石的点缀则称为“置石”，主要表现山石的个体美或局部的组合。假山的体量大，可观可游，使人们仿佛置身于大自然之中，而置石则以观赏为主，体量小而分散。

假山和置石首先可作为自然山水园的主景和地形骨架，如南京瞻园、上海豫园、扬州个园、苏州环秀山庄等采用突出构筑物主体方式的园林，皆以山为主、水为辅，建筑处于次要地位甚至仅作点缀。其次可作为园林划分空间和组织空间的手段，常用于集锦式布局的园林，如圆明园利用土山分隔景区，颐和园以仁寿殿西面土石相间的假山作为划分空间和障景的手段。

另外，可运用山石小品作为点缀园林空间和陪衬建筑、植物的手段。假山还可平衡土方，叠石也可作驳岸、护坡、汀步和花台、室内外自然式的家具或器设，如石凳、石桌、石护栏等，它们将假山的造景功能与实用功能巧妙地结合在一起，成为我国造园技术中的优秀传承技艺。假山因使用的材料不同，分为土山、石山及土、石相间的山。常见的假山材料有：湖石（包括太湖石、房山石、英石等）、黄石、青石、石笋（包括白果笋、乌炎笋、慧笋、钟乳石笋等）以及其他石品（如木化石、松皮石、石珊瑚等）。

2.塑山

在传统灰塑和假山的基础上，运用现代材料如环氧树脂、短纤维树脂混凝土、水泥及灰浆等，创造了塑山工艺。塑山可省采石、运石之工程，造型不受石材限制，且有工期短、见效快的优点，但使用期短是其最大的缺陷。

（六）绿化工程

绿化工程包括乔灌木种植工程、大树移植，草坪工程等。在进行栽植工程施工前，施工人员必须通过设计人员的设计交底以充分了解设计意图，理解设计要求，熟悉设计图纸，故应向设计单位和工程甲方了解有关信息，如：工程的项目内容及任务量、工程期限、工程投资及设计概（预）算、设计意图、施工地段的状况、定点放线的依据、工程材料来源及运输情况，必要时应进行现场调研。在完成施工前的准备工作后，应编制施工计划，制定出在规定的工期内费用最低的安全施工的条件和方法，优质、高效、低成本、安全地完成其施工任务。

二、园林绿化工程的概念及发展

（一）园林绿化工程的概念

在有限的区域内，通过工程技术和艺术手段来改造地表的地形地貌（如筑山、理水、叠石、种植花草树木、营造建筑、布置园路等），人工创作具有美感的自然环境，就称为园林。由于绿色植物具有以下几个优点：吸收二氧化碳，放出氧气，净化空气；在一定程度上能够降低空气污染，比如吸附尘埃、吸收有害气体等；能够改善一定区域内的气候环境，如调节空气的温度、湿度、可见度等；还有减弱噪声和防风、防火等防护作用；在心理上和精神上对人有巨大的益处。以工程技术和艺术手段来营造园林的过程被称为园林绿化工程。

园林可以从不同的角度去分类，常见的分类有两种：第一种是从分布方式上进行分类，第二种是从开发方式上分类。从分布方式上分类，园林可以被分为规则式、自然式和混合式。意大利宫殿、凡尔赛宫、中国的皇家园林代表了规则式园林，规则式园林又称整形式、建筑式、几何式、对称式园林，园林美感特点突出表现为人为控制下的、具有自然与人文特色的几何图案美。与规则式园林相对的是自然式园林，自然式园林又称为风景式、不规则式、山水园林等，中国古代的私家园林如苏州园林、岭南园林等是典型的自然式园林。把规则式园林与自然式园林进行搭配，不论这两种园林搭配比例如何，两者搭配的结果就形成了混合式园林，混合式园林因此兼具规则式和自然式的特点，现代的建筑群绿化就是混合式园林的典型应用。

从园林的具体开发方式上，也就是园林产生的基础方式上说，园林又可分为自然园林和人工园林。自然园林就是在自然风景的基础上，修整路径、营造建筑，园林以自然景色为基础，把人居融入自然。自然园林中，人工因素非常少可以忽略不计，如我国各个具有优美风景的自然保护区，西安市南面的秦岭自然保护区就属于自然园林。与自然园林相对的是人工园林，顾名思义，人工园林是把人工造景、植树造林作为基本手段而形成的园林，如现代年轻城市中的各类公园、游园等。结合西安市的区域特征、历史文化、发展进度等因素，这两类园林均有明显的体现，如长安区的秦岭属自然园林，临潼区的华清池属于自然园林与人工园林的结合，各住宅小区属人工园林。

随着人口不断地向城市集中，城市的规模越来越大，建筑的密度越来越高，车辆保有量越来越大，城市污染越来越严重。在这种大背景下，园林的绿化净化作用就突显出来，城市绿化的发展成为改善城市环境的重要手段，城市的绿化水平成为城市文明建设的重要指标。

（二）园林绿化工程的作用和意义

人类与环境的关系是每个时代都应反思的，诚然人类的生存发展离不开环境，人对自然的改造处处体现着人的主动性，但是当没有了自然环境后，人类又如何生存呢?城市是现代人类集聚的场所，城市的发展更不能离开环境，脱离了自然环境的城市是不存在的。改革开放以来，我国城市规模不断扩大，各种城市发展理念不断出现，在反思了人类生存与自然环境的关系后，园林绿化对城市发展的重要性就体现出来。城市园林绿化的作用体现在两个方面：一方面体现在其自然特性上，另一方面体现在人文特性上。

城市的绿色主体是城市的绿地系统，绿色植物为人类的发展带来机会，是人类生存的基本保障，是古代文明发展的基石，是人类精神文明进步的伴侣。城市绿地系统具有以下五个方面的作用：一是净化空气，绿色植物能够释放氧气，吸收二氧化碳等有害的气体；二是调节城市区域气候，植物叶面的吸热效应、蒸腾作用，能减少阳光对地面的加热效应；三是减弱噪声，城市属于人口聚居区，各类城市噪声令城市长期处于烦躁之中，园林绿化会使噪声波出现散射、减弱的情况，所以城市绿地能大大减轻城市噪声污染；四是美化城市环境，绿色植物的增多能够为居住其中的人类带来生活的美感，让城市建造于大自然之中，让城市与自然体现和谐之美；五是其他作用，城市绿地对于防水土流失、防风、防雪、防火等均有一定的积极作用。

在人文特性上，城市园林绿化能体现一个城市、一个国家、一个民族的人文理念、文化素养和艺术水平，城市园林绿化也能从侧面反映出城市经济发展的层次。古巴比伦空中花园被誉为世界八大奇迹之一，它就反映出古巴比伦文明在当时社会的先进程度——先进的建造技术、水利工程的水平和社会上层阶级的审美理念。城市园林绿化不断地追求着城市与自然的和谐，人居环境与人类社会的共处，使人文历史景观寄存于绿色园林之中。

园林绿化是城市建设的一小部分，但是它却对城市的建设起到不可替代的作用。在建设绿色社会过程中，园林绿化建设是相较其他建设更具经济性的方式，是生态社会建设最直接的方式，是美化人居环境最积极的手段。城市基础设施建设的一个重要方面是园林绿化建设，园林绿化建设是促进城市生态文明发展的重要手段，对市民而言具有普遍服务性和公益性。城市园林绿化是城市发展模式转变的一个必然方向，与城市的幸福感有着极为紧密的联系，它一定会成为资源节约型、环境友好型、可持续发展型城市的基础。建设资源节约型、环境友好型、可持续发展型城市，就是将园林绿化原来的不关注环境效益、不关注土地资源、不关注持续改进的发展模式转变成为提高城市园林绿化的经济效益、增加土地资源利用率、全面和谐共处的发展模式。园林绿化不但增强了城市的综合承载能力，还为城市居民提供了优美的生存环境。园林绿化是城市发展的生态保障，对城市文明发展、可持续发展有着积极的作用和意义。

（三）城市园林绿化工程的发展情况

纵观古今中外园林绿化的发展情况，不论是古巴比伦的空中花园，还是我国古代皇家园林的巅峰之作——颐和园，又或是当代各种形式的城市公园，我们可以非常清晰地看到，社会经济发展是园林绿化发展的前提，城市园林绿化的发展与城市规模大小、居住人口特征、人文理念、经济发展水平息息相关。

据《2016中国绿色发展指数报告》显示：全国各省的绿色建设水平在不断提高，绿化建设前景较好；全国绿色建设水平不均衡，有明显的区域差异，东南部水平高，西部居中游，中部地区和东北地区水平较低；大多数地区绿色建设的增长水平与绝对水平呈现反向关系，有利于缩小省际差异，但一些省仍要警惕低水平陷阱；全国各省绿化建设水平的提高，则主要是由该省的经济增长水平和政府的政策倾向来确定。

当前时期，我国城市园林绿化的投资主要分为三类：第一类是政府市政园林投资，主要用于市政公共区域的绿化建设和养护工作，如道路绿化、城市公园等；第二类是房地产开发项目内的园林绿化投资，随着经济发展居民对房产小区的绿化水平要求逐步提高，园林绿化景观的效果对房价的浮动有着明显影响作用；第三类是各企事业单位自身的绿化投资，企事业单位在其办公区域内有计划、有针对性地开展绿化建设，创造了优美健康的绿色办公环境。

第二节 园林绿化工程项目管理分析

一、园林绿化工程项目进度管理

进度，英文称为Schedule，指项目活动在时间上的排列，强调的是一种工作的进展以及对工作的协调和控制。对于进度，通常还常以其中的一项内容——“工期”来代称，讲工期也就是讲进度。只要是项目，就有一个进度问题。项目进度管理的主要内容是项目进度计划编制和项目进度计划控制。项目进度计划编制是项目进度控制的前提和依据，是项目进度管理的主要内容。

（一）园林绿化工程项目进度计划的编制过程

1.用工作分解结构表述园林绿化工程项目范围与活动

在编制项目进度计划时，应首先对园林绿化工程项目的范围与活动进行定义，即确定项目各种可交付成果需要进行哪些具体工作。工作分解结构就是将项目按照其内在结构或实施过程的顺序进行逐层分解，把主要的可交付成果分解成较小的并易于管理的小单元。通过工作分解结构，使项目一目了然，项目的范围和活动变得明确、清晰、透明，便于观察、了解和控制整个项目。

2.园林绿化工程项目的排序及责任分配

园林绿化工程项目排序首先必须识别出各项活动之间的先后依赖关系。园林绿化工程项目活动的逻辑关系主要有两种：一是因活动内在客观规律、工艺要求、场地限制、资源限制、作业方式等引起的强制性依赖关系，是工作活动之间本身存在的，无法改变的逻辑关系。如种植工序的定点、挖穴、栽植，园路工程的道路放线、地基施工（填挖、整平、碾压夯实）、垫层施工（垫层材料的铺垫、刮平、碾压夯实）、基层施工、面层施工等都是无法改变逻辑的强制性依赖关系。二是人为组织确定的先后关系，一般按已知的“最好做法”或优先逻辑来安排。

强制性依赖关系的活动，通常是不可调整的，确定起来较为明确；对于无逻辑关系的那些工作活动，由于其工作活动先后关系具有随意性，常常取决于项目管理人员的知识和经验。

园林绿化工程需要项目角色和职责分派，以使工程项目职责分明、沟通有效。工作责任分配以工作分解结构表为依据，形成工作责任分配表。

3.园林绿化工程项目的时间估算

项目时间估算是指在一定条件下，预计完成各项工作活动所需的时间长短，是编制项目进度计划的一项重要的基础工作。若工作活动时间估计的太短，则会造成被动紧张的局面；估计太长，就会使整个工程的工期延长。因此园林绿化工程项目在时间估算时要充分考虑项目要求标准高低、项目难易程度、项目活动清单、合理的资源要求、人员能力、环境及风险因素等对项目的影响。

4.园林绿化工程项目进度计划的编制

园林绿化工程项目进度计划编制方法主要有甘特图、里程碑计划、关键路线法、图表评审技术、计划评审技术、工期压缩法、模拟法、启发式资源平稳法和项目管理软件。

5.园林绿化工程项目进度计划的弹性编制

园林绿化工程项目的苗木栽植具有较强的季节性、时间性，需把握栽植的季节与时节，在适宜栽植的季节种植，弹性可少一些；在非适宜的栽植季节种植，就需等待相对适宜的栽植时点，进度计划的弹性就要大一些。

园林绿化工程项目的土建施工，特别是土壤置换，受制于天气，多雨的季节弹性应考虑要大一些；晴朗、无雨季度进度计划弹性可小一些。园林绿化工程项目为露天作业，不确定因素的较多，应充分重视项目进度计划的储备分析，考虑弹性的应急时间或缓冲时间。

（二）园林绿化工程项目进度控制

园林绿化工程项目的进度控制是指在园林绿化工程建设过程中，根据项目目标工期确定的总体进度计划、项目分解进度计划、具体进度计划付诸实施，在实施过程中经常检查实际进度是否按计划要求进行，对出现的偏差分析原因，针对原因采取措施纠正偏差，以维持项目的正常进行。

1.园林绿化工程项目进度检查与偏差分析

园林绿化工程项目进度的实施过程中，由于人力、设备、苗木供应和自然条件等因素的影响而使进度计划发生偏差。因此，在计划执行过程中，要及时收集实施过程的数据，并对计划的执行进行监测和控制。

2.园林绿化工程项目进度控制措施

园林绿化工程项目进度控制的措施主要包括组织措施、技术措施、合同措施、经济措施和信息管理措施等。

（1）组织措施

组织措施主要有：落实项目进度控制部门和人员，具体控制任务和管理职责分工；进行项目分解，建立编码体系；确定进度协调工作制度；对影响进度目标实现的干扰和风险因素进行分析；经常检查园林绿化工程项目进度的实施情况，通过对照、比较和分析，及时发现实施中的偏差，采取有效措施调整园林绿化工程项目进度计划，以保证工期目标顺利实现。

（2）技术措施

在园林绿化工程项目中，应充分考虑园林绿化栽培技术，确保园林植物成活率。技术是项目的重要生产要素，是否对技术进行管理及管理的程度如何，直接关系到项目的目标能否顺利实现。进行项目进度的目标控制很大程度上要通过技术来解决问题。因此在选用施工方案时，不仅应分析技术的先进性和经济合理性，还应考虑其对进度的影响。一般多考虑采用成熟、先进的技术来加快项目进度。

（3）合同措施

以合同明确规定进度要求，以合同措施来优选承包者、分包者或分项、分段发包，等等。合同措施是实际园林绿化工程中项目进度控制的有效方法。

（4）经济措施

经济措施重点是保证资金供应，保障工程进度正常进行。

（5）信息管理

信息管理是指对园林绿化工程项目实施过程进行监测、分析、反馈和建立相应的信息交流程序，持续地对项目全过程进行动态控制。

二、园林绿化工程项目质量管理

（一）质量管理

质量的概念分为广义和狭义两种。广义质量概念是指产品（劳务）或工作的优劣程度。狭义的质量则仅仅指产品（劳务）的质量。总的来说，质量的概念应该包括以下三方面的含义。

产品质量：产品质量即产品的使用价值，指产品能够满足国家建设和人们需要所具备的自然属性，一般包括产品的使用性、可靠性、安全性、经济性和使用寿命等。对园林绿化工程而言，产品质量是指符合设计文件规定和规范要求的项目施工结果。

工序质量：工序质量是指生产中人、机器、材料、方法和环境等因素综合起作用的过程质量，它表示生产过程能稳定生产合格产品的一种能力。产品的生产过程，也就是质量特性形成的过程。控制产品质量，就必须控制产品质量形成过程中影响质量的诸多因素。

工作质量：工作质量是指企业为了达到工程（产品）质量标准所做的管理工作、组织工作和技术工作的效率和水平，它包括经营决策工作质量和现场执行工作质量，涉及企业所有部门的所有人员，体现在企业的一切生产经营活动之中，并通过经济效果、生产效率、工作效率和产品质量，集中地体现出来。

质量管理是指确定质量方针、目标和职责，并通过质量体系中的质量策划、质量控制、质量保证和质量改进来使其实现的所有管理职能的全部活动。

1.质量管理的原则、基本程序与基础工作

（1）质量管理的原则

①以顾客为关注焦点。理解顾客当前与未来的需求，满足顾客要求并争取超越顾客的期望。②领导作用。领导者确立组织统一的宗旨及方向。领导能够将组织的宗旨、方向和内部环境统一起来，并创造使员工能够充分参与实现组织目标的环境，从而带领全体员工共同去实现目标。③全员参与。只有全员的充分参与，才能使全员的才干为组织带来收益。④过程方法。任何利用资源并通过管理，将输入转化为输出的活动，均可视为过程。将活动和相关的资源作为过程进行管理，可以更高效地得到期望的结果。⑤管理的系统方法。将相互关联的过程作为系统加以识别、理解和管理，有助于组织提高实现其目标的有效性和效率。在质量管理中采用系统方法，就是要把质量管理体系当成一个大系统，对组成质量管理体系的各个过程加以识别、理解和管理，以实现质量方针和质量目标。⑥持续改进。持续改进总体业绩是组织的一个永恒的目标。在质量管理体系中，持续改进是“增强满足要求的能力的循环活动”，只有坚持持续改进，组织才能不断进步。⑦基于事实的决策方法。正确有效决策是建立在数据和信息分析的基础上的，需要领导者用科学的态度，以事实或正确的信息为基础，通过合乎逻辑的分析，做出正确的决断。统计技术作为最重要的工具之一，可以为持续改进的决策提供依据。⑧互利的供方关系。组织与供方的相互依存的、互利的关系可增强双方创造价值的能力。

（2）质量管理的基本程序

质量管理的基本程序即PDCA循环，也就是计划（Plan）、执行（Do）、检查（Cheek）、处理（Aetion）这四个质量管理所必须遵循的阶段。

PDCA循环的四个阶段如下：第一阶段：计划阶段，也称P阶段，主要是在调查问题的基础上制定计划，计划内容包括制定目标、方针、活动过程、管理项目和制定完成任务的方法；为了达到这些目标，怎样干、干到什么程度都要在计划中予以明确，一般应有具体的数量化指标和可操作的措施。第二阶段：实施阶段，也称D阶段，主要是按照制定的计划去实施，落实计划中的各项措施。第三阶段：检查阶段，也称C阶段，就是检查计划的落实情况，找出存在的问题，肯定成功经验，对执行计划的结果进行检测和评定。第四阶段：处理阶段，也称A阶段，就是把实施、检查之后找出的问题进行处理，正确的要加以肯定，总结成文，纳入企业的标准体系中，形成制度、标准，保持下去，在以后的工作中执行；错误的做法要引以为戒，在以后的工作中避免犯同样的错误，对于在本次PDCA循环中没有解决或解决不彻底的问题要转入下一个PDCA循环中去解决。在每次循环中都不断赋予它新的内容，这样反复下去就会使工作不断改进和提高。如此周而复始地运转，从而达到质量管理的目的。

PDCA循环的八个具体步骤如下：第一步是分析现状，找出主要问题。就是对项目的管理、服务、质量状况进行分析，找出存在的问题。第二步是找出产生问题的各种原因。即在分析现状后，把对管理、服务、质量有影响的各种因素都罗列出来进行分析。第三步是找出主要影响因素。影响因素有主有次，只有抓住主要矛盾，解决关键环节问题，才可以得到改进和提高。第四步针对主要因素制定改进措施。主要影响因素确定后，就要制定有针对性的切实可行的改进措施。制定措施时必须明确，为什么要做（why）、做什么（what）、哪里做（where）、什么时候做（when）、谁来做（who）、如何做（how），也就是要把计划和措施具体化。第五步执行计划和措施。第六步检查结果。通过检查，把实施结果和计划进行比较和分析，总结成功的经验与失败的教训。第七步巩固措施和制定标准。对行之有效的措施要继续巩固制定成标准，形成规章制度。第八步将遗留问题转入下一个循环解决。在实施PDCA循环过程中，不可能一个循环就把所有问题都解决掉或解决彻底，对于遗留问题可转入下一个循环。

（3）质量管理的基础工作

质量管理的基础工作是质量教育工作、标准化工作、计量工作、质量信息工作、质量责任制。

①质量教育。质量管理是“以质量为中心，以人为本”的管理。质量的形成是通过人的具体工作完成的，工程质量的好坏，归根结底取决于员工队伍技术水平和管理水平。园林绿化企业质量教育的主要目的是：通过学习相关法律、法规、规章，不断增强全体员工的法制观念和质量意识，牢固树立“质量第一”的思想，使全体员工认识到园林绿化工程项目质量对于企业生存、发展的重要意义。通过学习，掌握国家强制性标准、规范、规程，确保园林绿化工程项目质量处于受控状态，保证项目工程质量和安全，满足功能需要。运用科学、先进的管理方法和技术，充分调动全体员工关心质量、参加质量管理的自觉性，通过培训，使员工熟悉质量管理的基本原理和有关的统计方法。不同对象，侧重不同。对于专业技术人员，着重于质量管理理论、方法及技术方面的教育；对于生产操作者，则应加强技术、技能培训以及质量管理知识、方法应用方面的教育；对于企业的管理者，还要加强质量管理基本理论及组织管理方法与技术业务等方面的教育。其中质量意识的教育，对于各种层次的对象都是一项经常性、长期性的教育内容。

②标准化工作。标准化工作可以使复杂的管理活动系统化、规范化、简单化，保证

质量控制管理能够高效、准确、连续不断地进行，是提高质量的重要手段。标准产生的基础，一是科学研究的新成就、技术进步的新成果同实践中取得的先进经验相结合，符合标准；二是上述成果和经验是经过分析、比较、选择后再加以综合的，因此，所总结的经验是带有普遍性和规律性的经验。标准化工作的基本任务是执行国家有关标准化的法律、法规，实施国家标准、行业标准、各地方标准，制定和实施企业标准并对标准的实施进行检查。

③计量工作。计量工作是指测量、试验、化验、分析等工作。计量就是一切凭事实、数据说话。数据是质量管理的重要基础，而数据的及时、准确、一致就要靠计量工作。如何及时收集到准确的数据是计量工作的首要任务。

④质量信息工作。影响质量的因素是多方面、错综复杂的。搞好质量管理，提高质量，关键要对来自各方面的影响因素有清楚的认识，因此质量信息是质量管理不可缺少的重要依据。要做好质量信息的搜集、整理、分析、处理、传递、汇总、储存、建档等工作，实行严格的科学管理，便于使用。

⑤质量责任制。质量责任制和经济责任制是分不开的，它是企业建立质量体系中不可缺少的内容。质量责任制要明确规定每个部门、每个员工在质量工作中的具体任务、职责和权限，做到事事有人管、人人有专责、工作有检查、考核有奖惩，形成一个严密的质量管理工作系统。

2.工程项目质量管理

工程项目的质量管理是指围绕项目质量所进行的指挥、协调和控制等活动。工程项目质量管理包括质量计划、质量保证、质量控制三个过程。它们共同的工具与技术包括流程图、排列图、因果分析图、控制图、统计抽样和标准差、实验设计等。

质量计划包括识别哪些质量标准和该项目相关并且确定如何满足这些标准。质量计划编制的依据包括质量方针、范围说明、产品描述、标准与规则等。常用的工具和技术有质量功能展开、成本效益分析、基准比较、流程图、实验设计等。

质量保证是指满足一个项目相关的质量标准的所有活动，并不断地改进。工作内容是制定科学可行的质量标准，建立和完项目质量管理体系。质量保证工作依据质量管理计划、质量测量指标、过程改进计划、工作绩效信息、批准的变更要求、质量控制度量结果、实施的变更请求、实施的纠正措施和操作定义，利用基准比较分析和质量审计、过程分析、实验设计等工具保证和提高产品质量，达到质量改进的目标。

质量控制是监督项目的具体结果，确定其是否符合相关的质量标准，并判断如何解决掉造成不合格结果的根源。要依据质量管理计划、质量测量指标、质量核对表、组织过程资产、工作绩效信息、批准的变更请求、可交付成果等来进行质量控制。进行质量控制时常用的工具和技术有因果图、控制图、流程图、直方图、排列图、趋势图、散点图、统计抽样、检查、缺陷补救审查。工程项目质量控制的结果有质量控制衡量、确认的缺陷补救、质量基准（更新）、推荐的纠正措施、推荐的预防措施、请求的变更、推荐的缺陷补救、组织过程资产（更新）、确认的可交付成果、项目管理计划（更新）。

（二）园林绿化工程项目质量管理

1.园林绿化工程项目质量管理不足

（1）项目规划、设计阶段质量管理不足

目前在园林绿化工程项目中仍大量存在“以经验管理代替质量管理”的现象，对质量管理领导重视不够，员工质量意识不强，欠缺质量管理体系或不按质量管理体系运作，主要表现如下。

①设计违背自然规律，忽视生态综合效益。违背园林绿化工程项目的自然规律，反季节栽种和逆境栽植，急功近利，不切实际地追求一口成林、立地成景；过分强调景观效果，追新求异，而忽视其生态效益。

②忽视因地制宜的原则。不深入了解绿化工程立地条件，不熟悉立地的气候特征、土壤理化性状、光照强度、湿度和空气等条件，不熟悉园林植物的共性，不清楚各种园林植物生物学生态学的特性，随意选择植物、树种。所选植物、树种往往因不适合场地生态环境的温度、湿度、光照、土壤和空气等环境因素，而生长不良或死亡。

③忽视乡土物种的运用。在园林绿化工程项目的植物配置设计中，忽视乡土树种的开发和利用，因缺乏对园林植物生态、习性的了解，而异地引种缺乏试验驯化过程，常导致外来植物生长不良，影响综合效果。特别是有些外来植物过冬困难，一次寒流，一次冰冻，就几乎全军覆灭。

④不遵循自然群落的发展规律，不重视模拟自然生态环境，没考虑自然群落内各种植物之间寄生关系、共生关系、附生关系、生理关系、生物化学关系和机械关系等，不会利用植物的互惠共生关系，不会规避植物、生物间的竞争关系，发挥不出群落的景观效果和生态效益。

⑤忽视园林植物多样性的运用。在设计中运用植物品种单一，容易引起病虫害大暴发，不能形成稳定的植物生态系统群落。

⑥对苗木市场行情缺乏了解。在园林绿化工程项目设计中，对苗木的市场行情缺乏了解，造成苗源紧张；在设计过程中盲目运用大规格的苗木，造成工程造价高；盲目堆砌小苗木，难出绿化效果。

⑦忽视与周围环境的协调。设计与周围环境脱节，忽视与周围环境的有机融合与和谐。

⑧设计不规范，会审走形式。园林绿化工程项目设计不遵守相关法律、法规，不遵循

相关标准、规范，随意性强；会审、评审以领导的喜好、主观意愿为判断标准。评审过程中往往重形式，走过场，对方案的可操作性、可行性和适用性等缺乏深入的研究和评审。

（2）项目施工阶段的质量管理不足

园林绿化工程项目因施工计划组织不合理，过程控制不到位，易造成重点部位有失控现象。这主要表现在：对图纸理解不透，施工过程中经常返工；地形处理欠周全考虑；土壤处理不到位；放线随意；苗木质量不过关，以次充好；施工中苗木挖掘、栽植、修剪、施肥、浇水等各个环节不按技术标准和技术规范操作，致使苗木生长不良或死亡，增加工程管护的难度、成本；缺乏科学的种植理念，对植物的生态习性没有充分的理解，没能适地、适时进行种植。

（3）管护质量管理层面

园林绿化工程项目管护不到位，将严重影响工程的质量。这主要体现在以下几方面：浇水不及时，导致树木成活率低；树木支架不牢，导致栽植树木歪斜，根系不能正常生长；不及时除草，导致绿地杂草丛生；打药治虫不及时，导致病虫害严重；修剪、施肥、中耕、松土不及时，导致苗木不长，成为小“老树”；对台风、干旱、洪涝、冰冻等灾害性天气预防不及时，措施不得力，而致损失惨重；对正常的损耗、人为的破坏、管理不到位。

2.园林绿化工程项目设计阶段的质量管理

设计是项目源头，是项目起点，是项目“先天质量”。园林绿化工程项目质量的优劣，首先取决于项目设计质量的优劣，取决于设计阶段的管理。设计阶段决定着工程建成后的使用功能和价值，也是影响工程项目质量的决定性环节。设计直接决定了施工计划的制订、材料的采购、工艺制定的难易、施工设备的种类和施工质量等级的高低等。

设计也是最重要的预防措施。工程项目设计中的预防是最有效的措施，在设计过程中，发现质量缺陷越早，付出的代价越小；反之，则相反。

设计是决定工程项目成本的主导因素。园林绿化工程项目成本的80%～90%取决于工程项目设计阶段，所以，在工程项目设计过程中，设法降低成本具有重要意义。园林绿化工程降成本主要在设计阶段的园建多少、园林苗木配置以及土壤处理上。

（1）园林绿化工程项目设计阶段的质量控制

明确设计的质量目标，园林绿化工程项目设计不管是自行设计还是外委设计都应根据“客户”要求、项目的性质和功能要求、项目的实际情况确定项目设计的质量目标，并在设计的各环节严格控制，确保项目设计质量目标的逐一实现；保证项目各部分设计符合园林绿化工程相关法律、技术法规、技术标准、设计规范、设计规程；抓好对关键过程、环节的设计控制；保证设计文件、图纸符合项目现场和施工的实际条件，满足施工的招投标要求，满足施工的要求。

（2）园林绿化工程项目设计基本原则

园林绿化工程项目设计质量控制，要遵循园林绿化工程设计基本原则。

①生态优先的原则。生态优先的原则强调园林绿化工程设计要尊重自然，强调乡土植物的运用，强调园林植物多样性，强调建立稳定、良性的生态循环系统，充分发挥园林植物的生态功能，保证生态效益最高。

②以人为本的原则。园林绿化工程项目的设计是为人而设计的，以人为本应当首先满足人作为使用者的最根本的需求，实现其为人服务的基本功能。因此，园林绿化工程设计必须符合人的心理、生理、感性和理性需求，把服务和有益于“人”的健康和舒适作为项目设计的根本，体现以人为本，满足项目观赏、游览、休憩、健身、娱乐、文化教育、安全防护、生态环境保护等方面的功能要求，体现为人服务的功能。

③艺术性原则。园林绿化工程的设计是功能性与艺术性的统一，既要满足植物与环境在生态适应上的统一，又要通过艺术构图原理体现出植物个体及群体的形式美，及人们欣赏时所产生的意境美。设计中艺术性的创造是极为细腻复杂的，需要巧妙地利用植物的形体、线条、色彩和质地进行构图，并通过植物的季相变化来创造瑰丽的景观，表现其独特的艺术魅力。

④节约原则。园林绿化工程以创造生态效益和社会效益为主要目的，但这并不意味着可以无限制地增加投入。任何一项园林绿化工程都有资金、人力、物力、土地等限制，须遵循经济性原则，在节约成本、方便管理的基础上，以最少的投入获得最大的生态效益和社会效益，提倡节约型园林绿化工程设计，以最少用地、最少用水、最少资金选择对周围生态环境最少干扰的绿化模式。节约型园林绿化设计强调从源头就开始最大限度地节约各种资源，提高资源利用率，减少能源消耗，并寻求以最少的人力、资源和能源投入，获取最大的生态、环境和社会效益。节约型园林绿化工程设计主要从节力、节水、节地、节土、节材、节能等方面体现。

（3）园林绿化工程项目设计要重视树种选择与配置

园林植物是园林绿化工程中最主要的构成要素，是维系生态平衡和美化环境的主体。园林绿化工程项目的观赏效果和艺术水平的高低，在很大程度上取决于园林植物的配置。园林绿化工程项目设计，关键是合理地进行园林植物配置，园林树木是园林植物中的木本植物，是项目设计的骨架，占据了园林绿地的绝大部分空间，因此要搞好园林植物的配置关键是要搞好园林树木的配置。园林树木的配置重点是要解决好两个问题，即树木种类的选择和配置方式的确定。

3.园林绿化工程项目施工阶段质量影响因素分析与控制

影响园林绿化工程项目施工阶段质量的因素主要有：人员（Man）、材料（Materials）、机械（Machine）、方法（Method）和环境（Environment），简称4M1E质量要素，对这五方面因素严格控制，是保证项目工程质量的关键。下面介绍前四项。

（1）人员因素

人员因素是影响园林绿化工程项目质量的最主要因素。人员包括直接、间接参加项目的决策人，项目经理，设计、管理、技术人员，承包、分包施工队伍人员，具体的操作人员以及与工程相关的人员。

人员因素不当表现在：管理人员决策失误、计划不周、指挥不当、控制协调不力、责任心不强、责任划分不清、技术水平差等；设计人员欠缺系统考虑，设计水平不高；操作人员质量意识差，图省事，忽视技术环节、流程，碰运气，不考虑种植苗木的成活与长势。

（2）材料因素

园林绿化工程项目的主要材料是苗木和苗木生长的土壤，其他材料包括路缘石、水管、砖、石材、撑木等。苗木和苗木生长的土壤是园林绿化工程项目质量控制的重点。加强对苗木与苗木生长的土壤的质量控制，是提高园林绿化工程项目质量的最重要保证。土壤是苗木生长的介质，为苗木生长提供必需的营养元素、水分和氧气，只有当土壤满足苗木生长的要求时，苗木才能成活、良好生长。苗木的现实形状是维系设计效果的最重要因素之一，苗木质量不好，后续的措施再到位，也可能种不活，更不可能达到设计效果。土壤失控的表现为：土层死板，建筑垃圾、废渣、废弃物多。苗木失控的表现为：以次充好，品种不对，干径、高度、土球大小、冠幅规格达不到要求，株形差，长势弱，有损伤，带病虫等。

（3）机械设备

园林绿化工程项目的机械设备主要是土方作业的挖掘机、翻斗车，种植大树的吊机、运输车，浇水的水车，修剪的高空作业车。重点是操作人员遵守操作规程，加强机械设备的维修、保养、管理，提高工作效率。机械设备失控表现为：维修、保养不充分导致施工中出现故障，机械使用效率低影响后序作业等。

（4）方法因素

园林绿化工程项目的方法因素包含整个项目周期内所采取的组织设计方案、技术方案、工序流程、组织措施等。其中苗木的种植流程是重点。

方法因素失控表现为：技术组织方案设计不周、技术交底不到位，工序方法选用及使用不当导致操作中出现问题，执行规范、规程不力，检查不及时，管理控制点设计不当、执行不到位等引起的苗木种植成活率不高、生长迟缓。

三、园林绿化工程项目成本管理

（一）成本管理概述

成本一般是指为了进行某项生产经营活动所产生的全部费用。项目成本是指项目从设计到完成（直至维护保养）全过程所耗用的各种费用的总和。项目成本管理是指在项目实施过程中，为了确保项目在成本预算内尽可能高效率地完成项目目标，使其所花费的实际成本不超过预算成本而对项目各个过程进行的管理与控制。

项目成本管理原则是：强化项目成本概念，追求项目成本最低的原则；健全原始统计工作，实施全面成本管理原则；层层分解的原则；科学管理、切实有效的原则。

工程项目成本管理是在保证满足工程质量、工期等合同要求的前提下，采取组织、经济、技术等措施，实现预定的成本目标，并尽可能地降低成本费用、实现目标利润、创造经济效益的一种科学管理活动。项目成本控制的主要对象及内容如下。

1.对项目成本形成的过程进行控制

项目成本控制必须贯穿整个项目管理的始终，对项目成本要实行全面、全过程控制。控制内容包括：设计阶段的成本控制、工程招投标阶段的成本控制、施工阶段的成本控制、后期管护阶段成本控制。

2.以项目的职能部门、施工单位和生产班组作为成本控制的对象

成本控制的具体内容是日常发生的各种费用和损失，项目的职能部门、施工单位和班组要对自己承担的责任成本进行自我控制。

3.对分部、分项工程进行成本控制

对分部、分项工程进行成本控制，使成本控制工作做得更扎实、更细致，真正落到实处。

4.以经济合同控制成本

项目都以经济合同为纽带建立契约关系，以明确各方的权利和义务。在签订经济合同时，除了要根据业务要求规定时间、质量、结算方式和履约奖罚等条款外，还强调要将合同的数量、单价、金额控制在预算收入以内。

成本控制的成本目标不应是孤立的，它应与质量目标、进度目标、效率要求、工作量要求等相结合才有它的价值。

（二）园林绿化工程项目的成本控制

1.园林绿化工程成本

园林绿化工程项目成本，主要由苗木、材料购置费用、机械设备使用费用、苗木栽植

费用、土建安装费用、园建安装费用和工程建设其他费用组成。

园林绿化工程项目费用控制，就是在设计阶段、工程发包阶段、施工阶段和后期管护阶段，把工程建设费用的发生控制在批准的费用限额内，随时纠正发生的偏差，以保证费用管理目标的实现，以求在建设过程中合理使用人力、物力、财力，取得较好的费用效益和社会效益。

2.园林绿化工程项目成本控制的特点

（1）园林绿化工程项目的对象是有生命的植物材料，只有选用适合项目环境的绿化材料才能提高植物存活率，从而有效地控制成本。

（2）植物材料的价格差异大，只有选择合适价位的苗木，才能有效控制成本。

（3）机械设备使用费较大，需科学合理地选用绿化机械设备，提高机械利用率，才能有效控制成本。

（4）科学规划整个施工现场布局，合理安排施工区域，充分调动员工积极性，系统、高效地组织施工，才能有效控制成本。

3.以设计阶段为重点的全过程成本控制

园林绿化工程投资控制的关键在于施工以前的投资决策和设计阶段，而在做出投资决策后，投资控制的关键就在于设计阶段。该阶段主要从技术、工艺、材料等几个方面进行成本控制，从而进一步完善施工图纸。设计费一般占工程建设投资1%～3%，而设计基本决定了项目的全部费用，只有抓住设计这个关键因素、关键阶段的控制，再加上施工阶段算细账，才能做好园林绿化工程项目的成本控制。

4.注重分析、比较、评价，技术与经济相结合控制成本

在项目设计阶段，要重视多方案的分析、比较、评价，从而进行合理优化；在施工实施阶段，也要重视施工组织方式、施工方案设计等工作的分析、比较与评价，合理优化；做到技术与经济有机结合，从而有效控制成本。

第七章　园林绿化工程施工

第一节　乔灌木栽植施工

绿化是园林建设的主要部分，没有绿的环境，就不能称其为园林。绿化工程施工是以植物作为基本的建设材料，按照绿化设计进行具体的植物栽植和造景。植物是绿化的主体，植物造景是造园的主要手段，由于园林植物种类繁多，习性差异很大，立地条件各异，为了保证其成活和生长，达到设计效果，栽植施工时必须遵守一定的操作规程，才能保证绿化工程施工质量。

树木景观是园林和城市园林景观的主体部分，树木栽植工程则是园林绿化最基本、最重要的工程。在实施树木栽植之前，应先整理绿化现场，去除场地上的废弃杂物和建筑垃圾，换来肥沃的栽植壤土，并把土面整平耙细。然后按照一定的程序和方法进行栽植施工。

要想成功完成乔灌木栽植施工，就要正确分析影响苗木栽植成活的因素，做好栽植前的准备工作，根据树木栽植方法，学会并指导乔木和灌木栽植施工。其工作步骤为：施工准备；场地平整；定点放线；选苗、掘苗及运输；挖种植穴；定植；植后养护。

一、影响苗木栽植成活的因素

由于影响苗木栽植成活的因素很多，所以要想使苗木栽植成活，需要采取多种措施，并在各个环节严把质量关，影响苗木栽植成活的因素总结如下。

（一）异地引进苗木

有些异地引进的苗木，由于不适应本地土质及气候条件，会渐渐死亡。

（二）受污染的苗木

移栽后的苗木被工厂排放的某种有害气体污染或对地下水质有敏感反应，会出现死亡。

（三）栽植深度

苗木栽植深度不适宜，栽植过浅宜被干死；栽植过深则可能导致根部水浇不透或根部缺氧，从而引起苗木死亡。

（四）土球的影响

移植苗木时，可能由于土球太小，比规范要求小很多，根系受损严重，成活较难。常绿树木移植时必须带土球方可能成活。在生长季节移植时，落叶树种也必须带土球移植，否则就会死亡。

（五）浇水不透

浇水不透，表面上看着树穴内水已灌满，如果没有用铁锹捣之，很可能就浇不透，树会死。土球未被泡透，有时水已充满整个树穴，但因浇水次数少或水流失太快，因长时间运输而内部又硬又干的土球并未吃足水，苗木也会慢慢死去。

（六）未浇防冻水和返青水

对于当年新植的树木，土壤封冻前应浇防冻水，来年初春土壤化冻后应浇返青水，否则易死亡。

（七）土壤积水

树木栽在低洼之地，若长期受涝，不耐涝的品种很可能死亡。

二、移植季节的选择

（一）春季移植

寒冷地区以春季移植比较适宜，特别是在早春解冻后到树木发芽之前。这个时期树液刚刚开始萌动，枝芽尚未萌发，蒸腾作用微弱，土壤内水分充足，温度高，移植后苗木的成活率高。到了气候干燥和刮风的季节，或是气温突然上升的时候，由于新栽的树木已经长根成活，已具有抗旱、抗风的能力，可以正常生长。

（二）夏季移植

北方的常绿针叶树种也可在雨季初进行移植。

（三）秋冬季移植

在气候比较温暖的地区以秋、初冬移植比较适宜。这个时期的树木落叶后，对水分的需求量减少，而外界的气温还未显著下降，地温比较高，树木的地下部分并没有完全休眠，被切断的根系能够尽早愈合，继续生长生根。到了春季，这批新根能继续生长，又能吸收水分，可以使树木更好地生长。

由于某些工程的特殊需要，也常常在非植树季节移植树木，这就需要采取特殊处理措施。随着科学技术的发展，大容器育苗和移植机械的推出，使终年移植已成可能。

三、栽植前的准备

绿化栽植施工前必须做好各项准备工作，以确保工程顺利进行。

若施工现场有垃圾、渣土、废墟、建筑垃圾等，要进行清除，一些有碍施工的市政设施、房屋、树木要进行拆迁和迁移，然后可按照设计图纸进行地形整理，主要使其与四周道路、广场的标高合理衔接，使绿地排水通畅。如果用机械平整土地，则事先应了解是否有地下管线，以免机械施工时造成管线的损坏。

四、定点放线

（一）自然式配置乔、灌木放线法

1.坐标定点法

根据植物配置的疏密度先按一定的比例在设计图及现场分别打好方格，在图上用尺量出树木在某方格的纵横坐标尺寸，再按此坐标在现场用皮尺确定栽植点在方格内的位置。

2.仪器测放

用经纬仪依据地上原有基点或建筑物、道路将树群或孤植树依照设计图上的位置依次定出每株的位置。

3.目测法

对于设计图上无固定点的绿化栽植，如灌木丛、树群等可用上述两种方法划出树群树丛的栽植范围，其中每株树木的位置和排列可根据设计要求在所定范围内用目测法进行定点，定点时应注意植株的生态要求并注意自然美观。定好点后，多采用白灰打点或打桩，标明树种、栽植数量（灌木丛、树群）及坑径。

（二）整形式（行列式）放线法

对于成片整齐式栽植或行道树，定点的方法是先将绿地的边界、园路广场和小建筑物等的平面位置作为依据，量出每株树木的位置，钉上木桩，上写明树种名称。

一般行道树的定点是以路牙或道路的中心为依据，可用皮尺、测绳等，按设计的株距，每隔10株钉一木桩作为定位和栽植的依据，定点时如遇电杆、管道、涵洞、变压器等障碍物应躲开，不应拘泥于设计的尺寸，而应遵照与障碍物相距的有关规定来定位。

（三）等距弧线的放线

若树木栽植为一弧线如街道曲线转弯处的行道树，放线时可从弧的开始到末尾以路牙或中心线为准，每隔一定距离分别画出与路牙垂直的直线。在此直线上，按设计要求的树与路牙的距离定点，把这些点连接起来就成为近似道路弧度的弧线，于此线上再按株距要求定出各点来。

五、苗木准备

（一）选苗

在掘苗之前，首先要进行选苗，苗木质量的好坏是影响其成活和生长的重要因素之一。除了根据设计提出对规格和树形的特殊要求外，还要注意选择生长健壮、无病虫害、无机械损伤、树形端正和根系发达的苗木。育苗期间没经过移栽的留床老苗最好不用，其移栽成活率比较低，移栽成活后多年的生长势都很弱，绿化效果不好。作为行道树栽植的苗木分枝点应不低于2.5m。城市主干道行道树苗木分枝点应不低于3.5m。选苗时还应考虑起苗包装运输的方便，苗木选定后，要挂牌或在根基部位划出明显标记，以免挖错。

（二）掘苗前的准备工作

起苗时间最好是在秋天落叶后，土冻前、解冻后均可，因此时正值苗木休眠期，生理活动微弱，起苗对它们影响不大，起苗时间和栽植时间最好能紧密配合，做到随起随栽。

为了便于挖掘，起苗前1～3 d可适当浇水使泥土松软，对起裸根苗来说也便于多带宿土，少伤根系。

为了便于起苗操作，对于侧枝低矮和冠丛庞大的苗，如松柏、龙柏、雪松等，掘苗前应先用草绳拢冠，这样既可以避免在掘取、运输、栽植过程中损伤树冠，又便于起苗操作。

对于地径较大的苗木，起苗前可先在根系周边挖半圆预断根，深度根据苗木而定，一般挖深15～20cm即可。

（三）起苗方法

起苗时，要保证苗木根系完整。裸根乔、灌木根系的大小，应根据掘苗现场的株行距及树木高度、干径而定。一般情况下，乔木根系可按其高度的1/3左右确定，而常绿树带土球移植时，其土球的大小可按树木胸径的10倍左右确定。

起苗的方法常有两种：裸根起苗法和土球起苗。裸根起苗适用于处于休眠状态的落叶乔木、灌木和藤本。起苗时应尽量多保留较大根系，留些宿土。如掘出后不能及时运走，为避免风吹日晒应埋土假植，土壤要湿润。掘土球苗木时，土球规格视各地气候及土壤条件不同而各异。对于特别难成活的树种一定要考虑加大土球。土球的高度一般可比宽度少5～10cm。土球的形状可根据施工方便而挖成方形、圆形、半球形等，但是应注意保证土球完好。土球要削光滑，包装要严，草绳要打紧，不能松脱，土球底部要封严，不能漏土。

六、包装运输和假植

落叶乔、灌木在掘苗后装车前应进行粗略修剪，便于装车运输和减少树木水分的蒸腾。苗木的装车、运输、卸车、假植等各项工序，都要保证树木的树冠、根系、土球的完好，不应折断树枝、擦伤树皮和损伤根系。

落叶乔木装车时，应排列整齐，使根部向前，树梢向后，注意树梢不要拖地。装运灌木可直立装车。凡远距离的裸根苗运送时，常把树木的根部浸入事先调制好的泥浆中然后取出，用蒲包、稻草、草席等物包装，并在根部衬以青苔或水草，再用苫布或湿草袋盖好根部，以有效地保护根系而不致使树木干燥受损，影响成活。装运高度在2m以下的土球苗木，可以立放，2m以上的应斜放，土球向前，树干向后，土球应放稳，垫牢挤严。

苗木运到现场，如不能及时栽植，裸根苗木可以平放地面，覆土或盖湿草即可，也可在距栽植地较近的阴凉背风处，事先挖好宽1.5～2m，深0.4m的假植沟，将苗木码放整齐，逐层覆土，将根部埋严。如假植时间过长，则应适量浇水，保持土壤湿润。带土球苗木临时假植时应尽量集中，将树直立，将土球垫稳、码严，周围用土培好。如时间较长，同样应适量喷水，以增加空气湿度，保持土球湿润。此外，在假植期还应注意防治病虫害。

七、挖栽植穴

（一）堆放

挖穴时，挖出的表土与底土应分别堆放，待填土时将表土填入下部，底土填入上部和作围堰用。

（二）地下物处理

挖穴时如遇地下管线时，应停止操作，及时找有关部门配合解决，以免发生事故。发现有严重影响操作的地下障碍物时，应与设计人员协商，适当改动位置。

（三）施肥与换土

土壤较贫瘠时，先在穴部施入有机肥料做基肥。将基肥与土壤混合后置于穴底，其上再覆盖上5cm厚表土，然后栽树，可避免根部与肥料直接接触引起烧根。

土质不好的地段，穴内需换客土。如石砾较多，土壤过于坚硬或被严重污染，或含盐量过高，不适宜植物生长时，应换入疏松肥沃的客土。

（四）注意事项

（1）当土质不良时，应加大穴径，并将杂物清走。如遇石灰渣、炉渣、沥青、混凝土等不利于树木生长的物质，将穴径加大1～2倍，并换好土，以保证根部的营养面积。

（2）绿篱等株距较小者，可将栽植穴挖成沟槽。

八、栽植

（一）栽植前的修剪

在栽植前，苗木必须经过修剪，其主要目的是减少水分的散发，保证树势平衡，使树木成活。

修剪时其修剪量依不同树种要求而有所不同，一般对常绿针叶树及用于植篱的灌木不多剪，只剪去枯病枝、受伤枝即可。对于较大的落叶乔木，尤其是生长势较强，容易抽出新枝的树木如杨、柳、槐等可进行强修剪，树冠可剪去1/2以上，这样可减轻根系负担，维持树木体内水分平衡，也使得树木栽后稳定，不致招风摇动。对于花灌木及生长较缓慢的树木可进行疏枝，短截去全部叶或部分叶，去除枯病枝、过密枝，对于过长的枝条可剪去1/3～1/2。

修剪时要注意分枝点的高度。灌木的修剪要保持其自然树形，短截时应保持外低内高。

树木栽植之前，还应对根系进行适当修剪，主要是将断根、劈裂根、病虫根和过长的根剪去。修剪时剪口应平而光滑，并及时涂抹防腐剂以防水分蒸发、干旱、冻伤及病虫危害。

（二）栽植方法

苗木修剪后即可栽植，栽植的位置应符合设计要求。

栽植裸根乔、灌木的方法是一人用手将树干扶直，放入坑中，另一人将坑边的好土填入。在泥土填入一半时，用手将苗木向上提起，使根茎交接处与地面相平，这样树根不易卷曲，然后将土踏实，继续填入好土，直到与地平或略高于地面为止，并随即将浇水的土堰做好。

栽植带土球树木时，应注意使坑深与土球高度相符，以免来回搬动土球。填土前要将包扎物去除，以利根系生长，填土时应充分压实，但不要损坏土球。

（三）栽植后的养护管理

栽植较大的乔木时，在栽植后应设支柱支撑，以防浇水后大风吹倒苗木。

栽植树木后24 h内必须浇上第一遍水，水要浇透，使泥土充分吸收水分，树根紧密结合，以利根系发育。

树木栽植后应时常注意树干四周泥土是否下沉或开裂，如有这种情况应及时加土填平踩实。此外，还应进行及时的中耕，扶直歪斜树木，并进行封堰。封堰时要使泥土略高于地面，要注意防寒，其措施应按树木的耐寒性及当地气候而定。

九、风景树栽植

（一）孤立树栽植

孤立树可以被配植在草坪上、岛上、山坡上等处，一般是作为重要风景树栽种的。选用孤植的树木，要求树冠广阔或树势雄伟，或者是树形美观、开花繁盛也可以。栽植时，具体技术要求与一般树木栽植基本相同；但种植穴应挖得更大一些，土壤要更肥沃一些。根据构图要求，要调整好树冠的朝向，把最美的一面向着空间最宽最深的一方。还要调整树形姿态，树形适宜横卧、倾斜的，就要将树干栽成横、斜状态。栽植时对树形姿态的处理，一切以造景的需要为准。树木栽好后，要用木杆支撑树干，以防树木倒下，1年以后即可以拆除支撑。

（二）树丛栽植

风景树丛一般是用几株或十几株乔木灌木配植在一起；树丛可以由1个树种构成，也可以由2个以上直至7～8个树种构成。选择构成树丛的材料时，要注意选树形有对比的树木，如柱状的、伞形的、球形的、垂枝形的树木，各自都要有一些，在配成完整树丛时才好使用。一般来说，树丛中央要栽最高的和直立的树木，树丛外沿可配较矮的和伞形、球形的植株。树丛中个别树木采取倾斜姿势栽种时，一定要向树丛以外倾斜，不得反向树丛中央斜去。树丛内最高最大的主树，不可斜栽。树丛内植株间的株距不应一致，要有远有近，有聚有散。栽得最密时，可以土球挨着土球栽，不留间距。栽得稀疏的植株，可以和其他植株相距5m以上。

（三）风景林栽植

1.林地整理

在绿化施工开始的时候，首先要清理林地，地上地下的废弃物、杂物、障碍物等都要清除出去。通过整地，将杂草翻到地下，把地下害虫的虫卵、幼虫和病菌翻上地面，经过低温和日照将其杀死，减少病虫对林木危害，提高林地树木的成活率。土质贫瘠密实的，要结合着翻耕松土，在土壤中掺和进有机肥料。林地要略为整平，并且要整理为1%以上的排水坡度。当林地面积很大时，最好在林下开辟几条排水浅沟，与林缘的排水沟联系起来，构成林地的排水系统。

2.林缘放线

林地准备好之后，应根据设计图将风景林的边缘范围线放大到林地地面上。放线方法可采用坐标方格网法。林缘线的放线一般所要求的精确度不是很高，有一些误差还可以在栽植施工中进行调整。林地范围内树木种植点的确定有规则式和自然式两种方式。规则式种植点可以按设计株行距以直线定点，自然式种植点的确定则允许现场施工中灵活定点。

3.林木配植

风景林内，树木可以按规则的株行距栽植，这样成林后林相比较整齐；但在林缘部分，还是不宜栽得很整齐，不宜栽成直线形，要使林缘线栽成自然曲折的形状。树木在林内也可以不按规则的株行距栽，而是在2～7m的株行距范围内有疏有密地栽成自然式；这样成林后，树木的植株大小和生长表现就比较不一致，但却有了自然丛林般的景观。栽于树林内部的树，可选树干通直的苗木，枝叶稀少一点也可以；处于林缘的树木，则树干可不必很通直，但是枝叶还是应当茂密一些。风景林内还可以留几块小的空地不栽树木，铺种上草皮，作为林中空地通风透光。林下还可选耐阴的灌木或草本植物覆盖地面，增加林内景观内容。

（四）水景树栽植

用来陪衬水景的风景树，由于是栽在水边，就应当选择耐湿地的树种。如果所选树种并不能耐湿，但又一定要用它，就要在栽植中做一些处理。对这类树种，其种植穴的底部高度一定要在水位线之上。种植穴要比一般情况下挖得深一些，穴底可垫一层厚度5cm以上的透水材料，如炭渣、粗砂粒等；透水层之上再填一层壤土，厚度可在8～20cm；其上再按一般栽植方法栽种树木。树木可以栽得高一些，使其根茎部位高出地面。高出地面的部位进行壅土，把根茎旁的土壤堆起来，使种植点整个都抬高。水景树的这种栽植方法对根系较浅的树种效果较好，但对深根性树种来说，就只在两三年内有些效果，时间一长，效果就不明显了。

（五）旱地树栽植

旱地生长的植物大多不能忍耐土壤潮湿，因此，栽种旱生植物的基质就一定要透水性比较强。如栽种苏铁，就不能用透水性差的黏土，而要用含沙量较高的沙土；栽种仙人掌类灌木一般也要用透水性好的沙土。一些耐旱而不耐潮湿的树木，如马尾松、黑松、柏木、刺槐、榆树、梅花、杏树、紫薇、紫荆，等等，可以用较贫瘠的黏性土栽种，但一般要将种植点抬高，或要求地面排水系统特别完整，保证不受水淹。

第二节　大树移植施工

一、大树的选择

这里所讲的大树是指根干径在10cm以上、高度在4m以上的大乔木，但对具体的树种来说，也可有不同的规格。

（一）影响大树移植成活的因素

大树移植较常规苗木成活困难，原因主要有以下几个方面。

（1）大树年龄大，阶段发育老，细胞的再生能力弱，挖掘和栽植过程中损伤的根系恢复慢，新根发生能力差。

（2）由于幼壮龄树的离心生长的原因，树木的根系扩展范围很大（一般超过树冠水平投影范围），而且扎入土层很深，使有效的吸收根处于深层和树冠投影附近，造成挖掘大树时土球所带吸收根很少，且根多木栓化严重，凯氏带阻止了水分的吸收，根系的吸收功能明显下降。

（3）大树形体高大，枝叶的蒸腾面积大，为使其尽早发挥绿化效果和保持原有优美姿态而很少进行过重截枝。加之根系距树冠距离长，给水分的输送带来一定的困难，因此大树移植后很难尽快建立地上、地下的水分平衡。

（4）树木大，土球重，起挖、搬运、栽植过程中易造成树皮受损、土球破裂、树枝折断，从而危及大树成活。

（二）大树的选择

选择需移植的大树时，一般要注意以下几点。

（1）选择大树时，应考虑到树木原生长条件应和定植地的立地条件相适应，例如土壤性质、温度、光照等条件，树种不同，其生物学特性也有所不同，移植后的环境条件就应尽量地和该树种的生物学特性和环境条件相符。

（2）应该选择符合景观要求的树种，树种不同，形态各异，因而它们在绿化上的用途也不同。如行道树，应考虑干直、冠大、分枝点高、有良好的庇荫效果的树种，而庭院观赏树中的孤立树就应讲究树姿造型。

（3）应选择壮龄的树木，因为移植大树需要很多人力、物力。若树龄太大，移植后不久就会衰老，很不经济；而树龄太小，绿化效果又较差。所以既要考虑能马上起到良好的绿化效果，又要考虑移植后有较长时期的保留价值，故一般慢生树选20～30年生，速生树种则选用10～20年生，中生树可选15年生，果树、花灌木为5～7年生。一般乔木树高在4m以上、胸径12～25cm的树木则最合适。

（4）应选择生长正常的树木以及没有感染病虫害和未受机械损伤的树木。

（5）原环境条件要适宜挖掘、吊装和运输操作。

（6）如在森林内选择树木时，必须选疏密度不大的最近5～10年生长在阳光下的树，易成活，且树形美观，景观效果佳。

选定的大树，用油漆或绳子在树干胸径处做出明显的标记，以利于识别选定的单株和朝向；同时应建立登记卡，记录树种、高度、干径、分枝点高度、树冠形状和主要观赏面，以便进行分类和确定栽植顺序。

二、大树移植的时间

（一）春季移植

早春是移植大树的最佳时间。因为这时树体开始发芽、生长，挖掘时损伤的根系容易愈合和再生，移植后，经过从早春到晚秋的正常生长以后，树木移植时受伤的部分已复原，给树木顺利越冬创造了有利条件。在春季树木开始发芽而树叶还没有全部长成以前，树木的蒸腾还未进入最旺盛时期，这时进行带土球的移植，缩短土球暴露在空间的时间，栽植后进行精心的养护管理也能确保大树的存活。

（二）夏季移植

盛夏季节，由于树木的蒸腾量大，此时移植对大树的成活不利，在必要时可加大土球，加强修剪、遮阴，尽量减少树木的蒸腾量，也可以成活。由于所需技术复杂，费用较高，故尽可能避免。最好在北方的雨季，空气中的湿度较大，因而有利于移植，可带土球移植一些针叶树种。

（三）秋冬季移植

深秋及冬季，从树木开始落叶到气温不低于-15℃这一段时间，树木虽处于休眠状态，但是地下部分尚未完全停止活动，移植时被切断的根系能在这段时间进行愈合，给来年春季发芽生长创造良好的条件。但是在严寒的北方，必须对移植的树木进行土面保护，以防冻伤根部。

三、大树移植前的准备工作

（一）切根的处理

1.多次移植

此法适用于专门培养大树的苗圃，速生树种的苗木可以在头几年每隔1～2年移植一次，待胸径达6cm以上时，可每隔3～4年再移植一次。而慢生树待其胸径达3cm以上时，每隔3～4年移一次，长到6cm以上时，则隔5～8年移植一次，这样树苗经过多次移植，大部分的须根都聚生在一定的范围，因而再移植时可缩小土球的尺寸和减少对根部的损伤。

2.预先断根法

适用于一些野生大树或一些具有较高观赏价值的树木的移植。一般是在移植前1～3年的春季或秋季，以树干为中心，2.5～3倍胸径为半径或以较小于移植时土球尺寸为半径画一个圆或方形，再在相对的两面向外挖30～40cm宽的沟（其深度则视根系分布而定，一般为50～80cm），对较粗的根应用锋利的锯或剪，齐平内壁切断，然后用沃土（最好是沙壤土或壤土）填平，分层踩实，定期浇水，这样便会在沟中长出许多须根。到第二年的春季或秋季再以同样的方法挖掘另外相对的两面，到第三年时，在四周沟中均长满了须根，这时便可移走。挖掘时应从沟的外缘开挖，断根的时间可按各地气候条件有所不同。

3.根部环状剥皮法

同上法挖沟，但不切断大根，而采取环状剥皮的方法，剥皮的宽度为10～15cm，这样也能促进须根的生长，这种方法由于大根未断，树身稳固，可不加支柱。

（二）大树的修剪

1.修剪枝叶

修剪时，凡病枯枝、过密交叉徒长枝、干扰枝均应剪去。此外，修剪量也与移植季节、根系情况有关。当气温高、湿度低、带根系少时应重剪；而湿度大，根系也大时可适当轻剪。此外，还应考虑到功能要求，如要求移植后马上起到绿化效果的应轻剪，而有把握成活的则可重剪。

2.摘叶

这是细致费工的工作，适用于少量名贵树种，移前为减少蒸腾可摘去部分树叶，移后即可再萌出新叶。

3.摘心

此法是为了促进侧枝生长，一般顶芽生长的如杨、白蜡、银杏、柠檬桉等可用此法以促进其侧枝生长，但是如木棉、针叶树种都不宜进行摘心处理。

4.其他方法

如采用剥芽、摘花摘果、刻伤和环状剥皮等也可以控制水分的过分损耗，抑制部分枝条的生理活动。

（三）编号定向

编号是当移栽成批的大树时，为使施工有计划地顺利进行，可把栽植坑及要移栽的大树均编上一一对应的号码，使其移植时可对号入座，减少现场混乱及事故。

定向是在树干上标出南北方向，使其在移植时仍能保持它按原方位栽下，以满足它对庇荫及阳光的要求。

（四）清理现场及安排运输路线

在起树前，应清除树干周围2～3m以内的碎石、瓦砾堆、灌木丛及其他障碍物，并将地面大致整平，为顺利移植大树创造条件。然后按树木移植的先后次序，合理安排运输路线，以使每棵树都能顺利运出。

（五）支柱、捆扎

为了防止在挖掘时由于树身不稳、倒伏引起的工伤事故及损坏树木，在挖掘前应对需移植的大树进行支柱，一般是用3根直径15cm以上的大戗木，分立在树冠分支点的下方，然后再用粗绳将3根戗木和树干一起捆紧，戗木底脚应牢固支持在地面，与地面呈60°左右。支柱时应使3根戗木受力均匀，特别是避风向的一面。戗木的长度不定，底脚应立在挖掘范围以外，以免妨碍挖掘工作。

（六）工具材料的准备

根据不同的包装方法，准备所需的材料。通常有铁锹、小平铲、平铲、小尖镐、钢丝绳机等。

三、大树移植的方法

（一）软材包装移植法

1.土球大小的确定

土球的大小依据树木的胸径来决定。一般来说，土球直径为树木胸径的7～10倍，土球过大，容易散球且会增加运输困难；土球过小，又会伤害过多的根系从而影响成活。

2.土球的挖掘

挖掘前，先用草绳将树冠围拢，其松紧程度以不折断树枝又不影响操作为宜，然后铲除树干周围的浮土，以树干为中心，比规定的土球大3～5cm划一圆，并顺着此圆圈往外挖沟，沟宽60～80cm，深度以到土球所要求的高度为止。

3.土球的修整

修整土球要用锋利的铁锹，遇到较粗的树根时，应用锯或剪将根切断，不要用铁锹硬扎，以防土球松散。当土球修整到1/2深度时，可逐步向里收底，直到缩小到土球直径的1/3为止，然后将土球表面修整平滑，下部修一小平底，土球就算挖好了。

4.土球的包装

土球修好后，应立即用草绳、蒲包或蒲包片等进行包装。包装的方法主要有橘子包、井字包和五角包。

（二）木箱包装移植法

这种方法一般用来移植胸径达15～25cm的大树，少量的用于胸径30cm以上的，其土台规格可达2.2m×2.2m×0.8m，土方量为3.2m³。

1.移植前的准备

移植前首先要准备好包装用的板材，如箱板、底板和上板。还应准备好所需的全部工具、材料、机械和运输车辆，并由专人管理。

2.包装

包装移植前应将树干四周地表的浮土铲除，然后根据树木的大小决定挖掘土台的规格，一般可将树木胸径的7～10倍作为土台的规格。然后，以树干为中心，按照比规定的土台尺寸大10cm，划一正方形作土台的雏形，从土台往外开沟挖渠，沟宽60～80cm，便于人下沟操作。挖到土台深度后，将四壁修理平整，使土台每边较箱板长5cm。修整时，注意使土台侧壁中间略突出，以便上完箱板后，箱板能紧贴土台。

3.立边板

土台修好后，应立即上箱板，以免土台坍塌。先将箱板沿土台的四壁放好，使每块箱板中心对准树干，箱板上边略低于土台1～2cm，作为吊运时土台下沉的余量。在安放箱板时，两块箱板的端部在土台的角上要相互错开，可露出土台一部分，再用蒲包片将土台包好，两头压在箱板下。然后在木箱的边板距上、下口15～20cm处套好两道钢丝绳。每根钢丝绳的两头装好紧线器，两个紧线器要装在两个相反方向的箱板中央带上，以便收紧时受力均匀。

紧线器在收紧时，必须两边同时进行，收紧速度下绳应稍快于上绳。收紧到一定程度时，可用木棍捶打钢丝绳，如发出嘣嘣的弦音表示已收紧，即可停止。箱板被收紧后即可在四角上钉上铁皮8～10道，每条铁皮上至少要有两对铁钉钉在带板上。钉子稍向外侧倾斜，以增加拉力。四角铁皮钉好后，用3根木杆将树支稳后，即可进行掏底。

4.掏底与上底板

掏底时，首先在沟内沿着箱板下挖30cm，将沟土清理干净，用特制的小板镐和小平铲在相对的两边同时掏挖土台的下部。当掏挖的宽度与底板的宽度相符时，在两边装上底板。在上底板前，应预先在底板两端各钉两条铁皮，然后先将底板一头顶在箱板上，垫好木墩。另一头用油压千斤顶顶起，使底板与土台底部紧贴。钉好铁皮，撤下千斤顶，支好支墩。两边底板钉好后即可继续向内掏底。要注意每次掏挖的宽度应与底板的宽度一致，不可多掏。在上底板前如发现底土有脱落或松动，要用蒲包等物填塞好后再装底板，底板之间的距离一般为10～15cm，如土质疏松，可适当加密。

5.上盖板

于木箱上口钉木板拉结，称为“上盖板”。钉装上板前，将土台上表面修成中间稍高于四周的样子，并于土台表面铺一层蒲包片。上板一般2～4块，某方向应与底板成垂直交叉，如需多次吊运，上板应钉成井字形。

（三）机械移植法

近年来在国内正推广一种新型的植树机械，名为树木移植机，主要用来移植带土球的树木，可以连续完成挖栽植坑、起树、运输、栽植等全部移植作业。

树木移植机分自行式和牵引式两类，目前各国大量发展的都为自行式树木移植机，它由车辆底盘和工作装置两大部分组成。车辆底盘一般都是选择现成的汽车、拖拉机或装载机等，稍加改装而成，然后再在上面安装工作装置，包括铲树机构、升降机构、倾斜机构和液压支腿四部分。

目前我国主要发展三种类型移植机：能挖土球直径160cm的大型机，一般用于城市园林部分移植径级16～20cm以下的大树；挖土球直径100cm的中型机，主要用于移植径级10～12cm以下的树木，可用于城市园林部门、果园、苗圃等处；能挖直径60cm土球的小型机，主要用于苗圃、果园、林场等移植径级6cm左右的大苗。

（四）冻土移植法

在我国北方寒冷地区较多采用，适宜移植耐寒的树种。在土壤冻结期或者在土壤冻得不深时挖掘土球，并可泼水促冻，不必包装，利用冻结河道或泼水冻结的平土地，只用人工即可拉运，具有节约经费、土球坚固、根系完好、便于成活、易于运输等优点。

四、大树的吊运

（一）起吊

大树的吊运工作也是大树移植中的重要环节之一。吊运的成功与否，直接影响到树木的成活、施工的质量以及树形的美观等。目前，大树的调运主要通过起重机吊运和滑车吊运，在起吊的过程中，要注意不能破坏树形、碰坏树皮，更不能撞破土球。

吊运软材料包装的或带冻土球的树木时，为了防止钢丝绳勒坏土球，最好用粗麻绳。先将双股绳的一头留出1m多长结扣固定，再将双股绳分开，捆在土球由上向下3/5的位置上绑紧，然后将大绳的两头扣在吊钩上，在绳与土球接触处用木块垫起，轻轻起吊后，再用脖绳套在树干下部，也扣在吊钩上即可起吊。之后，再开动起重机就可将树木吊起装车。

木箱包装吊运时，用两根钢索将木箱两头围起，钢索放在距木板顶端20～30cm的地方（约为木板长度的1/5），把4个绳头结在一起，挂在起重机的吊钩上，并在吊钩和树干之间系一根绳索，使树木不致被拉到，还要在树干上系1～2根绳索，以便在起运时用人力来控制树木的位置，避免损伤树冠，有利于起重机工作。在树干上束绳索处，必须垫上柔软材料，以免损伤树皮。

（二）运输

树木装上汽车时，使树冠向着汽车尾部，土块靠近司机室，树干包上柔软材料放在木架或竹架上，用软绳扎紧，土块下垫一块木衬垫，然后用木板将上球夹住或用绳子将土球缚紧于车厢两侧。

五、大树的定植图

（一）准备工作

在定植前应首先进行场地的清理和平整，然后按设计图纸的要求进行定点放线。在挖移植坑时，要注意坑的大小应根据树种及根系情况、土质情况等而有所区别，一般应在四周加大30～40cm，深度应比木箱加20cm，土坑要求上下一致，坑壁直而光滑，坑底要平整，中间堆一20cm宽的土埂。由于城市广场及道路的土质一般均为建筑垃圾、砖瓦、石砾，对树木的生长极为不利，因此必须进行换土和适当施肥，以保证大树的成活和有良好的生长条件，换土是用1：1的泥土和黄沙混合均匀施入坑内。

用土量=（树坑容积–土球体积）×1.3（多30%的土是备夯实土之需）

（二）卸车

树木运到工地后要及时用起重机卸放，一般都卸放在定植坑旁，若暂时不能栽下的则应放置在不妨碍其他工作进行的地方。

卸车时用大钢丝绳从土球下两块垫木中间穿过，两边长度相等，将绳头挂于吊车钩上，为使树干保持平衡可在树干分枝点下方拴一大麻绳，拴绳处可衬垫草，以防擦伤。大麻绳另一端挂在吊车钩上，这样就可把树平衡吊起，土球离开车后，速将汽车开走，然后移动吊杆把土球降至事先选好的位置。需放在栽植坑时，应由人掌握好定植方向，应考虑树姿和附近环境的配合，并应尽量符合原来的朝向。当树木栽植方向确定后，立即在坑内垫一土台或土坡，若树干不与地面垂直，则可按要求把上台修成一定坡度，使栽后树干垂直于地面以下再吊大树。当落地前，迅速拆去中间底板或包装蒲包，放于土台上，并调整位置。在土球下填土压实，并起边板，填土压实，如坑深在40cm以上，应在夯实1/2时，浇足水，等水全部渗入土中再继续填土。

由于移植时大树根系会受到不同程度损伤，为促其增生新根，恢复生长，可适当使用生长素。

定植大树以后必须加强养护管理工作，应采取下列措施。（1）定期检查主要是为了了解树木的生长发育情况，并对检查出的问题如病虫害、生长不良等及时采取补救措施。（2）浇水。（3）为降低树木的蒸发量，在夏季太热的时候，可在树冠周围搭荫棚或挂草帘。（4）摘除花序。（5）施肥移植后的大树为防止早衰和枯黄，导致遭受病虫害侵袭，需2～3年施肥一次，在秋季或春季进行。（6）根系保护对于北方的树木，特别是带冻土块移植的树木来说很重要。移植后，定植坑内要进行土面保温，即先在坑面铺20cm厚的泥炭土，再在上面铺500m厚的雪或15cm的腐殖土或20～25cm厚的树叶。早春，当土壤开始化冻时，必须把保温材料拨开，否则被掩盖的土层不易解冻，影响树木根系生长。

六、垂直绿化施工

（一）棚架植物栽植

1.植物材料处理

用于棚架栽种的植物材料，若是藤本植物，如紫藤、常绿油麻藤等，最好选一根独藤长5m以上的；如果是如木香、蔷薇之类的攀缘类灌木，因其多为丛生状，要下决心剪掉多数的丛生枝条，只留1～2根最长的茎干，以集中养分供应，使今后能够较快地生长，较快地使叶盖满棚架。

2.种植槽、穴准备

在花架边栽植藤本植物或攀缘灌木。种植穴应当确定在花架柱子的外侧。穴深40～60cm，直径40～80cm，穴底应垫一层基肥并覆盖一层壤土，然后才栽种植物。不挖种植穴，而在花架边沿用砖砌槽填土，作为植物的种植槽，也是花架植物栽植的一种常见方式。种植槽净宽度在35～100cm，深度不限，但槽顶与槽外地坪之间的高度应控制在30～70cm为好。种植槽内所填的土壤，一定要是肥沃的栽培土。

3.栽植

花架植物的具体栽种方法与一般树木基本相同。但是，在根部栽种施工完成之后，还要用竹竿搭在花架柱子旁，把植物的藤蔓牵引到花架顶上。若花架顶上的标条比较稀疏，还应在标条之间均匀地放一些竹竿，增加承托面积，以方便植物枝条生长和铺展开来。特别是对缠绕性的藤本植物如紫藤、金银花、常绿油麻藤等更需如此，不然以后新生的藤条相互缠绕一起，难以展开。

4.养护管理

在藤蔓枝条生长过程中，要随时抹去花架顶面以下主藤茎上的新芽，剪掉其上萌生的新枝，促使藤条长得更长，藤端分枝更多。对于花架顶上藤杈分布不均匀的，要做人工牵引，使其排布均匀。以后，每年还要进行一定的修剪，剪掉病虫枝、衰老枝和枯枝。

（二）墙垣绿化施工

这类绿化施工有两种情况，一种是利用建筑物的外墙或庭院围墙进行墙面绿化，另一种是在庭园围墙、隔墙上作墙头覆盖性绿化。

1.墙面绿化

常用攀附能力较强的爬墙虎、岩爬藤、凌霄、常春藤等作为绿化材料。表面粗糙度大的墙面有利于植物爬附，垂直绿化容易成功。墙面太光滑时，植物不能爬附墙面，就只有在墙面上均匀地钉上水泥钉或膨胀螺钉，用铁丝贴着墙顺拉成网，供植物攀附。爬墙植物都栽种在墙脚下，墙脚下应留有种植带或建有种植槽。种植带的宽度一般为50～150cm，土层厚度在50cm以上。种植槽宽50～80cm、高40～70cm，槽底每隔2～2.5m应留出一个排水孔。种植土应该选用疏松肥沃的壤土。栽种时，苗木根部应距墙根15cm左右，株距采用50～70cm，而以50cm的效果更好些。栽植深度，以苗木的根团全埋入土中为准；苗木栽下后要将根团周围的土壤压实。为了确保成活，在施工后一段时间中要设置篱笆、围栏等，保护墙脚刚栽上的植物。以后当植物长到能够抗受损害时，才拆除围护设施。

2.墙头绿化

主要用蔷薇、木香、三角花等攀缘灌木和金银花、常绿油麻藤等藤本植物，搭在墙头上绿化实体围墙或空花隔墙。要根据不同树种藤、枝的伸展长度，来决定栽种的株距，一般的株距可为1.5～3.0cm。墙头绿化植物的种植穴挖掘、苗木栽种等，与一般树木栽植基本相同。

（三）屋顶绿化施工

在屋顶上面进行绿化，要严格按照设计的植物种类、规格和对栽培基质的要求而施工。在屋顶的周边，可以修建稍高的种植槽或花台，填入厚达40～70cm的栽培基质，栽种稍高大些的灌木。而在屋顶中部，则要尽量布置低矮的花坛或草坪；花坛与草坪内的栽培基质厚度应在25cm以下。花坛、草坪、种植槽的最下面是屋面。紧贴屋面应垫一层厚度为3～7cm的排水层。排水层用透水的粗颗粒材料如炭渣、豆石等平铺而成，其上面还要铺一屋塑料窗纱纱网或玻璃纤维布，作为滤水层。滤水层以上，就可填入泥土、锯木粉、蛭石、泥炭土等作为栽培基质。

（四）阳台绿化

阳台由于面积比较小，常常还要担负其他功能，所以其绿化一般只能采取比较灵活的盆栽绿化方式。盆栽主要布置在阳台栏板的顶上，一定要有围护措施，防止盆栽下坠伤人。

第三节 花坛栽植施工

一、花坛的概念

按照设计意图，在有一定几何形轮廓的植床内，以园林草花为主要材料布置而成的具有艳丽色彩或图案纹样的植物景观。花坛主要表现花卉群体的色彩美，以及由花卉群体所构成的图案美。花卉都有一定的花期，要保证花坛（特别是设置在重点园林绿化地区的花坛）有最佳景观效果，就必须根据季节和花期经常进行更换。

二、花坛的类型

（一）按照花材观赏特性分类

1.盛花花坛

盛花花坛主要由观花草本花卉组成，表现花盛开时群体的色彩美。这种花坛在布置时不要求花卉种类繁多，而要求图案简洁明了，对比度强。盛花花坛着重观赏开花时草花群体所展现出的华丽鲜艳的色彩，因此必须选用花期一致、花期较长、高矮一致、开花整齐、色彩艳丽的花卉，如三色堇、金鱼草、金盏菊、万寿菊、百日草、福禄考、石竹、一串红、矮牵牛、鸡冠花等。一些色彩鲜艳的一二年生观叶花卉也常选用，如羽衣甘蓝、地肤、彩叶草等。也可以用一些宿根花卉或球根花卉，如鸢尾、菊花、郁金香等，但栽植时一定要加大密度。同时花坛内的几种花卉之间的界线必须明显，相邻的花卉色彩对比一定要强烈，高矮不能悬殊。盛花花坛观赏价值高，但观赏期短，必须经常更换花材以延长观赏期。

2.模纹花坛

模纹花坛主要由低矮的观叶植物和观花植物组成，表现植物群体组成的复杂的图案美。由于要清晰准确地表现纹样，模纹花坛中应用的花卉要求植株低矮、株丛紧密、生长缓慢、耐修剪。这种花坛要经常修剪以保持其原有的纹样，其观赏期长，采用木本的可长期观赏。模纹花坛可分为毛毡花坛、浮雕花坛和时钟花坛。

（二）按照花坛空间布局分类

1.平面花坛

花坛表面与地面平行，主要观赏花坛的平面效果，包括沉床花坛和稍高出地面的花坛。

2.斜面花坛

设置在斜坡或阶地上，也可搭建成架子摆放各种花卉，以斜面为主要观赏面。

3.立体花坛

用花卉栽植在各种立体造型物上而形成竖向造型景观，可以四面观赏。一般作为大型花坛的构图中心，或造景花坛的主要景观。

（三）按照设计布局和组合方式分类

1.独立花坛

为单个花坛或多个花坛紧密结合而成。大多作为局部构图的中心，一般布置在轴线的焦点、道路交叉口或大型建筑前的广场上。

2.组合花坛

由相同或不同形式的多个单体花坛组合而成，但在构图及景观上具有统一性。花坛群应具有统一的底色，以突出其整体感。花坛群还可以结合喷泉和雕塑布置，后者可作为花坛群的构图中心，也可作为装饰。

3.带状花坛

长为宽的三倍以上，在道路、广场、草坪的中央或两侧，划分成若干段落，有节奏地简单重复布置。

三、花坛栽植技术

（一）土壤条件

土层厚薄、肥沃度、质地等会影响花卉根系的生长与分布。优良的土质应土层深厚，富含各种营养成分，砂粒、粉粒和黏粒的比例适当，有一定的空隙以利通气和排水，持水与保肥能力强，还具花卉生长适宜的pH，不含杂草、有害生物以及其他有毒物质。

理想的土壤是很少的，土质差的通过客土、使用有机肥等措施，可以起到培育土壤良好结构性的作用。可加入的有机肥包括堆肥、厩肥、锯末、腐叶、泥炭等。

（二）栽植穴

栽植穴、坑应稍大于土球和根系，保证苗根舒展。

（三）栽植距离与深度

花苗的栽植间距，应以植株的高低、分蘖的多少、冠丛的大小而定，以栽后地面不裸露为原则，保证成长后具有良好的景观效果。栽植小苗时，应留出适当的生长空间。模纹式栽植的植株密度可适当加大。

花苗的栽植深度应充分考虑植物的生物学特性，一般以所埋之土与根茎处相齐为宜。球根花卉的覆土厚度应为球根高度的1.2倍。

（四）栽植顺序

栽植时，高的苗栽中间、矮的苗栽边缘，使花坛突出景观效果。栽入后，用手压实土壤，同时将余土耙平。

图案简单的单个独立花坛，应由中心向外的顺序退栽；坡式的花坛应按由上向下的顺序栽植；图案复杂的花坛应先栽好图案的各条轮廓线，再栽内部填充部分。大型花坛宜分区、块栽植；植物高低不同的花卉混栽时，应先栽高的，后栽矮的；宿根、球根花卉与一二年生草花混栽时，应先栽宿根、球根花卉，后栽一二年生草花。

四、绿带施工技术

（一）林带施工

1.整地

通过整地，可以把荒地、废弃地等非宜林地改变成为宜林地。整地时间一般应在营造林带之前3～6个月，以“夏翻土，秋耙地，春造林”的效果较好。现翻、现耙、现造林林木栽植成活效果不是很好。整地方式有人工和机械两种。人工整地是用锄头挨着挖土翻地，翻土深度为20～35cm；翻土后经过较长时间的曝晒，再用锄头将土坷垃打碎，把土整细。机械翻土，则是由拖拉机牵引三捽犁或五铧犁翻地，翻土深度25～30cm。耙地是用拖拉机牵引铁耙进行。对沙质土壤，用双列圆盘耙；对黏重土质的林地则用缺口重耙。在比较窄的林带地面，用直线运行法耙地；在比较宽的地方，则可用对角线运行法耙地。

耙地后，要清除杂物和土面的草根，以备造林。

2.放线定点

首先根据规划设计图所示林带位置，将林带最里边一行树木的中心线在地面放出，并在这条线上按设计株距确定各种植点，用白灰做点标记。然后依据这条线，按设计的行距向外侧分别放出各行树木的中心线，最后再分别确定各行树木的种植点。林带内、种植中的排列方式有矩形和三角形两种，排列方式的选用应与主导风向相适应。

林带树木的株行距一般小于园林风景的株行距，根据树冠的宽窄和对林带透风率的要求，可采用1.5m×2m、2m×2m、2m×2.5m、2.5m×2.5m、2.5m×3m、3m×3m、3m×4m、4m×4m、4m×5m等株行距。林带的透风率，就是风通过林带时能够透过多少风量的比率，可用百分比来表示。一般起防风作用的林带，透风率应为25%~30%；防沙林带，透风率20%；园林边沿林带，透风率可为30%~40%。透风率的大小，可采取改变株行距、改变种植点排列方式和选用不同枝叶密实度的树种等方法来调整。

3.栽植

园林绿地上的林带一般要用3~5年生以上的大苗造林，只有在人迹较少，且又容许造林周期拖长的地方，造林才可用1~2年生小苗或营养杯幼苗。栽植时，按白灰点标记的种植点挖穴、栽苗、填土、插实、做围堰、灌水。施工完成后，最好在林带的一侧设立临时性的护栏，阻止行人横穿林带，保护新栽的树苗。

（二）道路绿带施工

1.人行道绿带施工

人行道绿带的主要部分是行道树绿化带，另外还可能有绿篱、草花、草坪种植带等。行道树可采用种植带式或树池式两种栽种方式。种植带的宽度不小于1.2m，长度不限。树池形状一般为方形或长方形，少有圆形。树池的最短边长度不得小于1.2m；其平面尺寸多为1.2m×1.5m、1.5m×1.5m、1.5m×2m、1.8m×2m等。行道树种植点与车行道边缘道牙石之间的距离不得小于0.5m。行道树的主干高度不小于3m。栽植行道树时，要注意解决好其与地上地下管线的冲突，保证树木与各种管线之间有足够的安全间距。为了保护绿带不受破坏，在人行道边沿应当设立金属的或钢筋混凝土的隔离性护栏，阻止行人踏进种植带。

2.分车绿带施工

由于分车绿带位于车行道之间，绿化施工时特别要注意安全，在施工路段的两端要设立醒目的施工标志。植物种植应当按照道路绿化设计图进行，植物的种类、株距、搭配方式等，都要严格按设计施工。分车绿带一般宽1.5~5m，但最窄也有0.7m。1.5m宽度以下的分车带，只能铺种草皮或栽成绿篱；1.5m以上宽度的，可酌情栽种灌木或乔木。分车带上种草皮时，草种必须是阳性耐干旱的，草皮土层厚度在25cm以上即可，土面要整细以后才播种草籽。分车带上种绿篱的，可按下面关于绿篱施工内容中的方法栽植。分车带上配植绿篱加乔木、灌木的，则要完全按照设计图进行栽种。分车带上栽植乔灌木，与一般树木的栽植方法一样，可参照进行。

（三）绿篱施工

绿篱既可用在街道上，也可用在园林绿地的其他许多环境中，绿篱的苗木材料要选大小和高矮规格都统一的、长势健旺的、枝叶比较浓密而又耐修剪的植株。施工开始的时候，先要按照设计图规定的位置在地面放出种植沟的挖掘线。若绿篱是位于路边或广场边，则先放出最靠近路面边线的一条挖掘线，这条挖掘线应与路边线相距15～20cm；然后，再依据绿篱的设计宽度，放出另一条挖掘线。两条挖掘线均要用白灰在地面画出来。放线后，挖出绿篱的种植沟，沟深一般20～40cm，视苗木的大小而定。

栽植绿篱时，栽植位点有矩形和三角形两种排列方式，株行距视苗木树冠宽窄而定；一般株距为20～40cm，最小可为15cm，最大可达60cm（如珊瑚树绿篱）。行距可和株距相等，也可略小于株距。一般的绿篱多采取双行三角形栽种方式，但最窄的绿篱则要采取单行栽种方式，最宽的绿篱也有栽成5～6行的。苗木一棵棵栽好后，要在根部均匀地覆盖细土，并用锄把插实；之后，还应全面检查一遍，发现有歪斜的就要扶正。绿篱的种植沟两侧，要用余下的土做成直线形围堰，便于拦水。土堰做好后，浇灌定根水，要一次浇透。

定型修剪是规整式绿篱栽好后马上要进行的一道工序。修剪前，要在绿篱一侧按一定间距立起标志修剪高度的一排竹竿，竹竿与竹竿之间还可以连上长线，作为绿篱修剪的高度线。绿篱顶面具有一定造型变化的，要根据形状特点，设置两种以上的高度线。在修剪方式上，可采用人工和机械两种方式。人工修剪使用的是绿篱剪，由工人按照设计的绿篱形状进行修剪。机械修剪是使用绿篱修剪机进行修剪，效率当然更高些。

绿篱修剪的纵断面形状有直线形、波浪形、浅齿形、城垛形、组合型等，横断面形状有长方形、梯形、半球形、截角形、斜面形、双层形、多层形等。在横断面修剪中，不得修剪成上宽下窄的形状，如倒梯形、倒三角形、伞形等，都是不正确的横断面形状。如果横断面修剪成上宽下窄形状，将会影响绿篱下部枝叶的采光和萌发新枝新叶，使以后绿篱的下部呈现枯秃无叶状。自然式绿篱不进行定型修剪，只将枯枝、病虫枝、杂乱枝剪掉即可。

第四节　草坪建植施工

一、草坪的概念与类型

（一）草坪的概念

草坪是人工建植、管理的，能够耐适度修剪和践踏的，具有使用功能和改善生态环境作用的草本植被。

（二）草坪的类型

按照用途，草坪可分为以下几种类型。

1.游憩型草坪

这类草坪多采用自然式建植，没有固定的形状，大小不一，允许人们入内活动，管理较粗放。选用的草种适应性强，耐践踏，质地柔软，叶汁不易流出不会污染衣服。

2.观赏型草坪

这类草坪栽培管理要求精细，严格控制杂草生长，有整齐美观的边缘并多采用精美的栏杆加以保护，仅供观赏，不能入内游乐。草种要求平整、低矮，绿色期长，质地优良。

3.运动场草坪

专供开展体育活动用的。管理要求精细，要求草种韧性强，耐践踏，并耐频繁修剪，形成均匀整齐的平面。

4.环境保护草坪

这类草坪的主要目的是发挥其防护和改善环境的功能，要求草种适应性强、根系发达、草层紧密，抗旱、抗寒、抗病虫害能力强，耐粗放管理。

二、园林中常用的草坪草

（一）暖季型草坪草

此类草坪草特点是早春返青后生长旺盛，进入晚秋遇霜茎叶枯落，冬季呈休眠状态，26～32℃为其最适生长温度。常用的有结缕草、野牛草、中华结缕草、狗牙根、地毯草、细叶结缕草、假俭草等，适合于我国黄河流域以南的华中、华南、华东、西南广大地区。

（二）冷季型草坪草

此类草坪草主要特征是耐寒性强，冬季常绿或仅有短期休眠，不耐夏季炎热高湿，春秋两季是最适宜的生长季节。常用的有草地早熟禾、加拿大早熟禾、高羊茅、紫羊茅、匍匐剪股颖、多年生黑麦草等，适合我国北方地区栽培，尤其能适应夏季冷凉的地区。

三、草坪建植的方法

（一）播种法

一般用于结籽量大而且种子容易采集的草种，如野牛草、羊茅、结缕草、苔草、剪股颖、早熟禾等都可用种子繁殖。优点是施工投资小，从长远看，实生草坪植物的生命力强；缺点是杂草容易侵入，养护管理要求高，形成草坪的时间比其他方法长。

（二）栽植法

1.种植时间

全年的生长季均可进行。但种植时间过晚，当年就不能覆满地面。最佳的种植时间是生长季中期。

2.种植方法

分条栽与穴栽。草源丰富时可以用条栽，在整好的地面以20～40cm为行距，开5cm深的沟，把撕开的草块成排放入沟中，然后填土、踩实。同样，以20～40cm为株行距穴栽也是可以的。

为了提高成活率，缩短缓苗期，移栽过程中要注意两点：一是栽植的草要带适量的护根土；二是尽可能缩短掘草到栽草的时间，最好是当天掘草当天栽。栽后要充分灌水，清除杂草。

这种方法的主要优点是形成草坪快，可以在任何时候（北方封冻期除外）进行，且栽后管理容易。缺点是成本高，并要求有丰富的草源。

四、草坪的养护

（1）灌水。北方春季草坪萌发到雨季前，是一年中最关键的灌水时期。每次灌水的水量应根据土质、生长期、草种等因素而确定，以湿透根系层、不发生地面径流为原则。

在封冻前灌封冻水也是必要的。（2）施肥。草坪建成后在生长季需追氮肥，以保持草坪叶色嫩绿、生长繁密。寒季型草种的追肥时间最好在早春和秋季。（3）修剪。修剪是草坪养护的重点，能控制草坪高度，促进分蘖，增加叶片密度，抑制杂草生长，使草坪平整美观。草坪修剪一般应遵循1/3原则，即每次修剪时，剪掉的部分不能超过叶片自然高度（未剪前的高度）的1/3。一般的草坪一年最少修剪4～5次。（4）除杂草。草坪一旦发生杂草侵害，除用人工“挑除”外，还可用化学除草剂，如用2.4–D、西马津、扑草净、敌草隆等。（5）更新复壮。根据草坪衰弱情况，选择不同的更新方法。出现斑秃的，应挖去枯死株，及时补播或补栽。

五、突破季节限制的绿化施工

（一）苗木选择

1.选移植过的树木

最近两年已经移植过的树木，其新生的细根都集中在树蔸部位，树木再移植时所受影响较小，在非适宜季节中栽植的成活率较高。

2.采用假植的苗木

假植几个月以后的苗木，其根蔸处开始长出新根，根的活动比较旺盛，在不适宜的季节中栽植也比较容易成活。

3.选土球最大的苗木

从苗圃挖出的树苗，如果是用于非适宜季节栽种，其土球应比正常情况下大一些；土球越大，根系越完整，栽植越易成功。如果是裸根的苗木，也要求尽可能带有心土，并且所留的根要长，细根要多。

4.用盆栽苗木下地栽种

在不适宜栽树的季节，用盆栽苗木下地栽种，一般都很容易成活。

5.尽量使用小苗

小苗比大苗的移栽成活率更高，只要不急于很快获得较好的绿化效果，都应当使用小苗。

（二）修剪整形

1.裸根苗木整剪

栽植之前，应对根部进行整理，剪掉断根、枯根、烂根、短截无细根的主根；还应对树冠进行修剪，一般要剪掉全部枝叶的1/3～1/2，使树冠的蒸腾作用面积大大减小。

2.带土球苗木的修剪

带土球的苗木不用进行根部修剪，只对树冠修剪即可。修剪时，可连枝带叶剪掉树冠的1/3～1/2；也可在剪掉枯枝、病虫枝以后，将全树的每一个叶片都剪截1/2～2/3，以大大减少叶面积的办法来降低全树的水分蒸腾总量。

（三）栽植技术处理

1.栽植时间确定

经过修剪的树苗应马上栽植。如果运输距离较远，则根蔸处要用湿草、塑料薄膜等加以包扎和保湿。栽植时间最好在上午11时之前或下午4时以后，而在冬季只要避开最严寒的日子就行。

2.栽植

种植穴要按一般的技术规程挖掘，穴底要施基肥并铺设细土垫层，种植土应疏松肥活。把树苗根部的包扎物除去，在种植穴内将树苗立正栽好，填土后稍稍向上提一提，再插实土壤并继续填土至穴顶。最后，在树苗周围做出拦水的围堰。

3.灌水

树苗栽好后要立即灌水，灌水时要注意不损坏土围堰。土围堰中要灌满水，让水慢慢浸下到种植穴内。为了提高定植成活率，可在所浇灌的水中加入生长素，刺激新根生长。生长素一般采用萘乙酸，先用少量酒精将粉状的萘乙酸溶解，然后掺进清水，配成浓度为200mg/kg的浇灌液，作为第一次定根水进行浇灌。

（四）苗木管理与养护

由于是在不适宜的季节中栽树，因此，苗木栽好后就更加要强化养护管理。平时，要注意浇水，浇水要掌握“不干不浇、浇则浇透”的原则；还要经常对地面和树苗叶面喷洒清水，增加空气湿度，降低植物蒸腾作用。在炎热的夏天，应对树苗进行遮阴、避免强阳光直射。在寒冷的冬季，则应采取地面盖草、树侧设立风障、树冠用薄膜遮盖等方法，来保持土温和防止寒害。

第八章　园林植物的养护管理

第一节　园林植物的整形修剪

一、整形修剪的目的和作用

（一）整形修剪的目的

1.控制树木体量，不使其生长过大

园林绿地中种植的花木其生存空间有限，只能在建筑物旁、假山、漏窗及池畔等地生长，为与环境协调，必须控制植株高度和体量等。屋顶和平台上种植的树木，由于土层浅，空间小，更应使植株常年控制在一定的体量范围内，不使它们越长越大。宾馆、饭店内的室内花园中，栽培的热带观赏植物，应压低树高缩小树冠，才适宜室内栽植。这些都必须通过修剪才能达到。

2.促使树木多开花结实

已进入花期的花灌木，为保证年年花朵繁茂，秋实累累，必须合理和科学地修剪。此外，一些花灌木可通过修剪达到控制花期或延长花期的目的。

3.使衰老的植株或枝条更新复壮

树木衰老后，树冠出现空秃，开花量和枝条生长量减少，可通过修剪刺激枝干皮层内的隐芽和不定芽萌发，形成粗壮的、年轻的枝条，取代老株或老枝，达到恢复树势、更新复壮的目的。

4.改善透光条件，提高抗逆能力

树木枝条年年增多，叶片拥挤，互相遮挡阳光，树冠内膛光照不足，通风不良，极易诱发病虫害。通过修剪适当疏枝，增加树冠内膛的通风、透光度，一方面使枝条生长健壮，另一方面降低冠内相对湿度，提高树木的抗逆能力和减少病虫害的发生概率。

5.控制枝条的伸长方向

使树冠偏于一侧或形成各种艺术造型，以供观赏。如临水式、垂悬式、塔式和各种几何图案式。

（二）修剪的作用

1.修剪对树木生长的双重作用

修剪的对象，主要是各种枝条，但其影响范围并不限于被修剪的枝条本身，还对树木的整体生长有一定的作用。

局部促进作用。一个枝条被剪去一部分后，可以使被剪枝条的生长势增强，这是由于修剪后减少了枝芽数量，改变了原有营养和水分的分配关系，使养料集中供给留下的枝芽生长。同时修剪改善了树冠内膛的光照与通风条件，提高了叶片的光合效能，使局部枝芽的营养水平有所提高，从而加强了局部的生长势。

整体抑制作用。修剪对树木的整体生长有抑制作用，主要是因为修剪后减少了部分枝条，树冠相对缩小，叶量及叶面积减少，光合作用制造的碳水化合物量少。同时，修剪造成的伤口，愈合时也要消耗一定的营养物质。所以修剪使树体总的营养水平下降，树木总生长量减少。

修剪时应全面考虑其对树木的双重作用，是以促为主还是以抑为主，应根据具体的情况而定。

2.修剪对开花结果的作用

修剪能调节营养生长和生殖生长的关系，生长是开花的基础，只有在良好的生长前提下，树木才能开花结实。但如果营养生长过旺，消耗的营养物质太多，积累过少，就会导致开花困难。在开花过多、营养消耗太大的情况下生长会受到抑制将引起早衰。合理的修剪能使生长与生殖取得平衡。

3.修剪对树体内营养物质含量的影响

修剪后，枝条生长强度改变，是树体内营养物质含量变化的一种形态上的表现。树木修剪后，短剪后的枝条及其抽生的新梢中的含氮量和含水量增加，碳水化合物含量相对减少。这种变化随修剪程度波动，重剪则变化大。这种营养物质含量的变化，在生长初期极为明显，随着枝条的老熟，氮的含量逐渐平衡，这与短剪后单枝生长势只在修剪当年增强是一致的。从全树的枝条看，氮、磷、钾的含量也因修剪后根系生长受抑制、吸收能力削弱而减少，所以修剪越重对树体生长的削弱作用越大。为了减少修剪造成的养分损失，应尽量在树体内含养分最少的时期进行修剪。一般冬季修剪应在秋季落叶后，养分回流到根部和枝干贮藏时及春季萌芽前树液尚未上升时进行为宜。

二、树木枝芽生长特性与整形修剪的关系

（一）树木芽的特性与修剪

1.芽的类别

（1）依着生的位置分为顶芽、侧芽和不定芽

顶芽在形成的第二年萌发，侧芽第二年不一定萌发，不定芽多在根颈处发生。

（2）依芽的性质分为叶芽、花芽和混合芽

叶芽萌发成枝，花芽萌发开花，混合芽萌发后既生花序又生枝叶。

（3）依芽的萌发情况分为活动芽和休眠芽

活动芽于形成的当年或第二年即可萌发。这类芽往往是生长在枝条的顶端或是近顶端的几个腋芽。休眠芽第二年不萌发，以后可能萌发或一生处于休眠。休眠芽的寿命长短因树种而异。

2.芽异质性

芽在形成的过程中，由于树体内营养物质和激素的分配差异和外界环境条件的不同，使同一个枝条上不同部位的芽在质量上和发育程度上存在差异，这种现象称为芽的异质性。在生长发育正常的枝条上，一般基部及近基部的芽，在春季抽枝发叶时，由于当时叶面积小叶绿素含量低，光合作用强度与效率不高，碳素营养积累少，加之春季气温较低，会发育不健壮、瘦小。

随着气温的升高，叶面积很快扩大，同化作用加强，树体营养水平提高。枝条中部的芽，发育得较为充实。枝条顶部或近顶部的几个侧芽，是在树木枝条生长缓慢后，营养物质积累较多的时期形成的，芽多充实饱满，故基部芽不如中部芽。

3.芽在修剪中的作用

不定芽、休眠芽常用来更新复壮老树或老枝。休眠芽长期休眠，发育上比一般芽年轻，用其萌发出的强壮旺盛的枝条代替老树，便可达到更新复壮的目的。侧芽可用来控制或促进枝条的长势及伸展方向，方便整形。

芽的质量直接影响着芽的萌发和萌发后新梢生长的强弱，修剪中利用芽的异质性来调节枝条的长势、平衡树木的生长和促进花芽的形成萌发。生产中为了使骨干枝的延长枝发出强壮的枝头，常在新梢的中上部饱满芽处进行剪截。对生长过强的个别枝条，为限制旺长，在弱芽处下剪抽生弱枝，缓和树势。为平衡树势，扶持弱枝常利用饱满芽当头，能抽生壮枝，使枝条由弱转强。总之，在修剪中合理地利用芽的异质性，才能充分发挥修剪的应有作用。

（二）树木枝条生长习性与修剪

1.枝条的类型

依枝条的性质分为营养枝与开花结果枝。在枝条上只着生叶芽，萌发后只抽生枝叶的为营养枝。营养枝根据生长情况又分为发育枝、徒长枝、叶丛枝和细弱枝。发育枝，枝条上的芽特别饱满，生长健壮，萌发后可形成骨干枝，扩大树冠，可培育成开花结果枝。徒长枝，一般多由休眠芽萌发而成，生长旺盛，节间长，叶大而薄，组织比较疏松，木质化程度较差，芽较瘦小，在生长过程中消耗营养物质多，常常夺取其他枝条的养分和水分，影响其他枝条的生长。故一般发现后立即剪掉，只有在需要用来进行复壮或填补树冠空缺时才加以保留和培养利用。叶丛枝，年生长量很小，顶芽为叶芽，无明显的腋芽，节间极短可转化为结果枝。细弱枝，多生长在树冠内膛阳光不足的部位，枝细小而短，叶小而薄。

依枝条抽生时间及老熟程度分为春梢、夏梢和秋梢。在春季萌发长成的枝条称为春梢；由春梢顶端的芽在当年继续萌发而成的枝叫夏梢；秋季雨水、气温适宜还可由夏梢顶部抽生秋梢。新梢落叶后到第二年春季萌发前称为一年生枝，着生一年生枝或新梢的枝条叫二年生枝，当年春季萌发，当年在新梢上开花的枝条称为当年生枝条。

萌芽力是指一年生枝条上芽萌发的能力；成枝力是指一年生枝上芽萌发抽生成长枝的能力。

2.树木的分枝方式

单轴式分枝。枝的顶芽具有生长优势，能形成通直的主干或主蔓，同时依次发生侧枝；侧枝又以同样方式形成次级侧枝。这种有明显主轴的分枝方式叫单轴式分枝（或总状式分枝），如银杏、水杉、云杉、冷杉、松柏类、雪松、银桦、杨树等。

合轴式分枝。枝的顶芽经一段时期生长以后，先端分化成花芽或自枯，而由邻近的侧芽代替延长生长，以后又按上述方式分枝生长。这样就形成了曲折的主轴，这种分枝方式叫合轴式分枝，如成年的桃、杏、李、榆、核桃、苹果、梨树等。

假二叉分枝。具对生芽的植物，顶芽自枯或分化为花芽，由其下对生芽同时萌枝生长所接替，形成叉状侧枝，以后如此继续，其外形上似二叉分枝，因此叫假二叉分枝。这种分枝式实际上是合轴分枝的另一种形式，如丁香、梓树、泡桐树等。

树木的分枝方式不是一成不变的。许多树木年幼时呈总状分枝，生长到一定树龄后，就逐渐变为合轴或假二叉分枝。因而在幼青年树上，可见到两种不同的分枝方式，如玉兰等可见到总状分枝式与合轴分枝式及其转变痕迹。了解树木的分枝习性，对研究观赏树形、整形修剪、选择用材树种、培育良材等都有重要意义。

3.顶端优势

同一枝上顶芽或位置高的芽抽生的枝条生长势最强，向下生长势递减。它是枝条背地性生长的极性表现，又称极性强。顶端优势也表现在分枝角度上。枝条越直立，顶端优势表现越强；枝条越下垂，顶端优势越弱。另外也表现在树木中心干生长势要比同龄主枝强；树冠上部枝比下部的强。一般乔木都有较强的顶端优势，越是乔化的树种，其顶端优势也越强，反之则弱。

4.干性

植物的干性是指中心主干强弱程度和持续时间的长短。顶端优势明显的树种，中心干强而持久。凡中心干坚硬，能长期处于优势生长者，叫干性强。这是乔木的共性，即枝干的中轴部分比侧生部分具有明显的相对优势。

5.层性

主枝在中心主干上的分布或二级侧枝在主枝上的分布形成明显的层次。

层性是顶端优势和芽的异质性共同作用的结果。一般顶端优势强而成枝力弱的树种层性明显。代表性树木乔木位于中心干上的顶芽（或伪顶芽）萌发成一强壮中心干的延长枝和几个较壮的主枝及少量细弱侧生枝；基部的芽多不萌发，而成为隐芽。同样在主枝上，以与中心干上相似的方式，先端萌生较壮的主枝延长枝和萌生几个自先端至基部长势递减之侧生枝。其中有些能变成次级骨干枝；有些较弱枝，生长停止早，节间短，单位长度叶面积大，生长消耗少，累积营养物多，因而易成花，成为树冠中的开花、结实部分。多数树种的枝基，或多或少都有些未萌发的隐芽。从整个树冠来看，在中心干和骨干枝上几个生长势较强的枝条和几个生长弱的枝以及几个隐芽一组组地交互排列，就形成了骨干枝分布的成层现象。有些树种的层性，一开始就很明显，如油松等；而有些树种则随树龄增大，弱枝衰亡，层性逐渐明显起来，如苹果、梨树等。具有层性的树冠，有利于通风透光。但层性又随中心干的生长优势和保持年代而变化。树木进入壮年之后，中心干的优势减弱或失去优势，层性也就消失。不同树种的层性和干性强弱不同。裸子植物中的银杏、松属的某些种以及枇杷、核桃、杉树等层性最为明显。而柑橘、桃树等由于顶端优势弱，层性与干性均不明显。顶端优势强弱与保持年代长短，表现为层性明显与否。干性强弱是构成树冠骨架的重要生物学依据。干性与层性对研究园林树形及其整形修剪，都有重要意义。

三、观赏树木常用的树形及修剪依据

（一）观赏树木常用的树形

1.自然式修剪的树形

各个树种因分枝习性、生长状况不同，形成了各式各样的树冠形式。在保持树木原有的自然冠形基础上适当修剪，称自然式修剪。自然式修剪能体现园林的自然美。自然式的树形有如下几种。

塔形（圆锥形）：单轴分枝的植物形成的树冠之一，有明显的中心主干，如雪松、水杉、落叶松等应用最广。

圆柱形：单轴分枝的植物形成的树冠之一，中心主干明显，主枝长度从下至上相差甚小，故植株上下几乎同粗。如龙柏、铅笔柏、蜀桧等常用的修剪方式。

圆球形：合轴分枝的植物形成的冠形之一，如元宝枫、樱花、杨梅、黄刺玫等。

卵圆形：壮年的桧柏、加杨等。

垂枝形：有一段明显主干，所有枝条似长丝垂悬，如龙爪槐、垂柳、垂枝榆、垂枝桃等。

拱枝形：主干不明显，长枝弯曲成拱形，如迎春、金钟、连翘等。

丛生形：主干不明显，多个主枝从基部萌蘖而成，如贴梗海棠、棣棠、玫瑰、山麻杆等。

匍匐形：枝条匍地生长，如偃松、铺地柏等。

2.整形式修剪的树形

根据园林观赏的需要，将植物树冠修剪成各种特定形式。由于修剪不是按树冠生长规律进行，生长一定时期后造型会被破坏，需要经常不断地整形修剪，比较费工费时耗资。整形修剪的树形有以下几种。

杯状形：有一段主干，树冠为（三股六杈十二枝）中心空如杯的形式，整齐美观，又解决了与上方线路的矛盾，故城市行道树常用此树形。

开心形：无中心主干或中心主干低，三个主枝向四周延伸，中心开展但不空。

圆球形：树冠修剪成圆球形，如大叶黄杨、紫薇、侧柏等。

动物、亭、台等形状：将植株整形修剪成各种仿生图像、亭台楼阁等。

几何图案形：常将绿篱修剪成梯形、矩形、杯形、半圆形等。

（二）整形修剪的依据

1.根据树种的生长习性考虑

选择修剪整形方式，首先应考虑植物的分枝习性、萌芽力和成枝力的大小、修剪伤口的愈合能力等因素。萌芽力、成枝力及伤口愈合能力强的树种，称之为耐修剪植物，反之称为不耐修剪植物。九里香、黄杨、悬铃木、海桐等耐修剪植物，其修剪的方式完全可以根据组景的需要及与其他植物的搭配要求而定。不耐修剪的植物，如桂花、玉兰树等，以维护自然冠形为宜，只轻剪，少疏剪。

2.根据树木在园林中的功能需要决定

园林中种植的众多植物都有其自身的功能和栽植目的，整形修剪时采用的冠形和方法因树而异。观花植物应修剪成开心形和圆球形，使其花团锦簇；观叶、观形植物应以自然为宜，让其枝繁叶茂。游人众多的主景区或规则式园林中，修剪整形应当精细，并进行各种艺术造型，使园林景观多姿多彩、新颖别致、生机盎然，发挥出最大的观赏功能以吸引游人。在游人较少的地区，或在以古朴自然为主格调的游园和风景区中，应当采用粗剪的方式，保持植物粗犷、自然的树形，使游人身临其境，有回归自然的感觉，可尽情领略自然风光。

3.根据周围环境考虑

园林植物的修剪整形，还应考虑植物与周围环境的协调、和谐，要与附近的其他园林植物、建筑物的高低、外形、格调相一致，组成一个相互衬托、和谐完整的整体。另外，还应根据当地的气候条件，采用不同的修剪方法。

4.根据树龄树势决定

不同年龄的植株应采用不同的修剪方法。幼龄期植株应围绕如何扩大树冠，形成良好的树冠而进行适当的修剪。盛花时期的壮年植株，要通过修剪来调节营养生长及生殖生长的关系，防止不必要的营养消耗，促使分化更多的花芽。观叶类植物，在壮年期的修剪只是保持其丰满圆润的冠形，不能发生偏冠或出现空缺现象。生长逐渐衰弱的老年植株，应通过回缩、重剪刺激休眠芽萌发，发出壮枝代替衰老的大枝，以达到更新复壮的目的。

5.根据修剪反应决定

同一树上枝条生长的位置和枝条的性质、长势和姿态不同，修剪程度不同，则修剪后树木的反应也不同，修剪效果就不同。所以修剪时，应顺其自然，做到恰如其分。

四、观赏植物整形修剪的基本技术

（一）整形修剪的时期

一般来说，园林植物的修剪可以在以下两个时期进行：第一，冬季（休眠期）修剪；第二，夏季（生长期）修剪。

冬季修剪又叫休眠期修剪（一般在12月至翌年2月）。耐寒力差的树种最好在早春进行，以免伤口受风寒之害。落叶树一般在冬季落叶到第二年春季萌发前进行。冬季修剪对观赏树木树冠的形成、枝梢生长、花果枝形成等有很大影响。

夏季修剪又叫生长期修剪（一般在4月至10月）。从芽萌动后至落叶前进行，也就是说，新梢停止生长前进行。具体修剪的日期还应根据当地气候条件及树种特性而定。一年内多次抽梢开花的树木，花后及时修去花梗，使抽生新枝、开花不断，延长了观赏期，如紫薇、月季等观花植物。草本花卉为使株形饱满，抽花枝多，进行摘心。树木嫁接后，用抹芽、除蘖达到促发侧枝、抑强扶弱的目的，均在生长期内进行。观叶、观姿态的树木，随时发现扰乱树形的枝条要随时剪去。

（二）园林植物修剪的程序

概括地说，为“一知、二看、三剪、四拿、五处理、六保护”。一知，修剪人员必须知道修剪的质量要求、目的及操作规范。二看，对每株树看清先剪什么，后剪哪些，做到心中有数。三剪，按操作规范和质量要求进行修剪。四拿，及时拿走修剪下的枝条，清理现场。五处理，及时处理掉剪下的带有病虫的枝条（如烧毁、深埋等）。六保护，采取保护性措施。如修剪直径2 cm以上的大树时，截口必须削平，在截口处涂抹防腐剂、封蜡等。

（三）修剪方法与作用

1.短截（剪）

即剪去一年生枝梢的一部分。

作用：增加枝梢密度；缩短枝轴和养分运输距离，利于促进生长和复壮更新；改变枝梢的角度和方向、改变顶端优势，调节主枝平衡；控制树冠和枝梢。

按剪口芽的质量、剪留长度、修剪反应可分为轻短剪、中短剪、重短剪、极重短剪等。

轻短剪：只剪去枝条顶端部分，留芽较多，剪口留较壮的芽。剪后可提高萌芽力，抽生较多的中、短枝条，对剪口下的新梢刺激作用较弱，单枝的生长量减弱，但总生长量加大；发枝多，母枝加粗快，可缓和新梢生长势。

中短剪：在枝梢的中上部饱满芽处短剪，留芽较轻短剪少，剪后对剪口下部新梢的生长刺激作用大，长、中枝较多，母枝加粗生长快。

重短剪：在枝梢的下部短剪，一般只在剪口留1～2个稍壮芽，其余为瘦芽。留芽更少，截后刺激作用大，常在剪口附近抽1～2个壮枝，其余由于芽的质量差，一般发枝很少或不发枝，故总生长量较少，多用于结果枝组。

极重短剪：又称留撅修剪、短枝型修剪。在春梢基部1～2个瘪芽（或弱芽）处剪，修剪程度重，留芽少且质量差，剪后多发1～2个中、短枝，可削弱枝势，降低枝位。多用于处理竞争枝，培养短枝型结果枝。

2.缩剪（回缩）

短剪多年生枝条，或在多年生枝条上短剪。

一般修剪量大。刺激较重，缩剪后母枝的总生长量减少了（即对母枝有较强的削弱作用），缩短了根叶距离，能促进剪口后部的枝条生长和潜伏芽的萌发抽枝，有更新复壮的作用。多用于枝组和骨干枝的更新和控制树冠、控制辅养枝等。

3.疏剪（疏删）

把枝条（包括一年生或多年生枝条）从基部剪去。疏剪可去除病虫枝、干枯枝、无用徒长枝、过密交叉枝等。疏剪能改善通风透光条件，提高叶片光合作用，增加养分的积累，有利于植物的生长及花芽的分化。疏剪对全树起削弱生长势作用，伤口以上枝条生长势相对削弱，但伤口以下枝条生长势相对增强，这就是所谓的“抑上促下”作用。疏去大枝要分年逐步进行，否则会因伤口过多而削弱树势。疏枝要掌握从基部剪除，不留残桩且伤口面尽量小的原则。园林中绿篱和球形树短截修剪后，会造成枝条密生，树冠内枯死枝、光杆枝过多，所以要与疏剪相结合。

4.长放（甩放、缓放、甩条子）

利用单枝生长势逐年减弱的特性，对部分长势中等的枝条长放不剪，保留大量的枝叶。利于营养物质的积累，能促进花芽形成，使旺枝或幼树提早开花、结果。

5.曲枝

即改变枝梢的方向。一般是加大与地面垂直线的夹角，直至水平、下垂或向下弯曲，也包括向左右改变方向或弯曲，撑、拉、吊枝等。

6.环剥、环割

环剥是将枝干的韧皮部剥去一环。环割、倒贴皮、大扒皮都属于这一类。枝干缚缢，也有类似作用。

7.除萌

剪除无用或有碍主干枝生长的芽。如月季、牡丹、花石榴等的脚芽。

8.摘心、剪梢

生长季节中剪除新梢、嫩梢顶尖的技术措施（如蜡梅夏季生长时摘心，可促进养分积累，冬季多开花）。剪梢即在生长季节中，将生长过旺枝条的一般木质化新梢先端剪除，主要是调整树木主枝和侧枝关系。

9.扭梢和拿枝软化

在生长季内，将生长过旺的枝条，特别是着生在枝背上的旺枝，在中上部扭曲下垂称为扭梢，将新梢折伤不折断则为折梢。二者都是伤骨不伤皮，目的是阻止水分、养分向生长点输送，削弱枝条长势，利于短花枝的形成，如碧桃。

五、不同植物的修剪方法

（一）行道树的修剪

1.有中央领导干树木的修剪

此类树木栽植在无架空线路的路旁。

（1）确定分枝点。在栽植前进行，一般确定在3 m左右，苗木小时可适当降低高度，随树木生长而逐渐提高分枝点高度，同一街道行道树的分枝点必须整齐一致。

（2）保持主尖。要保留好主尖顶芽，如顶芽破坏，在主尖上选一壮芽，剪去壮芽上方枝条，除去壮芽附近的芽，以免形成竞争主尖。

（3）选留主枝。一般选留主枝最好下强上弱，主枝与中央领导枝成40°～60°的角，且主枝要相互错开，全株形成圆锥形树冠。

2.无中央领导干树木的修剪

此类树木一般种植在架空线路下的路旁。

（1）确定分枝点。有架空线路下的行道树，分枝点高度为2 m至2.5 m，不超过3 m。

（2）留主枝。定干后，应选3个至5个健壮分枝均匀的侧枝作为主枝，并短截10～20 cm，除去其余的侧枝，所有行道树最好上端整齐，这样栽植后整齐。

（3）剥芽。树木在发芽时，常常是许多芽同时萌发，这样根部吸收的水分和养分不能集中供应会留下芽子，这就需要剥去一些芽，以促使枝条发育，形成理想的树形。在夏季，应根据主枝长短和苗木大小进行剥芽。第一次每主枝一般留3～5个芽，第二次定芽2～4个。

3.常绿乔木的修剪

（1）培养主尖。对于多主尖的树木，如桧柏、侧柏等应选留理想主尖，对其余的进行2～3次回缩，就可形成一个主尖。如果主尖受伤，扶直相邻比较健壮的侧枝进行培养。像雪松等轮生枝条，选一健壮枝，将一轮中其他枝回缩，再将其下一轮枝轻短剪，就培养出一新主尖。

（2）整形。对树冠偏斜或树形不整齐的可截除强的主枝，留弱的主枝进行纠正。

（3）提高分枝点。行道树长大后要每年删除，删除时要上下错开，以免削弱树势。

（二）花灌木的修剪

1.新栽花灌木的修剪

保持内高外低，成半球形。疏枝应外密内稀，以利于通风透光。为减少损耗养分，一般都要进行重剪。对于有主干的（如碧桃等）应保留3～5个主枝，主枝要中短截，主枝上侧枝也要进行中短截。修剪后要使树冠保持开展、整齐和对称。对于无主干（如紫荆、连翘、月季等）多从地表处发出许多枝条，应选4～5枝分布均匀、健壮的作为主枝，其余的齐根剪去。

2.养护中灌木的修剪

对栽植多年的灌木，通过养护使其保持美观、整齐、通风透光，以利于生长。

3.开花灌木的修剪

早春开花的灌木，如榆叶梅、迎春、连翘、碧桃等，花芽是上一年形成的，应在花后轻短截。夏季开花的，如百日红、石榴、夹竹桃、月季等，要在冬季休眠期重短截。一年多次开花的，花后及时修剪，促发新枝，使其开花不断。观叶、观姿态的，随时剪去扰乱树形的枝条。

规则式修剪或特殊造型的，及时进行定型修剪和维护修剪，使其保持最佳的观赏形态。

（三）绿篱的修剪

按照高度不同，绿篱可分为绿墙、高绿篱、中绿篱及矮绿篱。绿墙高1.8 m以上，能够完全遮挡住人们的视线；高绿篱高1.2～1.6 m，人的视线可以通过，但人不能跨越；中绿篱高0.6～1.2 m，有很好的防护作用，最为常用；矮绿篱高在0.5 m以下。

根据人们的不同要求，绿篱可修剪成不同的形式。

梯形绿篱：这种篱体横断面上窄下宽，有利于地基部侧枝的生长和发育，不会因得不到光照而枯死稀疏。

矩形绿篱：这种篱体造型比较呆板，顶端容易积雪而受压变形，下部枝条也不易接受到充足的光照，以致部分枯死而稀疏。

圆顶绿篱：这种篱体适合在降雪量大的地区使用，便于积雪向地面滑落，防止积雪将篱体压变形。

自然式绿篱：一些灌木或小乔木在密植的情况下，如果不进行规整式修剪，常长成自然形态。

绿篱修剪的时期，要根据不同的树种和不同生长发育时期灵活掌握。

对于常绿针叶树种绿篱，因为它们每年新梢萌发得早，应在春末夏初之际完成第一次修剪，同时可以获得扦插材料。立秋以后，秋梢开始旺盛生长，这时应进行第二次全面修剪，使株丛在秋冬两季保持整齐划一，并在严冬到来之前完成伤口愈合。对于大多数阔叶树种绿篱，在春、夏、秋季都可根据需要随时进行修剪。为获得充足的扦插材料，通常在晚春和生长季节的前期或后期进行。用花灌木栽植的绿篱不大可能进行规整式的修剪，修剪工作最好在花谢以后进行，这样既可防止大量结实和新梢徒长而消耗养分，又能促进新的花芽分化，为来年或以后开花做好准备。

定植后的修剪。定植时按规定高度、宽度用手剪剪去多余部分，对于主干粗大的，注意不要使主枝劈裂，然后再用绿篱机修剪整齐。

养护期修剪。一般用绿篱机修剪，方便快捷又省力。但每次不要剪得太轻，否则形状不易控制。

修剪期间。对于女贞、黄杨、刺柏篱一年要8～10次。对于玫瑰、月季、黄刺玫绿篱应在花后修剪。对各种植物造型要经常修剪。修剪要求高度一致，三面（两侧与上平面）平直、棱角分明。

（四）藤本类修剪

1.棚架式

栽植后要就地重截，可发强壮主蔓，牵引主蔓于棚架上，如紫藤、木香等。对主干上主枝，仅留2～3个作辅养枝。夏季对辅养枝摘心，促使主枝生长。以后每年剪去干枯枝、病虫枝、过密枝。

2.附壁式

如爬墙虎、凌霄、五叶地锦等植物，只需重剪短截后，将藤蔓引于墙面，每年剪去干死枝、病虫枝即可。

（五）大树的整形修剪

大树整形修剪的目的如下。

一是保持大树的自然态势。为了促进或抑制树势，使树冠均衡美观，对衰老枝、弱枝、弯曲枝进行修剪，可促进其萌发生命力旺盛的、强壮的和通直的新枝，达到更新复壮、加强树势的目的。相反，对过强的枝条也可用修剪方法，削弱其长势，使树冠内的枝条均衡分布。

二是创造和培养非自然的植物体貌。控制枝条的方向，体现设计理念，满足观赏要求。

三是改善通风透光条件。剪去枯枝、伤枝、病枝、虫枝，使树冠通风透光，光合作用得到加强，减少病虫害的发生。

四是将不利于植物生长的部分剪除，特别是萌蘖条和徒长枝。

五是为了展示树木诱人的树干，将乔木和大灌木下部枝条剪除，在每年休眠期，采用截顶强修剪，促使萌发旺盛的新枝，以最大限度地显露其美丽的树干。

六是调节营养生长与生殖生长关系。以观花、观果为主的树木，通过对枝条的修剪，调节树体的营养生长与生殖生长的矛盾，使营养物质合理分配，促进发芽，提早开花结果，克服观果树木的大小年问题，保持观赏效果。

七是调节矛盾，减少伤害。剪去阻碍交通信号及来往车辆的枝条，增进人们的安全感。

第二节　古树名木的养护管理

一、古树名木的概念

中华人民共和国国家城市建设局的文件规定：古树一般指树龄在百年以上的大树；名木是指稀有、名贵或具有历史价值和纪念意义的树木。

《中国大百科全书》农业卷“古树名木”的定义是：“树龄在百年以上，在科学和文化艺术上具有一定价值，形态奇特或珍稀濒危的树木。”

二、古树名木的评定标准及管理

（一）古树名木的评定标准

我国各省有各自的古树名木评定标准。一般古树名木依据其在历史、经济、科研、观赏等方面的不同价值分为三级。

一级：

（1）存活500年以上；

（2）在近代具有特殊史学价值；

（3）由国家元首或政府首脑种植或赠送的；

（4）由本地选育成功的具有国际先进水平的第一代珍贵稀有品种；

（5）在本地发现并经鉴定列为新种，并具有国际影响的标本树。

二级：

（1）存活300～500年；

（2）由古今中外著名人士赠送、种植、题咏过的树；

（3）在当地名胜景点起点缀作用；

（4）由本地选育成功的具有国内先进水平的第一代珍贵稀有品种；

（5）在本地发现并经鉴定列为新种，并具有国际影响的标本树；

（6）符合古树名木鉴定标准两条或两条以上。

三级：凡不够一、二级的，但够上一般古树名木条件之一的列为三级保护。

（二）古树名木的分级管理

一级古树名木的档案材料，要抄报国家和省、自治区、直辖市城建部门备案。

二级古树名木的档案材料，由所在地城建、园林部门和风景名胜区管理机构保存、管理，并抄报省、自治区、直辖市城建部门备案。

各地城建、园林部门和风景名胜区管理机构要对本地区所有古树名木进行挂牌，标明管理编号、树种名、学名、科、属、树龄、管理级别及单位等。

三、古树名木的价值

中国是文明古国，古树名木种类之多，树龄之长，数量之大，分布之广，名声之显赫，影响之深远，均为世界罕见。

我国现存的古树，有的已逾千年。它历经沧桑，饱经风霜，经过战争的洗礼和世事变迁的漫长岁月，依然生机盎然，为祖国灿烂的文化和壮丽山河增添不少光彩。保护和研究古树，不仅因为它是一种独特的自然和历史景观，而且因为它是人类社会历史发展的佐证者。它对于研究古植物、古地理、古水文和古历史文化都有重要的科学价值。

古树名木是历史的见证。我国的古树名木不仅在横向上分布广阔，而且在纵向上跨越数朝历代，具有较高的树龄。如我国传说中的周柏、秦松、汉槐、隋梅、唐杏（银杏）等，均可作为历史的见证。

古树名木是历代陵园、名胜古迹的佳景之一。古树名木苍劲古雅，姿态奇特，高大挺拔，使千万中外游客流连忘返。如北京天坛公园的“九龙柏”、香山公园的“白松堂”、陕西黄帝陵“轩辕庙”内的“黄帝手植柏”和“挂甲柏”等都堪称世界无双，把祖国山河装扮得更加美丽多娇。

古树对于研究树木生理具有特殊意义。树木的生长周期很长，相比之下人的寿命却短得多。对它的生长、发育、衰老、死亡的规律，我们无法用跟踪的方法加以研究。古树的存在就把树木生长、发育在时间上的顺序展现为空间上的排列，我们可将处于不同年龄阶段的树木作为研究对象，从中发现该树种从生到死的总规律。

古树对于树种规划有很大的参考价值。古树多为乡土树种，对当地气候和土壤条件有很强的适应性，因此，古树是树种规划的最好依据。

四、古树名木的养护管理

任何树木都要经历生长、发育、衰老、死亡等过程。也就是说，树木的衰老、死亡是客观规律。但是可以通过人为的措施延缓衰老死亡进程，使树木最大限度地为人类造福。为此有必要探讨古树衰老的原因，以便有效地采取措施。

（一）古树名木衰老的原因

1.树木自身因素

由于树种遗传因素的影响，树种不同，其寿命长短、发育进程、对外界不利环境条件的抗性以及再生能力等，均会有所不同。

2.土壤密实度过高

古树因姿态奇特，树形美观，或是具有神奇传说，往往吸引大量的游客，树下地面受到频繁践踏，土壤板结，密实度增高，透气性降低，造成土壤环境恶化，对树木的生长十分不利。

3.树干周围铺装面过大

有些地方用水泥砖或其他材料铺装，仅留很小的树盘，影响了地下与地上部分的气体交换，使古树根系处于透气性极差的环境中。

4.土壤理化性质恶化

近些年来，有不少人在公园古树林中搭建帐篷，开各式各样的展销会、演出会或是日常锻炼身体，这不仅使该地土壤密实度增高，同时还造成各种污染，有些地方还因增设临时厕所而造成土壤含盐量增加。

5.根部的营养不足

有些古树栽在奠基土上，植树时只在树坑中垫了好土，树木长大后，根系很难向坚硬的土中生长，由于根系活动范围受到限制，营养缺乏，致使树木早衰。

6.人为的损害

由于各种各样原因，人们在树下乱堆东西（如建筑材料、水泥、石灰、沙子等），特别是石灰，堆放不久树就会受害致死。有的还在树上乱画、乱刻、乱钉钉子，使树体受到严重破坏。

7.病虫害

常因古树高大、防治困难而失管，或因防治失当而造成更大的危害。所以，古树病虫害应以综合防治增强树势为主，用药要谨慎。

8.自然灾害

雷击雹打，雨涝风折，都会大大削弱树势。

以上原因使古树生长的基本条件恶化，不能满足树木对生态环境的要求，树体如再受到破坏摧残，古树就会很快衰老以致死亡。

（二）古树名木的养护管理

1.古树名木的调查、登记、存档

古树名木是记载一个国家、一个民族发展历程的活史书，也是记录一个地区千百年来气象、水文、地质、植被演变的活化石，是进行科学研究的宝贵资料，应该建立健全其资源档案。因此，必须对古树名木进行全面仔细的调查。调查内容主要有树种、树龄、树高、冠幅、胸径、生长势、生长地的环境条件以及对观赏和研究的作用、养护措施，还应搜集有关历史和其他资料。

在调查、分级的基础上进行分级养护管理，各级古树名木均应设永久性标牌，编号造册，并采取加栏、加强保护管理等措施。

2.古树名木的一般性养护管理措施

（1）支撑、加固

古树由于年代久远，树体衰老，会出现主干中空、主枝死亡、树体倾斜，故常需支撑、加固。方法：用钢管呈棚架式支撑，钢管下端用混凝土基加固；干裂的树干用扁钢箍起。

（2）设围栏、堆土、筑台

游人容易接近古树的地方，要设围栏进行保护，围栏一般要距树干3～4 m。凡人流密度大，树木根系延伸较长的地方，围栏外地面要做透气铺装。在古树干基堆土或筑台，可起保护作用，也有防涝效果。

（3）立标志、设宣传栏

安装标志，标明树种、树龄、等级、编号，明确养护管理负责单位。设立宣传栏，既需就地介绍古树名木的重大意义与现况，又需集中宣传教育、发动群众保护古树名木。

（4）加强肥水管理

在树冠投影外1 m以内至投影半径1/2以外的范围内进行环状深翻，增强土壤通气性。肥料的种类以长效肥为主，夏季速生期增施速效肥，施肥后要加强灌水，以提高肥效。

（5）防病防虫、补洞治伤、防止自然灾害

遇到病虫危害要尽快防治。

对于各种原因造成的伤口，应当用锋利的刀刮净削平四周，使皮层边缘呈弧形，再用消毒剂消毒（常用消毒药剂有：2%～5%硫酸铜溶液、0.1%升汞溶液、5度石硫合剂等），最后涂抹保护剂（桐油、接蜡、沥青）。

修补树洞的方法有三种：开放法、封闭法和填充法

开放法。树洞不深或无填充的必要时，可将洞内腐烂木质部分彻底清除，刮去洞口边缘的坏死组织，直至露出新组织为止，用药剂消毒，并涂防护剂。同时改变洞形，以利排

水，也可以在树洞最下端插入排水管。以后需经常检查防水层和排水情况，防护剂每隔半年左右重涂一次。

封闭法。对较窄树洞，可在洞口表面覆以金属薄片，待其愈合后嵌入树体。也可将树洞处理消毒后，在洞口表面钉上板条，以油灰和麻刀灰封闭，再涂以白灰乳胶，颜料粉面，以变得美观，还可以在上面压树皮状纹或钉上一层真树皮。

填充法。填充物最好是水泥和小石砾的混合物，也可用沥青与沙的混合物或聚氨酯泡沫材料。填充材料必须压实，为加强填料与木质部连接，洞内可钉若干电镀铁钉，并在洞口内两侧挖一道深约4 cm的凹槽。

填充物从底部开始，每20～25 cm为一层用油毡隔开，每层表面都向外略斜，以利排水，填充物边缘应不超过木质部，使形成层能在它上面形成愈伤组织。外层用石灰、乳胶涂抹，为了美观且富有真实感，还可在最外面钉一层真树皮。

（6）设避雷针

高大的树木容易遭受雷击，雷击严重影响树形和树势，甚至会导致死亡，所以，古树应加避雷针。如果遭受雷击，应立即将伤口刮平，涂上保护剂，并堵好树洞。

（7）整形修剪

以少整枝、少短截、轻剪、疏剪为主，基本保持原有树形为原则，以利通风透光，减少病虫害。必要时也要适当重剪，促进更新、复壮。

五、古树名木的复壮技术

古树复壮是运用科学合理的养护管理技术，使原本衰弱的古树重新恢复正常生长、延续其生命的措施。当然必须指出的是，古树复壮技术的运用是有前提的，它只对那些虽说老龄、生长衰弱，但仍在其生物寿命极限之内的树木个体有效。

1.深耕松土

其主要方法是在树干周围深翻土壤，范围比树冠稍大，深度要求在40 cm以上。园林假山上不能深耕时，要观察根系走向，用松土结合客土、覆土保护根系。

2.开挖土壤通气孔

在古树林中挖地井，深1 m，四壁用砖砌成40 cm×40 cm的孔洞，上覆铁栅，使之成为古树根系透气的“窗口”。

3.埋条法

在古树根系范围挖放射沟和环形长沟，填埋适量的树枝、腐叶土、熟土等有机材料来改善土壤的通气性以及肥力条件。每条沟长120 cm，宽40～70 cm，深80 cm。沟内先垫放10 cm厚的松土，再把剪好的树枝捆成捆，平铺一层，每捆直径20 cm左右，上撒少量松土，同时施入粉碎的酱渣和尿素，每沟施麻酱渣1 kg、尿素50 g。为补充磷肥可放少量的动物骨头和贝壳等物，覆土10 cm后放第二层树枝，最后覆土踏平。如果株行距大，也可采用长沟埋条。沟宽70 ~ 80 cm，深80 cm，长200 cm左右，然后分层埋条施肥，覆盖踏平。应注意埋条处的地面不能低，以免积水。

4.地面铺梯形砖或草皮

以改变土壤表面受人为践踏的情况，使土壤保持与外界进行正常的水气交换。在铺梯形砖和地被植物之前先在土壤施入有机肥，随后在表面上铺置上大下小的特制梯形砖、带孔的或有空花条纹的水泥砖。砖与砖之间不勾缝，留有通气道，下面用砂衬垫，同时还可以在埋树条的上面铺设草坪或地被植物，并围栏杆禁止游人践踏。

5.加塑料

耕锄松土时埋入聚苯乙烯发泡材料（可利用包装用的废料），撕成乒乓球大小，数量不限，以埋入土中不露出土面为宜。聚苯乙烯分子结构稳定，目前无分解它的微生物，故不刺激植物根系，渗入土中后，土壤容重减轻，气相比例提高，有利于根系生长。

6.挖壕沟

一些名山大川中的古树，由于所处位置特殊不易截留水分，常受旱灾，可以在上方距树10 m左右处的缓坡地带沿等高线挖水平壕沟，深到风化的岩石层，平均为1.5 m，宽2 ~ 3 m，长7.5 m，向外沿翻土，筑成截留雨水的土坝，底层填入嫩枝、杂草、树叶等，拌入表土。这种土坝在正常年份可截留雨水，同时待填充物腐烂以后，可形成海绵状的土层，更多地蓄积水分，使古树根系长期处于湿润状态。

7.换土

在树冠投影范围内，对大的主根部分进行换土，挖土深0.5 m（随时将暴露出来的根用浸湿的草袋子盖上），将原来的旧土与沙土、腐叶土、锯末、少量化肥混合均匀之后填埋其上。可同时挖深达4 m的排水沟，下层填以大卵石，中层填以碎石和粗砂，上面以细砂和园土填平，以排水顺畅。

第三节　地被植物的栽培养护

一、地被植物的概念、特点

（一）概念

地被植物是指某些有一定观赏价值，铺设于大面积裸露平地、坡地，适于阴湿林下和林间隙地等各种环境条件，覆盖地面的多年生草本和低矮丛生、枝叶密集、偃伏性、半蔓性的灌木以及藤本植物。简单地说是指覆盖于地表的低矮的植物群。在植物种类上，不仅包括多年生低矮草本和蕨类植物，还有一些适应性强的低矮、匍匐型的灌木和藤本植物。

（二）地被植物的生物学特点

（1）覆盖力强，适应能力强，种植以后不需经常更换，能够保持连年持久不衰；

（2）生长期长，多年生，绿叶期长；

（3）高矮适度，耐修剪；

（4）适应性、抗逆性强；

（5）容易繁殖，生长迅速，管理粗放；

（6）有较高观赏价值和经济价值。

（三）地被植物的景观特点

（1）种类丰富，观赏性多样；

（2）丰富季相变化；

（3）烘托和强调园林主景点；

（4）协调元素，与草坪相似；

（5）装饰立面，掩饰基础，减少水土流失；

（6）环境效益显著，养护管理简单。

二、地被植物的分类

（一）按覆盖物的性质分

1.活地被植物

低矮，生长致密，覆盖地面，以丰富层次、增添景色。

2.死地被植物

无生命的死有机物层，植物凋落的枯枝、落叶、花、果、树皮等，粉碎后的树皮、碎木片、枯枝、落叶等。保护土层不被冲刷，避免尘土飞扬；控制杂草滋生；吸湿保土，增加局部空气湿度；腐烂后转化为养分，代替施肥。

（二）按地被植物种类区分

1.草本地被植物

有一、二年生的，还有多年生宿根、球根类草本，如鸢尾、葱兰、麦冬、水仙、石蒜、二月兰等。自播能力强，连作萌生，持续不断。

2.藤本地被植物

藤本植物具有蔓生性、攀缘性及耐阴性的特点，常用于垂直绿化，高速路、公路及立交桥护坡绿化。常见的有铁线莲、常春藤、络石、爬山虎、迎春、探春、地锦、山葡萄、金银花等。

3.蕨类地被植物

蕨类植物分布广泛，特别适合在温暖湿润处生长。在草坪植物、乔灌木不能良好生长的阴湿环境里，蕨类植物是最好的选择。常见的有石松、贯众、钱线蕨、凤尾蕨、肾石蕨、波士顿蕨、乌毛蕨等。

4.矮竹地被植物

用于绿地假山、岩石中间，易管理。常用的如凤尾竹、翠竹、箬竹、金佛竹等。

5.矮生灌木地被植物

亚灌木植株矮小、分枝众多且枝叶平展，丛生性强，呈匍匐状态，铺地速度快，枝叶的形状和色彩富有变化，有的还有鲜艳的果实，且易于修剪造型。常见的有十大功劳、小叶女贞、金叶女贞、紫叶小檗、杜鹃、八角金盘、铺地柏、六月雪、枸骨等。

6.香味地被植物

如紫茉莉、茉莉、栀子。可用于观花、观果、闻香。

（三）按景观效果分

1.常绿地被

一年四季都能生长，保持全绿，没有明显的落叶休眠期，如铺地柏、石菖蒲、麦冬类、常春藤、土麦冬、沿阶草、吉祥草等。

2.落叶地被

秋冬季落叶或枯萎，第二年再发芽生长，抗寒性较强，如花叶玉簪、蛇莓、草莓、平枝枸子可用于观花、观果、观枝叶，等。

3.观花地被

低矮，花期长，花色艳丽，繁茂，花期观赏为主，如金鸡菊、二月兰、红花酢浆草、地被菊、花毛茛。花叶兼美，如石蒜类、水仙花。常年开花，如蔓长春花、蔓性天竺葵等。

4.观叶地被

终年翠绿，有特殊的叶色与叶姿，如常春藤类、蕨类、玉带草、八角金盘、连线草、马蹄金等。

（四）按配植的环境分

1.空旷地被

空旷地光照充足，气候较干燥，应选用阳性植物。观花类的，如美女樱、常夏石竹、福禄考、太阳花等。

2.林缘、疏林地被

林缘、疏林地属半阴环境，可根据不同的蔽荫程度选用不同的阴性植物，如二月兰、石蒜、细叶麦冬、蛇莓等。

3.林下地被

林下荫浓、湿润，应选阴生植物，如玉簪、虎耳草、桃叶珊瑚等。

4.坡地地被

土坡、河岸边，坡度较大、地层薄，应选抗性强，根系发达，蔓延迅速的植被，用以防冲刷、保水土，如小冠花、苔草、莎草等。

5.岩石地被

山石缝间、岩石园，干旱、贫瘠、环境严酷，应选耐旱、耐瘠，旱生植被，如常春藤、爬山虎、石菖蒲、野菊花等。

（五）按生态习性分

1.喜光耐践踏型

栽植在路边、坡脚等处，如马蔺等。

2.较喜光型

宜作花坛、树坛的边饰点缀，如萱草、鸢尾等。

3.耐半阴型

宜栽植在疏林或林缘，如偃松、金银花等。

4.耐浓阴型

宜栽植在密林下，如沿阶草、宝贵草等。

5.喜阴湿型

宜在水边、湿地栽植，如唐菖蒲等。

6.耐干旱瘠薄型

宜在干旱少雨或灌溉不便的、土质瘠薄的地方栽植，如石蒜、百里香等。

7.喜酸型

适宜在酸性土壤中生长，如水栀子等。

8.耐盐碱型

可在盐碱土壤中生长，如扫帚草等。

三、地被植物的选择标准

地被植物在园林绿化中所具有的功能决定了地被植物的选择标准。一般来说地被植物的筛选应符合以下标准：

（1）多年生，植株低矮，一般分为30 cm以下、50 cm左右、70 cm左右三种；

（2）全部生育期在露地栽培，绿叶期较长，绿叶期不少于7个月；

（3）生长迅速、繁殖容易、管理粗放，能用多种方式繁殖，且成活率高；

（4）适用性强、抗逆性强、无毒、无异味；

（5）花色丰富、持续时间长、观赏性好、覆盖力强、耐修剪。

四、地被植物的繁殖

为了大面积地覆盖地表，成片种植地被植物，一般要求采用简易粗放的繁殖和种植方法。目前我国各地常用的方法主要有以下几种。

（一）自播法

具有较强的自播覆盖能力的地被植物，一般它们的种子成熟落地，就能自播繁殖，更新复苏。播种一次后可年年自播，且繁殖力很强。

我国地被植物资源丰富，具有较好自播能力的种类较多，如二月兰、紫茉莉、诸葛菜、大金鸡菊、白花三叶草、地肤等，蛇莓、鸡冠花、凤仙花、藿香蓟、半支莲等也具有一定的自播能力。地被植物自播繁衍，管理粗放，绿化效果显著，很受人们欢迎。

（二）直接撒播种子法

直接撒播种子法是目前地被植物栽培中常用的一种方法。它不仅省工省事，且易扩大栽培面积。可直播的植物种子可在平整的土地上撒播，出苗整齐、迅速，密植很容易覆盖地面，如菊花脑等。

（三）营养繁殖法

地被植物中有很多种类可采用营养器官繁殖的方法来扩大地被的栽培面积，常用方法有：分株分根法，如萱草、菲白竹、箬竹、麦冬、石菖蒲、沿阶草、万年青、吉祥草、宿根鸢尾等；分植鳞茎法，如石蒜、葱兰、韭兰、水仙、白苏、酢浆草、白及等；营养枝扦插法，如常春藤、络石、菊花脑、垂盆草等。

（四）育苗移栽法

在种子不足、扦条短缺或者出苗不均匀时可采用此法。可先育苗后成片移往种植地，如美女樱、福禄考等。

五、地被植物的养护管理

（一）水分管理

大部分野生地被植物具有很强的抗旱性，当给予适当的水分供应时会表现得长势更好、更健壮。这种“适当”的程度需要经过一部分相关的实验摸索总结，否则充足的水分供应会增加养护工作量，如增加修剪频次，甚至会导致病虫害的发生。当年繁殖的小型观赏和药用地被植物，应每周浇透水2～4次，以水渗入地下10～15 cm处为宜。浇水应在上午10时前和下午4时后进行。

（二）施肥

地被植物生长期内，应根据各类植物的需要，及时补充肥力。常用的施肥方法是喷施法，因此法适合于大面积使用，又可在植物生长期进行。此外，亦可在早春、秋末或植物休眠期前后，结合加土进行施肥，对植物越冬很有利。还可以因地制宜，充分利用各地的堆肥、厩肥、饼肥及其他有机肥料。施用有机肥必须充分腐熟、过筛，施肥前应将地被植物的叶片剪除，然后将肥料均匀撒施。

（三）修剪平整

一般低矮类型品种，不需经常修剪，以粗放管理为主。但对开花地被植物，少数残花或花茎高的，须在开花后适当压低，或者结合种子采收适当整修。

（四）防止斑秃

与草坪管理一样，在地被植物大面积的栽培中，也忌讳出现斑秃。因此，一旦出现，要立即检查原因，如土质欠佳，要采取换土措施，并以同类型的地被进行补充，恢复美观。

（五）更新复苏

在地被植物养护管理中，常因各种不利因素，成片地出现过早衰老。此时应根据不同情况，对表土进行刺孔，使其根部土壤疏松透气，同时加强肥水。对一些观花类的球根及鳞茎等宿根地被，须每隔3～5年进行分根翻种，否则也会引起自然衰退。

（六）地被群落的配置调整

地被植物栽培期长，但并非一次栽植后一成不变。除了有些品种能自行更新复壮外，均需从观赏效果、覆盖效果等方面考虑，人为进行调整与提高，实现最佳配置。

首先，注意花色协调，宜醒目，忌杂乱。如在绿茵似毯的草地上适当种植些观花地被，其色彩容易协调，例如低矮的紫花地丁、黄花蒲公英等。又如在道路或草坪边缘种上香雪球、太阳花，则显得高雅、醒目。

其次，注意绿叶期和观花期的交替衔接。如观花地被石蒜、忽地笑等，它们在冬季只长叶，夏季只开花，而四季常绿的细叶麦冬周年看不到花。如能在成片的麦冬中，增添一些石蒜、忽地笑，则可达到互相补充的目的。

六、地被景观设计原则

（一）适时、适地选择种类品种

根据当地气候、土壤、光照等条件，选择乡土植物、野生植物，能减少养护费用，达到事半功倍的效果。

（二）遵循植物群落学规律

乔木、灌木、地被适宜群落组合。景观效果互补，生物习性和生态习性互补。深根性乔木加浅根系地被，林下耐阴植物混栽，避免弱肉强食，自然淘汰。

（三）和谐统一的艺术规律

（1）本身观赏性与环境协调：大空间，枝叶大；小空间，细叶。

（2）混栽配置种类宜少不宜多：本身季相变化大，太多易显杂乱。

（3）观赏性状互补：生长期与休眠期互补，观花、观叶互相衬托。

七、地被植物的应用价值

地被植物是园林绿化的主要组成部分，在园林绿化中起着重要的作用。首先，能增加植物层次、丰富园林景观，给人们提供优美舒适的环境；其次，叶面积系数的增加，在减少尘埃与细菌的传播、净化空气、降低气温、改善空气湿度等保健方面具有不可替代的作用；再次，能保持水土，护坡固堤，防止水土流失，减少和抑制杂草生长；最后，因可选用的植物品种繁多，有不少种类如麦冬、万年青、白及、留兰香、金针菜等都是药材、香料的天然原料，在不妨碍园林功能的前提下，还可以增加经济收益。

第九章　园林树木培育

第一节　园林树木的特点与特性

一、我国园林树木资源的特点

（一）种类繁多

全世界种子植物有30万种以上，而我国原产的乔灌木树种就约达800种，其中灌木树种为6 000余种，乔木树种约200种。乔木树种中优良用材和特用经济树种则达100种，尤其是我国独有的乔木达50种，如金钱松、台湾杉、水杉、杜仲、香果树、水松等，还有第三纪的孑遗植物，如银杏、油杉、铁杉、红松、杉木、水杉、红豆杉、榧树等，这些都是我国园林树木的宝贵资源。

（二）分布集中

我国园林分布着许多著名和有观赏价值的花木、树种。例如，山茶属全世界共有220种，原产我国就有195种，占89%，猕猴桃属植物80%原产我国，桂花属88%以上的种类原产我国，等等。

（三）丰富多彩

我国园林树种具有变异广泛、丰富多彩的特点。例如，梅花全国有300多个品种，分属真梅种系、杏梅种系及李梅种系等，又分为若干型，在枝态、花形、重瓣性、花色、萼色等性状上，形形色色、变化多端，可谓琳琅满目，美不胜收。

（四）特点突出

我国园林树种既包括许多特产科、属、种，举世无双，如银杉、银杏、喜树等，又在栽培中培育出独具一格、特点突出的品种和类型，如红花继木、黄香梅、红花含笑、重瓣杏花等。这些花木树种各具特点，品种独特，均为我国所仅有。

近年来，我国城市园林绿化建设发展很快，从国外引进了大量的、多彩的优良园林树木品种，丰富了我国的园林绿化材料，为进一步发展和提高园林绿化、美化整体水平和保持生态平衡提供了良好的基础条件。

二、园林树木的特性

植物在光合作用过程中，通过细胞的分裂和扩大，导致体积和重量不可逆地增加，称为生长。在生活史中，植物在细胞、组织、器官分化基础上的结构和功能的变化，称为发育。生长与发育的关系密切，生长是发育的基础。

研究树木的生长发育规律，对正确选用树种和制订栽培技术，有预见性地调节和控制树木的生长发育，充分发挥园林绿化功能，具有十分重要的意义。

（一）园林树木的生物学特性

1.树木的生命周期

树木发育存在着两个生长发育周期，即生命周期和年周期。植物从播种开始，经幼年、性成熟开花、衰老直至死亡的全过程称为生命周期。植物在一年中经历的生活周期称为年周期。春播一年生植物在年内完成生命周期。

（1）树木生命周期中生长与衰亡的变化规律

根系在生长过程中，随着年龄的增长，骨干根上早年形成的须根由基部向根端方向出现衰亡。同样，地上部分外围生长点增多，枝叶茂密，使内膛光照恶化，壮枝竞争养分的能力强，而内膛骨干枝出现枯落。随着树龄的增加，其中心干茎发生分杈或弯曲。生长日趋衰弱且具长寿潜芽的树种，常萌生直立旺盛的徒长枝，开始进行树冠的更新。随着徒长枝的扩展，全树由许多徒长枝形成新的树冠，逐年代替原来衰亡的树冠。当新树冠达到其最大程度以后，同样会出现先端衰弱、枝条开张而引起优势部位下移，从而又可萌生新的徒长枝来更新。

（2）不同类别树木的更新特点

不同类别的树木，其更新方式和能力大不相同。乔木类树木由于地上部骨干部分寿命长，有些具有长寿潜芽的树种，在原有母体上可靠潜芽所萌生的徒长枝进行多次主侧枝的更新。而无潜伏芽树种，多半会出现顶部先端枯梢，或由于衰老，易受病虫侵袭造成整株死亡。竹笋当年在短期内就能达到生长最大高度，生长很快，且只在侧枝上有具有萌发能力的芽，地上部不能向心更新，而以竹鞭萌蘖更新为主。

灌木类树木的地上部枝条衰亡较快，寿命多不长，有些灌木干枝也可更新，但多以从茎枝基部及根上发生萌蘖更新为主。藤本类树木的先端生长比较快，主蔓基部易光秃。其更新有的类似乔木，有的类似灌木，也有的介于二者之间。

（3）实生树与营养繁殖树的生命周期特点

实生树的生命周期主要是由两个明显的发育阶段组成，即幼年阶段和成年（成熟）阶段。幼年阶段，从种子萌发时起到具有开花潜能之前的一段时间。不同树木种类和品种，其幼年期的长短差别很大，少数短的，播种当年就能开花，如紫薇、矮石榴等，一般均需经较长的年限才能开花，如梅花需经4～5年，银杏15～20年左右。成年（成熟）阶段是指幼年阶段达到一定的状态后，进入性成熟（或成年）的阶段，开花是树木进入性成熟最明显特征。

2.树木的物候期

在一年中，树木都会随着季节变化而发生许多变化，如萌芽、抽枝展叶或开花、果实成熟、落叶、休眠等。树木这种每年随环境周期变化而出现形态和生理机能的规律性变化，称为树木的物候期。物候是地理气候研究栽培树木的区域规划以及制定某地区树木科学栽培措施的重要依据。另外，树木所呈现的季相变化，也对园林种植设计具有重要意义。

（1）树木的物候期的特点

不同树种和品种的物候期不同，尤其是落叶树木和常绿树木的物候有很大的差别。落叶树木的年周期可明显地分为生长期和休眠期，即从春季开始萌芽生长至秋季落叶前为生长期。树木在落叶后，至翌年萌芽前，为适应冬季低温等不利的环境条件，处于休眠状态，为休眠期。在生长期，树木随季节变化会发生极为明显的变化，如萌芽、抽枝展叶或开花、结实等，并形成许多新器官。秋季叶片自然脱落是树木进入休眠期的重要标志，不同年龄的树木进入休眠的时间不同，幼龄树比成年树迟。根据休眠的状态，可分为自然休眠和被迫休眠。常绿树的物候期要根据不同的树木而定。生长在北方的常绿针叶树，每年发枝一次或一次以上，而热带、亚热带的常绿阔叶树木，其各器官的物候动态表现极为复杂。

（2）园林树木物候观测法

进行园林树木的物候观测，不仅要统一树木种类、主要项目、标准和记录方法，而且人员需经统一培训。

按统一规定的树种名单，从露地栽培或野生树木中，选择生长发育正常并已开花结实3年以上的树木。对属雄雄异株的树木最好同时选有雌株和雄株，并在记录中注明雌雄性别。观测植株选定后，应做好标记，并绘制平面位置图存档。

观测方法：一应常年进行；二应选向阳面的枝条或上部枝；三应靠近植株观察各发育期；四应随看随记。

园林树木物候观测项目。园林树木物候观测项目主要包括根系生长周期、树液流动开始期、萌芽期、芽膨大始期、芽开放期或现蕾期、展叶期、开花期（始花期、盛花期、末花期）、果实生长发育和落果期（观果树木，应加记具有一定观赏效果的开始日期和最佳观赏期）、新梢生长周期、花芽分化期、叶秋季变色期、落叶期等。

3.树木各器官的生长发育

（1）根系的生长

树木根系没有自然休眠期，只要条件合适，就可全年生长，其生长势的强弱和生长量的大小，随土壤的温度、水分、通气情况与树体内营养状况以及其他器官的生长状况而异。影响根系生长的因素主要有土壤温度、土壤湿度、土壤通气性、土壤营养、树体有机养分等。

（2）枝条的生长与树体骨架的形成

树体枝干系统及所形成的树形，决定于枝芽特性。了解树木的枝芽特性，对整形修剪有重要意义。芽是枝、叶、花的原始体，与种子有相类似的特点。所以芽是树木生长、开花结实、更新复壮、保持母株形状和营养繁殖的基础。定芽在枝上按一定规律排列的顺序性称为芽序。不同树种的芽序不同，多数树木的互生芽序为2/5式，即相邻芽在茎周相距144° 处着生，葡萄和板栗的牙序为1/2式（即相距180° 着生）。对生芽序者，每节芽相对而生。轮生芽序者或某些针叶树，其芽在枝上呈轮生排列，如夹竹桃、盆架树、雪松、油松、灯台树等。不同树木品种其叶芽的萌发能力不同，有些强，有些较弱。

茎的生长方向与根相反，多数是垂直向上生长，也有呈水平或下垂生长的。树木依枝茎生长习性可分直立生长、攀缘生长和匍匐生长三类。除少数数种不分枝外，树木有三大分枝式：总状分枝（单轴分枝）式、合轴分枝式和假二叉分枝式。了解树木的分枝习性，对研究观赏树形、整形修剪、提高光能利用率或促使早成花、选择用材树种、培育良材等都有重要意义。

顶端优势是枝条背地生长的极性表现，顶端优势也表现在分枝角度上，枝自上而下开张，另外也表现在树木中心干生长势要比同龄主枝强，树冠上部枝比下部的强。一般乔木都有较强的顶端优势，越是乔木化的树种，其顶端优势也越强。由于顶端优势和不同部位芽的质量差异，使强壮的一年生枝的着生部位比较集中。这种现象在幼树期历年重现，使主枝形成明显的层次。树木每年以新梢生长来不断扩大树冠，主枝上较粗壮的侧生枝，随枝龄增长，发展为次一级的骨干枝，骨干枝的分布形成明显或不甚明显的成层现象。随树龄的增长，树冠上部变得圆钝，而后宽广。

（3）叶和叶幕的形成

叶片是叶芽中前一年形成的叶原基发展起来的。单个叶片自展叶到叶面积停止增加，不同树种、品种和不同枝梢是不一样的。由于叶片出现的时期有先后，同一树上就有各种不同叶龄的叶片，并处于不同发育时期。总的说来，在春季，叶芽萌动生长，此时枝梢处于开始生长阶段，基部先展之叶的生理较活跃。随枝的伸长，活跃中心不断向上转移，而基部叶渐趋衰老。叶幕是指叶在树冠内集中分布区，它是树冠叶面积总量的反映。园林树木的叶幕，随树龄、整形、栽培的目的与方式不同，其叶幕的形成和体积也不相同。藤本叶幕随攀附的构筑物体形而异，落叶树木的叶幕在年周期中有明显的季节变化，而常绿树木的叶幕则比较稳定。

（4）树木开花

不同树种、品种和雌雄同株异花树木以及不同部位的枝条开花早晚、习性均有不同。有的先花后叶，有的花叶同放，有的先叶后花。

（二）园林树木的生态学特性

植物所生活的环境主要包括气候因子（温度、水分、光照、空气）、土壤因子、地形地势因子、生物因子及人类活动等方面，通常将植物具体生存空间的小环境简称为生境。

1.温度因子

温度因子的变化对植物的生长发育和分布具有极其重要的作用。

（1）季节性变温对植物的影响

一个地区的植物，由于长期适应于当地季节性的变化，就形成一定的生长发育节奏，即物候期。物候期不是完全不变的，随着每年季节性变温和其他气候因子的综合作用会有一定范围的波动。在园林建设中，必须对当地的气候变化以及植物的物候变化和植物的物候期有充分了解，才能发挥植物的园林功能，并进行合理的栽培管理。

（2）昼夜变温对植物的影响

植物对昼夜温度变化的适应性称为温周期，它表现在种子的发芽、植物的生长和开花结实3个方面：多数种子在变温条件下可发芽良好，而在恒温条件下反而发芽略差；大多数植物均表现为在昼夜变温条件下比恒温条件下生长良好；在变温和一定程度的较大温差下，植物开花较多且较大，果实也较大，品质也较好。

（3）突变温度对植物的影响

植物在生长期中如遇到温度的突然变化，会打乱植物生理进程的程序而造成伤害，严重的会造成死亡。温度的突变可分为突然低温和突然高温两种情况。突然的降温会使植物受到伤害，一般可分为寒害、霜害、冻害、冻拔和冻裂等。突然高温也会对植物造成伤害直至导致死亡。一般言之，热带的高等植物有些能忍受50～60℃的高温，但大多数高等植物的最高点是50℃左右，其中被子植物较裸子植物略高，前者约50℃，后者约46℃。

（4）温度与植物分布

热带、亚热带的树种栽植到北方就会冻死，北方树种引种到亚热带、热带地区，就会生长不良或不能开花结实甚至死亡。这主要是温度因子影响了植物的生长发育，从而限制了植物的分布范围。在园林建设中，我们应当逐步熟悉各地区所分布的植物种类及生长发育状况。

（5）生长期积温

植物在生长期中高于某温度数值以上的昼夜平均温度的总和，称为植物的生长期积温。积温又可分为有效积温与活动积温。作物某个生育期或全部生育期内活动温度的总和，称为该作物某一生育期或全生育期的活动积温。活动温度与生物学下限温度之差，叫作有效温度，也就是说，这个温度作物的生育才是有效的，是作物某个生育期或全部生育期内有效温度的总和。作物都有一个生长发育的下限温度（或称生物学起点温度），这个下限温度一般用日平均气温表示。低于下限温度时，作物便停止生长发育，但不一定死亡。高于下限温度时，作物才能生长发育。我们把高于生物学下限温度的日平均气温值叫作活动温度。活动积温和有效积温不同之点，在于活动积温包含了水量低于生物学下限温度的那部分无效积温；温度越低，无效积温所占的比例就越大。有效积温较为稳定能更确切地反映作物对热量的要求。所以在制订作物物候期预报时，就用有效积温较好。但在用于某地区热量鉴定，合理安排作物布局和农业气候区划时，则以用活动积温较为方便。

2.水分因子

根据植物对水分因子的适应性可把植物分为四种植物生态类型。

（1）旱生植物

旱生植物通常是指定水植物中的适旱类型，区别于耐旱性植物。即通过形态或生理上的适应，可以在干旱地区保持体内水分以维持生存的植物。广义的旱生植物也包括耐旱型植物。

（2）中生植物

中生植物形态结构和适应性均介于湿生植物和旱生植物之间，是种类最多、分布最广、数量最大的陆生植物。不能忍受严重干旱或长期水涝，只能在水分条件适中的环境中生活，陆地上绝大部分植物皆属此类。

（3）湿生植物

湿生植物即生长在过度潮湿环境中的植物。湿生植物主要包括水生、沼生、盐生植物以及中生的草本植物，在自然界具有特殊的生态价值，同时对人类欣赏、药用、食用开发等也有独特作用。根据生境特征，可分为阳性湿生植物（喜强光、土壤潮湿）和阴性湿生植物（喜弱光、大气潮湿）。

生长环境。有两种生境条件适合湿生植物的生长。一种是土壤中充满水分，光照条件充足的生境，这类称为阳性湿生植物；一种是土壤足够湿润，空气中充满水分，光照条件常常不好，这类称为阴性湿生植物。

生态价值。在自然界中湿生植物具有特殊的生态价值，如一种盐地碱蓬可使盐土脱盐，改善土壤结构，被誉为盐碱地改造的“先锋植物”。水生香蒲属植物具有净化污水的特殊作用。

（4）水生植物

水生植物是指能在水中生长的植物，广义上指沼生、沉水或漂浮的植物。水生植物根系发达、茎秆强韧，具有发达的通气组织，叶子柔软而透明，有的形成丝状（如金鱼藻）。丝状叶可以大大增加与水的接触面积，使叶子能最大限度地得到水里很少能得到的光照和吸收水里溶解得很少的二氧化碳，保证光合作用的进行。沼芋、睡莲、萍蓬草、水芙蓉等就是典型的水生植物。

3.光照因子

（1）光照对植物的影响

光照对植物有非常重要的作用，植物生长也是分为呼吸作用和光合作用。呼吸作用时会吸收氧气，释放二氧化碳，而光合作用是要在有光照的环境下进行的。光不仅可促进光合作用，还是植物生长发育的重要调节因子。

（2）日照时间长短对植物的影响

每日的光照时数与黑暗时数的交替对植物开花的影响称为光周期现象。按此反应可将植物分为长日照植物、短日照植物、中日照植物和中间性植物四类。长日照植物在24h昼夜周期中，日照长度长于一定时数（临界日长）才能开花。短日照植物在24h昼夜周期中，日照长度短于一定时数（临界日长）才能开花。中日照植物在24h昼夜周期中，花芽形成需经中等日照时间。日中性植物开花和发育与日照长短无关（或不敏感），温度适宜则四季开花。

（3）光照强度对植物的影响

根据植物与光照强度的关系，可分为阳性植物、阴性植物和中性植物三种生态类型。阳性植物（喜光植物）在全光下才能正常生长，在弱光条件下生长发育不良。光补偿点与光饱和点较高，光合速率和呼吸速率也较高。如多数露地多年生花卉、多浆植物等。阴性植物（喜阴植物）在遮阴条件下才能生长良好，不能忍受强光照射。具有较强耐阴能力，光补偿点较低，光合速率和呼吸速率也较低，如蕨类、兰科植物等。中性植物（耐荫植物）对光照强度的适应力较强，喜光，但能忍耐不同程度荫蔽。

4.空气因子

（1）空气中的污染物质

空气中对植物有危害的气体主要可分为六个类型：氧化性类型，如臭氧、过氧乙酰、硝酸酯类、二氧化氮、氨气等；还原性类型，如一氧化碳、甲醛等；酸性类型，如氟化氢、氯化氢、氰化氢、三氧化硫、四氟化硅、硫酸烟雾等；碱性类型，如氨等；有机物类型，如乙烯；粉尘类型。

（2）城市环境中常见的污染物质和抗烟毒树种

如对二氧化硫抗性强的树种有：刺槐、银杏、加杨、臭椿、茶条槭、榆大叶朴、枫杨、夹竹桃、女贞、广玉兰、香樟、珊瑚树、构骨、山茶、十大功劳、冬青、棕榈、厚皮香、丝兰、月桂、丁香、石榴、胡颓子、柑橘、丝棉木、白榆、合欢、乌柏、苦楝、木槿、接骨木、季紫荆、小叶女贞、梓、青冈栎、罗汉松、桧柏、龙柏等。抗性弱的有：雪松、马尾松、湿地松、水杉、羊蹄甲、山竹子、油梨、荔枝、龙眼、白榄、杨桃、木瓜、桃、白兰、假连翘等。

对光化学烟雾抗性强的有：银杏、柳杉、日本扁柏、黑松、樟树、海桐、青冈栎、夹竹桃、海州常山、日本女贞、悬铃木、连翘、冬青、美国鹅掌楸等。抗性弱的有：木兰、牡丹、垂柳、白杨、三裂悬钩子等。

耐氯及氯化氢能力强的有：杠柳、木槿、合欢、五叶地锦、黄檗、胡颓子、构树、榆、接骨木、紫荆、槐、紫藤、紫穗槐等。耐毒能力弱的有：海棠、苹果、槲栎、毛樱桃、小叶杨、钻天杨、连翘、鼠李、油松、垂柳、栾树、山桃等。

氟化物对植物危害很大，抗性强的树种有：国槐、臭椿、泡桐、龙爪柳、悬铃木、胡颓子、白皮松、紫穗槐、连翘、金银花、小檗、女贞、大叶黄杨、地锦、五叶地锦等。抗性弱的有：榆叶梅、山桃、李、葡萄、白蜡等。

（3）空气的流动与抗风树种

空气流动形成风，低速的风对植物有利，高速的风则会使植物受到危害。对植物有利方面是有助于风媒花的传粉，对树木不利的方面是可加速蒸腾作用，而风速较大的飓风、台风等则可吹折树木枝干或使树木倒伏。各种树木的抗风力差别很大，抗风力强的有：马尾松、黑松、圆柏、榉树、胡桃、白榆、樱桃、枣树、葡萄、臭椿、朴、栗、槐树、梅树、樟树、麻栎、河柳、台湾相思、大麻黄、柠檬桉、假槟榔、南洋杉及柑橘类等。抗风力弱易受害的有：雪松、悬铃木、梧桐、加杨、银白杨、泡桐、垂柳、刺槐、杨梅、枇杷、苹果等。

5.土壤因子

（1）依土壤酸度而分的植物类型

按照植物对土壤酸性的要求，可以分为酸性土植物、中性土植物和碱性土植物三类。酸性土植物是指在酸性土壤上生长最好，为数最多的植物，土壤pH在6.5以下。例如杜鹃、乌饭树、山茶、油茶、马尾松、石楠、油桐、吊钟花、马醉木、栀子花及大多数棕榈科植物等，种类极多。中性土植物是指在中性土壤上生长最好的植物，土壤pH在6.5～7.5之间，棘沙枣等。碱性土植物是指在碱性土壤上生长最好的植物，土壤pH在7.5以上。

（2）依土壤中的含盐量而分的植物类型

按照植物在盐碱土上生长发育的类型可分为喜盐植物、抗盐植物、耐盐植物和碱土植物四类。喜盐植物包括旱生喜盐植物和湿生喜盐植物两类。旱生喜盐植物，主要分布于内陆干旱盐土地区；湿生喜盐植物，主要分布于沿海海滨地带。抗盐植物、耐盐植物均亦有分布于干旱地区和湿地的类型。碱土植物能适应pH达8.5以上和物理性质极差的土壤条件，如一些藜科、苋科植物等。

（3）依据对土壤肥力的要求而分的植物类型

绝大多数植物均喜生于深厚肥沃而适当湿润的土壤，但从绿化来考虑，耐瘠薄的树种有马尾松、油松、松树、木麻黄、牡荆、酸枣、小檗、小叶鼠李、锦鸡儿等。与此相对的喜肥树种有梧桐、胡桃等。

（4）沙生植物

沙生植物是能适应沙漠和半沙漠地带的植物，具有耐贫瘠、耐沙埋、抗日晒、抗寒耐热，易生不定根、不定芽等特点，如沙棘、沙柳、黄柳、骆驼刺、沙冬青等。植株较低矮：因水分和营养物质缺乏，风大和强烈日照等，沙生植物的地上部分生长受到限制，多数植株较低矮，有些植物的枝条硬化成刺状，如刺旋花、骆驼刺。有些植物的茎枝上长了一层光滑的白色蜡皮，如沙拐枣、梭梭、白刺，这种蜡皮可以反射强烈阳光的照射，以避免植物体温度升高所带来的蒸腾过旺。一般植物都用绿色的叶子进行光合作用，而很多沙生植物因为叶子退化，只好靠绿色的枝条来进行光合作用，如梭梭、花棒等。

6.地形地势因子

（1）海拔高度

海拔由低至高则温度渐低、相对湿度渐高、光照渐强、紫外光线含量增加，这些现象以山地地区更为明显，因而会影响植物的生长与分布。因此，生长在高山上的树木与生长在低海拔的同种个体相比较，则有植株高度变矮、节间变短、叶的排列变密等变化。

（2）地势变化

地势的陡峭起伏、坡度的缓急等，不但会形成小气候的变化，而且对水土的流失与积聚都有影响，因此可直接或间接地影响到树木的生长和分布。在坡面上，水流的速度是与坡度及长度成正比的，山谷的宽狭与深浅以及走向变化也能影响植物的生长状况。

7.生物因子

在植物生存的环境中，尚存在许多的其他生物，如各种低等、高等动物，它们与植物间有着各种或大或小或直接或间接的相互影响，而在植物与植物之间也存在着错综复杂的相互影响。动物方面，为大家所熟知的例子，如蚯蚓的活动显著地改善了土壤的肥力，增加了钙质，从而促进植物生长。又如鸟类、单食性的兽类等亦可对树木的生长起到很大的影响。当然，有益的动物亦为植物带来诸多的有利的作用，如传粉、传播种子以及起到害虫天敌的生物防治作用等。植物方面，相互的关系更是密切，例如植物受真菌的寄生会患病甚至死亡。高等的寄生植物如菟丝子可使大豆大大减产，槲寄生、桑寄生会使寄生生长势逐渐衰弱。许多具有挥发性分泌物质的植物可以影响附近植物的生长。

8.城市环境因子

同一地理位置上的城市或居民区的环境条件与其周围的自然环境条件相比，是有很大变化的，因此在进行园林绿化建设时，需对城市环境的特殊情况加以考虑。

（1）城市气候

城市的下垫面多数是水泥或沥青铺装的街道广场，四周是疏密相间、高低错落建筑群形成的屋顶和墙面，建筑密度大的地方，仅少部分直射光能照到地面。由于城市下垫面的这种特性，会影响城市气候，因此从光能利用来说，发展屋顶花园和构筑物、墙面的绿化有广阔的天地。

微尘是指空气中一切漂浮的和污染空气的微粒。城市雾障是由城市空气中的微尘、煤烟微粒及各种有害气体形成的，它们的数量决定烟雾的厚度、高度和浑浊度，从远处看城市，其上空常被灰黑色雾障所笼罩。由于城市下垫面的固定因素以及能源的集中，又因雾障而使热量不易扩散，形成城市气候有气温较高、空气湿度低及雾多、云多、降雨多，并形成城市风、太阳辐射强度减弱、日照持续时间减少等特点。

（2）城市的水和土壤

城市水系对城市湿度、温度及土壤均有一定的影响。城市水体的污染可直接毒害动物、植物和人，或积累在动、植物体中造成危害，也可流入土壤，改变土壤结构，影响植物生长。城市的土壤污染使土壤中有毒物质（如砷、镉、过量的铜和锌）直接影响植物的生长和发育，或在体内积累造成危害。有些污染物会引起土壤pH的变化，破坏土壤中微生物系统的自然生态平衡，从而影响植物生长，还会引起土壤肥力渐降或盐碱化，甚至使其成为不能生长植物的不毛之地。因踩踏或铺装，造成城市土壤地表坚实，不利于或隔绝土中气体与大气之间的交换，造成缺氧，影响植物的根系生长和向外穿透，造成植物的早衰甚至死亡。

综上所述，城市的栽植环境是极其多样复杂的，既有自然形成的，又有人工造成或受干扰影响的。对重点地区，需进行精细的种植设计，在按主导因子划分土地类型时，我们更应注意局部小环境（如小地形、小气候等）的影响，从而来考虑树种的选择和栽培以及其养护管理措施。

第二节　园林树木的苗木培育

一、园林苗圃的建设

园林苗圃是繁殖和培育优质苗木的基地，是园林绿化建设的重要组成部分。其任务是运用先进的科学技术，在较短的时间内，以较低的成本，根据市场需求，培育各种类型、各种规格、各种用途的优质苗木，以满足城乡绿化的需求。规划和建设足够数量并具有较高生产水平和经营水平的苗圃，培育出品种繁多、品质优良的苗木，是园林生产的重要环节。城市园林苗圃的选择与区划，应根据城市社会经济发展水平、绿化现状及未来规划以及现有布局状况等进行合理安排，并尽可能地安排在城市周边地区和不同方位。

（一）园林苗圃地的合理布局

随着国民经济的高速增长和城市化进程的加快，以及全社会对环境建设的日益重视，园林绿化建设对苗木的需求量增长迅速，社会经济结构也发生了重大变化，园林苗圃建设呈现出多样化的发展趋势，其种类、特点各有不同。园林苗圃的布局包括位置、数量、面积三个方面。

园林苗圃按面积大小可分为大、中、小三种类型。大型苗圃面积在20hm^{2}以上，中型苗圃面积3～20hm^2，小型苗圃面积在3hm^{2}以下。

城郊苗圃应分布于城市近郊，乡村苗圃应靠近城市，以育苗地靠近用苗地最为合理，这样可以降低运输成本、提高移栽成活率。

大城市通常在市郊设立多个园林苗圃，一般考虑设在城市不同的方位。中、小城市主要考虑在城市绿化重点发展的区位设立园林苗圃。

城郊园林苗圃总面积应占城区面积的2%～3%。按一个城区面积1 000hm^{2}的城市计算，建设园林苗圃的总面积应为20～30hm^2。如果设立一个大型苗圃，即可基本满足城市绿化用苗需要；如果设立2～3个中型苗圃，则应分散设于城市郊区的不同方位。各城市园林部门及各绿化工程公司可以根据实际情况和需要，合理安排大、中、小型苗圃的位置和面积。

（二）园林苗圃用地条件的选择

建立园林苗圃时，进行苗圃的选址是十分重要的工作。如果选址不科学、不恰当，将会给以后的育苗、经营管理工作带来很多困难，不但达不到壮苗丰产的效果，而且还会浪费大量的人力、物力，增加育苗成本。苗圃用地及位置的选择主要考虑经营条件和自然条件两方面因素。

1.经营条件

园林苗圃所处位置的经营条件直接影响到苗圃的经营管理水平和经济效益。经营条件主要包括下列几个方面。

（1）交通条件

为便于生产资料和苗木产品的运输，苗圃地周边要有发达的道路系统，应尽量选择靠近交通要道的地方，如等级较高的省道或国道附近。

（2）电力条件

园林苗圃所需电力应有保障，在电力供应困难的地方不宜建设园林苗圃。

（3）人力条件

培育园林苗木需要的劳动力较多，尤其在育苗繁忙季节需要大量临时用工。因此，园林苗圃应设在靠近村镇的地方，便于调集人力。

（4）周边环境条件

园林苗圃应远离工业污染源，防止工业污染对苗木生长产生不良影响。

（5）销售条件

从生产技术观点考虑，园林苗圃应设在自然条件优越的地点，但同时也必须考虑苗木供应的区域。将苗圃设在苗木需求量大的区域范围内，往往具有较强的销售竞争优势。即使苗圃自然条件不是十分优越，也可以通过销售优势加以弥补。因此，应综合考虑自然条件和销售条件。

2.自然条件

（1）地形、地势及坡向

条件一：园林苗圃应建在地形平坦、地势较高、便于排灌的地方。因为在地形平坦的田地建设苗圃，可使影响苗木生长的温度、土壤、肥力、湿度等因素在较大面积范围内差异较小，对苗木影响程度相近，有利于调节控制；生产中便于灌溉和机械耕作，有利于节省人力，降低成本，提高苗木的市场竞争力。

条件二：特殊地形，往往形成特殊的小气候或局部恶劣环境，如峡谷、山口、林中空地处，昼夜温差大、极端温度低，都影响苗木正常生长。另外，冰雹多发地带、日灼严重的区域，苗木易遭受损害并易引发病虫害，这些地方不宜建设苗圃。

条件三：在地形起伏较大的地区，选择坡向尤为重要，因为坡向不同，将会直接影响到圃地的光照、温度、土壤水分等因素。南坡光照强、温度高、昼夜温差大、湿度小；北坡则相反。北方，影响苗木生长的主要因素通常为干旱、寒冷、大风，因此一般选择东南坡；在南方，一般选择东南、东北坡。如果条件允许，应尽量避免在地形起伏大的地区建立园林苗圃。

（2）水源及地下水位

苗圃地应有充足的水源，排灌方便，水质要好。苗圃地应选设在江、河、湖、塘、水库等天然水源附近，以利引水灌溉。这些天然水源水质好，有利于苗木的生长；同时，也有利于使用喷灌、滴灌等现代化灌溉技术，如能自流灌溉则更可降低育苗成本。若无天然水源，或水源不足，则应选择地下水源充足、可以打井提水灌溉的地方作为苗圃。苗圃灌溉用水要求为淡水，盐含量不得超过0.15%。对于易被水淹和冲击的地方不宜选作苗圃。地下水位过高，土壤的通透性差，苗木根系生长不良，地上部分易发生徒长现象，秋季苗木木质化不充分，易受冻害。当土壤蒸发量大于降水量时会将土壤中盐分带至地面，造成土壤盐质化。在多雨时又易造成涝灾。地下水位过低，土壤易于干旱，必须增加灌溉次数及灌水量，这样便提高了育种成本。一般情况下最合适的地下水位为沙土1～1.5m左右、黏性土壤4m左右。

（3）土壤

选择适合苗木生长的土壤是培育优良苗木的必备条件之一。土壤为苗木提供生长所需的大部分水分和养分以及根系生长所需的氧气、温度。因此，在进行圃地选址时，我们应对土壤进行仔细的化验、分析。适合苗木生长的土壤应具备以下特点。

特点一：适合苗木生长的土壤应是壤土，因为壤土保水保肥和透气性、孔隙状况良好，而且土层深厚；有团粒结构的土壤通气性好，有利于土壤微生物的活动和有机质分解，利于苗木生长；沙质土壤保水保肥差，结构疏松，夏季易因土表温度过高而灼伤幼苗，起大土球苗时，土球易松散，苗木移栽后成活率会受影响；黏质土壤透气性差，不易排水，结构紧密，雨后泥泞，土壤易板结，过于干旱易皲裂，不但耕作困难，而且冬季苗木冻拔现象严重，不利于苗木根系生长。若土壤质地不理想，我们可以采取黏掺沙或沙中掺黏及其他农业技术措施加以改进。

特点二：就大多数苗木的生长情况而言，适合苗木生长的土层厚度应大于50cm，含盐量小于0.2%，土壤有机质含量应不低于2.5%。如果土壤条件差，可在经济情况允许的条件下，使用土壤改良剂并采取合理的耕作措施。

特点三：土壤的酸碱性也是影响苗木正常生长发育的重要因素之一。一般情况下，适合苗木生长的土壤pH值应为6.0～7.5。在种植苗木时，我们要根据苗木种类对土壤进行选择改良。

3.病虫害和植被情况

在选苗圃地时，一般都应做专门的病虫害调查，了解当地病虫害情况和感染程度。病虫害过分严重的土地和附近大树病虫害感染严重的地方，特别是有检疫病虫害的地区，不宜选作苗圃，对金龟子、象鼻虫、蝼蛄及立枯病等主要苗木虫病尤需注意。另外，苗圃用地是否生长着某些难以根除的灌木杂草，也是需要考虑的问题之一。如果不能有效控制苗圃杂草，对育苗工作将产生不利影响。

4.气象条件

在进行圃地选址时，我们应通过当地的气象台或气象站了解有关的气象资料，如早霜期、晚霜期、晚霜终止期、绝对最高和最低气温、土表最高温度、冻土层深度、年降雨量在各月分布情况、最大一次降雨量及降雨废时数、相对湿度、主风方向、风力等。此外，我们还必须了解当地小气候情况。总之，园林苗圃应选择气象条件比较稳定且很少发生灾害性天气的地区。

二、园林苗木的培育

园林苗圃所培育出圃的大都是大规格苗木，大苗的培育需要多年的栽培管理，总结起来，主要是苗木移植和培育管理。

（一）苗木移植

1.苗木移植的意义

苗木移植是把生长拥挤密集的较小苗木挖掘出来，按照规定的株行距在移植区栽种下去。为了节约土地和提高产量，园林苗圃中育苗初期一般幼苗密度较大、单株营养面积较小，相互之间竞争激烈，难成大苗。通过移植可以扩大株行距，有利于苗木根系、树干、树冠的生长，最终通过这一环节培育出有理想树冠、有优美树姿、干形通直的高质量、大规格园林苗木，以满足园林绿化工程对这类苗木的迫切需要。

通过苗木的移植，一是扩大了苗木地上、地下的营养面积，改变了通风透光条件，使苗木地上、地下生长良好，同时使根系和树冠有扩大的空间，可按园林建设所要求的不同规格发展；二是苗木的移植切去了部分主、侧根，使根系减少，移植后可大大促进须根的发展，根系紧密集中，不仅有利于苗木生长，还大大提高了苗木移植成活率；三是在移植过程中对苗木根系、树冠进行必要、合理的整形修剪，人为调节了苗木地上与地下部分的生长平衡，淘汰了劣质苗，提高了苗木质量。

2.移植的时间、次数和密度

（1）移植时间

移植的最佳时间是在苗木休眠期进行，即从秋季至第二年春季。如果栽培条件许可，也可一年四季都进行移植。

春季气温回升，土壤解冻，苗木开始停止休眠恢复生长，故在春季移植最好。移栽苗成活很大程度上取决于苗木体内的水分平衡。早春移植，树液刚刚开始流动，枝芽尚未萌发，蒸腾作用很弱，土壤湿度较好。因根系生长温度较低，土温能满足根系生长的要求，所以早春移植苗木成活率高。春季移植的具体时间，还应根据树种发芽的早晚来安排。一般来讲，发芽早者先移，晚者后移；落叶者先移，常绿者后移；木本植物先移，宿根草本后移；大苗先移，小苗后移。

秋季是苗木移植的第二个适宜季节，秋季移植在苗木地上部分停止生长，落叶树种苗木叶柄形成层脱落时即可开始移植。此时根系尚未停止活动，移植后有利于根系伤口愈合，移植成活率高。秋季移植的时间不可过早，若落叶树种尚有叶片，往往叶片内的养分还未完全回流，造成苗木木质化程度降低，越冬时容易受冻出现枯梢。在冬季干旱、多风地区，苗木移植后应浇足越冬水分，以保证苗木安全越冬。

常绿或落叶树苗木可以在雨季初期进行移植。移植时要带大土球并包装，保护好根系。苗木地上部分可进行适当的修剪，移植后要通过喷水喷雾以保持树冠湿润，还要遮阴防晒，经过一段时间的过渡，苗木即可成活。长江中下游地区常在梅雨季节移植常绿苗木。

（2）苗木移植的次数和密度

培育大规格苗木要经过多年多次移植，而每次移植的密度又与移植次数紧密相关。若每次苗木移植较密，则应相应增加移植次数，反之亦然。苗木移植的次数与密度还与树种的生长速度有关，生长快的移植密度应小，次数较少；生长慢的则移植密度大，次数较多。

3.移植方法

（1）穴植法

人工挖穴栽植，成活率高，生长恢复较快，但工作效率低，适用于大苗移植。在土壤条件允许的情况下，采用挖坑机械挖穴可大大提高工作效率。栽植穴的直径和深度应大于苗木的根系范围。

挖穴时应根据苗木的大小和设计好的株行距定点放线，然后挖穴，穴土应放在坑的一侧，以便放苗木时便于确定位置。栽植深度以略深于原来栽植地的深度为宜，一般可略深2～5cm，覆土时混入适量的底肥。先在坑底填一部分肥土，然后将苗木放入坑内，再回填部分肥土，之后轻轻提一下苗木，使其根系伸展并尽可能多地与土壤接触，然后填满土壤踏实，浇足水分。较高大的苗木要设立三根支撑固定，以防苗木被风吹倒或倾斜。

（2）沟填法

先按行距开沟，土壤放在沟的两侧，以利土壤回填和苗木定点，将苗木按照一定的株距，放入沟内，然后填土，要让土壤充分渗透到根系中去，并踏实，最后顺着行向浇足水分。此法一般适用于移植较小的苗木。

（3）孔植法

先按行、株距定点放线，然后在点上用打孔器打孔，深度与原栽植相同，或稍深一些，把苗放入孔中，覆土。孔植法要有专用的打孔机，可提高工作效率。此法最适合容器育苗的苗木。移植后要根据土壤湿度情况，及时浇水。由于苗木是新土定植、苗木浇水后会有所松动、倾斜，甚至倒伏，应注意及时将苗木扶正并培土，或采取支撑固定后培土。一段时间后，还要对移植苗木进行松土除草、追施肥料以及病虫防治，并对苗木进行适当修剪，以确定其培养的基本树形，有些苗木还要完成遮阴防晒和越冬防寒工作。

（二）园林苗木的培育与管理

1.移植后的保活管理

苗木移植后成活的难易主要决定于树种遗传特性、苗木年龄和移植技术三个因素。针对同一树种而言，苗龄越低，成活率越高；反之亦然。在移植技术方面，除了选择适宜的移植季节、采用合理的起苗方式、运用适当的栽苗措施以外，移植后的保活管理也至关重要。这项工作的重中之重就是“浇水保活”，也就是及时、充分且科学合理地给新植苗木提供水分，以保证其顺利成活。此外，及时适当地扶苗培土、支撑加固、整形修剪、松土除草、病虫防治等管理措施也必不可少。

2.成活后的培育管理

苗木在苗圃移植成活后的培育管理，与将来在园林绿地定植成活后的养护管理相比，工作内容几乎相同，主要包括支撑加固、浇水施肥、松土除草、整形修剪、病虫防治、越冬防寒等几个方面，只是各项工作的要求一般都要比绿地定植树木精细得多。

第三节　园林树木的栽植

一、园林树木栽植概述

（一）栽植的概念

传统意义上的栽植是指将树木种在土壤中的一种操作方式。随着“栽植”一词的广泛应用，其含义也在发生变化。栽植有狭义和广义之分。狭义的栽植，即种植或定植；广义的栽植，包括起苗、搬运、种植（定植）和管理四个基本环节。园林绿化中，树木栽植是指广义的栽植，包括树种选择和栽植季节的选择、起苗和运输、种植施工、成活期养护及成活效果检查和及时补植等过程和内容，这些环节都直接决定着树木植株栽植后的景观效果。在实际工作中，可以根据栽植的目的不同，把栽植分为四种情况：移植，把植株从一个地方移栽到另一个地方；寄植，把已经符合定植要求的苗木较为密集地暂时栽植在一个特定的地方，这种方式多用于苗圃或施工地囤积苗木；假植，在一个临时的地方暂时把苗木根系包埋在湿润的土壤之中，以避免苗木的水分损失；定植，按照园林设计要求，把苗木栽种在一个固定的地方，并使其在这个地方永久性地生长发育。

（二）栽植成活的原理

一株正常生长的树木，其根系与土壤紧密结合，地下部分与地上部分生理代谢是平衡的。在树木栽植过程中，树木被从土壤里挖掘出来后，根系，特别是吸收根遭到严重破坏，根幅与根量缩小，树木根系全部或部分脱离了原有生存的土壤环境，根系的吸水能力大大降低，而地上部分因气孔调节十分有限，还在继续蒸发失水。直到树木栽植以后，即使土壤能够供应充足的水分，但在新的环境下，根系与土壤的密切关系遭到破坏，也减少了根系对土壤水分的吸收。再有，树木根系损伤后，在适宜的条件下虽有一定的再生能力，但要发出较多的新根还需一定的时间。因此必须迅速建立根系与土壤的密切关系以及根系吸水与枝叶蒸腾失水的新平衡，才能保证树木的“性命”。而这种新平衡关系建立的快慢，既与树木的生物学习性、年龄大小、栽植技术、成活期养护等有关，又与以影响生根和蒸腾为主的外界因子有着密切联系。可见，树木栽植成活的关键就是怎样保持和恢复树体以水分为主的代谢平衡。

（三）确保栽植成活的关键措施

1.保湿保鲜，防止水分流失

采用黄心土对桉树裸根幼苗浆根保鲜效果最好。其方法是将已作浆根处理的幼苗竖放到有通气孔的纸皮箱或塑料箱中，喷洒400倍菌毒清药液，封盖箱口，放在避光处，可使按树裸根苗保鲜5天，移栽成活率达90%。此方法有助于桉树苗木大量的远距离运输，提高了成活率并大幅度降低成本。同时，对于园林绿化工程中所需的大量用作地被或色块的小型苗木，如金叶女贞、红叶石楠、海桐、大叶黄杨等，在长距离运输过程中也可采用此法，既减少了带土球的麻烦，又提高了苗木的保鲜效果。

2.保护根系，促进根的再生

苗木在起苗、包装和运输过程中，其根量损失一般都较大。根量的减少对苗木的成活及其以后的吸收作用有着显著的影响。另外，根系和土壤分离，它的机能完全停止，如果管理不好，苗木就会很快死亡。为了保全苗木的生命并恢复活力，这里有两个问题应予考虑：一个是很好地保持根系完整；另一个是根的再生问题。这样才能尽量维持和尽快恢复苗木的生命活力。为保护苗木根系，在起苗时应尽可能做到多留根、少伤根。对土球不完整和根系伤口较多的植株，应用糊状泥浆蘸根后包装。

3.缩短苗木暴露在空气中的时间

多数苗木需要远距离运输才能到达栽植现场，大大降低了栽植成活率。为缩短苗木在空气中暴露的时间，苗木栽植应遵循“随挖、随运、随栽”的原则，减少运输过程中水分的蒸发和散失，运输工具最好选用车速较快的汽车，途中要用帆布棚盖在苗木上，以遮挡日晒风吹。运输距离较近时，苗木装车后用篷布覆盖即可。一天以上的长距离运输，必须包装苗木，以避免苗根因水分流失而干枯。包装用料应就地取材，秸秆、草袋、苔藓、锯末、稀泥均可。运输途中要经常检查，如发现苗木发热要打开通风，发现苗木干燥要及时适量喷水。

（四）栽植季节

“种树无时，惟勿使树知”，这是一句很有道理的我国古代农谚。说的是栽植树木应选择树木地上部分处于休眠状态或生长不旺、新陈代谢活动最低、根系能够迅速恢复的时间进行。园林树木的栽植时期，应根据树木特性、栽植地区的气候条件及绿化施工的工程进度特点而定。从树木自身的生长发育规律和外部的环境条件两方面考虑，最适宜栽植时期为早春和晚秋。早春是指气温回升、土壤解冻、根系已开始生长，而枝芽尚未萌发之时；晚秋是指树木落叶后开始进入休眠期至土壤冻结前。一般落叶树种多在秋季落叶后或春季萌芽前进行，此时树体处于休眠状态，受伤根系易恢复，栽植成活率高。常绿树种栽植，在南方冬暖地区多为秋植；冬季严寒地区，常因秋季干旱造成“抽条”而不能顺利越冬，故以新梢萌发前春植为宜；春旱严重地区可在雨季栽植。

1.春季栽植

春季是苗木萌芽的季节，是苗圃种植和绿化造林的最适宜时期。在此期间苗木还未生根发芽，对于温度、湿度等环境条件，反应比较迟钝，可耐初春冷热无常的气候变化。因此各苗圃地及绿化工程项目都应抓住当前有利时机进行苗木选种栽植。一般来说，春季栽植宜早不宜迟。春季树体结束休眠，开始生长发育，是我国大部分地区的主要植树季节。此外，春植符合树木先长根、后发枝叶的物候顺序，有利于水分代谢的平衡。特别是在冬季严寒地区或对于不甚耐寒的树木，春植可免去越冬防寒之劳。多数落叶树木宜早春栽植，最好在萌芽前半个月栽；但对于早春开花的梅花、玉兰等为不影响春季开花，则应于花后栽；对春季萌芽展叶迟的树种，如乌桕、无患子、合欢、苦楝、栾树、喜树、重阳木、枫杨等，宜于晚春栽，即芽萌动时栽；秋旱风大地区，常绿树种也宜春植，但在时间上可稍推迟，如香樟、柑橘、广玉兰、枇杷、桂花等适宜晚春栽植；具肉质根的树种，如山茱萸、木兰、鹅掌楸等，根系易遭低温冻伤，也以春植为好。

2.夏季（雨季）栽植

受印度洋干湿季风影响，有明显旱、雨季之分的西南地区，以雨季栽植为好。雨季如果处在高温月份，由于短期高温、强光易使新植树木水分代谢失调，故要掌握当地的降雨规律和当年降雨情况，在连阴雨时期栽植。江南地区，亦有利用梅雨期（6月）的气候特点，进行夏季栽植的经验。部分常绿树木或针叶树如圆柏、龙柏、金钱松、雪松等由于萌芽率和成枝率较低，栽前不宜过多修剪，可利用梅雨季进行栽植，避免水分过度蒸发导致植株枯萎或死亡。

3.秋季栽植

秋季，树体对水分的需求量减少，而且气温和地温都比较高，树木地下部分尚未完全休眠，栽植时被切断的根系能够尽早愈合，并有新根长出。此外，秋栽的时间比春栽长，有利于劳力的调配和大量栽植任务的完成，根系有充分的恢复和发新根的时间，翌年春季气温转暖后苗木立刻开始生长，不需要缓苗时间，故栽植成活率也较高。多数落叶树种和竹类可选择秋季栽植。

4.冬季栽植

冬季栽植只适用于冬季土壤不冻结的长江流域及其以南的地区。除热带地区外，冬季栽植必须考虑树木的耐寒性问题，才能保证栽植成活。

5.反季节栽植

反季节栽植，就是在不适宜搞绿化工程、施工难度大的季节进行绿化施工。园林绿化施工主要是园林植物的栽植过程，种植成活的内部条件主要是生长势平衡，即在外部条件确定的情况下，植株根部吸收的供应水、肥和地上部分叶面光合、呼吸和蒸腾消耗平衡。种植枯死的最大原因是根部不能充分吸收水分，茎叶蒸腾量大，水分收支失衡。

虽然反季节栽植不受季节和时间的限制，能随时满足人们对树木栽植的需求。但是，由于反季节栽植违背了苗木本身的生长发育规律，也容易出现苗木死亡和生长发育不良等不利影响，所以是有利也有弊。因此，在生产实践中，我们还是应该优先选择在适宜季节栽植树木。如果必须进行反季节栽植，我们就必须在树木栽植的各个相关环节，都要采取相应的技术措施来保证栽植成活。常见的技术措施有选择适应能力强的树种、采用在苗圃地已经多次移栽的苗木、扩大苗木所带土球、用苗木生长地（苗圃）土壤进行客土栽培、利用促根剂（如生根粉等）促进根系的恢复和产生新根栽植后加强保温保水管理等。

（五）栽植重点

为了提高苗木种植成活率，在栽植苗木中应该注意以下几点。

1.引种栽植季节要适宜

苗木的引种栽植，季节性很强，春季、秋季和冬季苗木均可引种栽植，适时引种的苗木生长健康，而淡季引种则生长缓慢，有时难以成活。我国北方因冬季气候严寒土壤封冻栽植效果不理想，最好选择春季土壤解冻以后进行栽植。

2.栽植土壤要精细

土壤为树木提供生长的基本条件，因此土壤条件的好坏关系到树木能否健壮生长。苗圃地栽种苗木要精耕细作，栽种前需要进行较彻底的深翻，打碎大块的土块，拔出草根，深翻深度在40至50cm，以便疏松土壤，增加蓄水保墒的能力。整地时要细致，土块直径应在3cm以下，否则树木生根困难，影响到成活。采用沟植的要求整成水平沟，以利灌溉，同时也比较美观。

3.栽植技术要规范

在苗木栽植过程中要注意挖大坑，坑的直径要比苗木的根幅大1/3，深度要超过根系长度的1/3为宜；植株保持直立，要清除坑内的石块等杂物，以利于苗木生长；栽植时边填土边提苗，使根系直立舒展；回填土壤后用脚或其他工具分层踩实。

4.做好苗木养护管理

俗话说，“三分种植，七分管理”，良好的管理是苗木成活的关键。一般苗木栽植后要立即浇3次水，要浇足浇透，筑成高10cm至15cm的灌水土堰，胸径5cm以上的树，植后立架固定以防冠动根摇，影响根系恢复，保证苗木成活。施肥管理上，挖坑时，应在树坑底部先施充分腐熟的基肥，促进其生长。

二、一般树木的栽植

所谓一般树木，是指园林绿化中除了那些特殊用途（如绿篱、桩景树）和特殊对象（如大树、古树）以外的其余所有乔灌木。它们是园林树木的主体材料，也是园林绿化施工的重点对象。俗话说："园林绿化，乔木当家。"乔木有明显高大的主干，枝叶繁茂、绿化量大、生长年限长、景观效果突出，占据园林绿化的最大空间，是决定着树木景观营造成败的关键。灌木栽植虽不及乔木的主导地位，其作用也不及草坪和地被植物所产生的作用和效果，但也因其具有体量适中、亲人性强、能够活跃空间且便于管理等优点被广泛应用于园林绿化的重要场所。

（一）定点放线

定点放线就是把绿地设计的内容，包括种植设计、建筑小品、道路等按比例放样于需要进行施工的地面上。绿化种植施工的定点放线即按照设计图纸的要求，在现场测出苗木栽植位置和株行距。在种植施工定点放线前，要勘察现场，确定施工放线的总体区域。施工放线同地形测量一样，必须遵循"由整体到具体、先控制后局部"的原则，首先建立施工范围内的控制测量网，还要了解放线区域的地形，考察设计图纸与现场的差异，最后确定放线方法。

1.自然式栽植的定点放线

自然式树木种植方式不外乎有两种，一为单株的孤植树，多在设计图上有单株的位置；另一种是群植，设计图上只标出范围而未确定具体株位，其定点放线方法如下。

（1）网格法

网格法适用范围大、地势较为平坦的且无或少有明确标志物的公园绿地。对于在自然地形并按自然式配置树木的情况，树木栽植定点放线常采用坐标方格网法。其做法是，按照比例在设计图上和现场分别画出距离相等的方格，定点时先在设计图上量好树木对其方格的纵横坐标距离，再按比例定出现场相应方格的位置、钉木桩或撒灰线标明。如此地上就具有了较准确的基线或基点。依次再用简单基准线法进行细部放线，导出目的物位置。

（2）交会法

交会法适用范围较小、现场内建筑物或其他标记与设计图相符的绿地，以建筑物的两个固定位置为依据，根据设计图上与该两点的距离相交会，定出植树位置。

（3）支距法

支距法在园林施工中经常用到，是一种简便易行的方法。它是根据树木中心点至道路中线或路牙线的垂直距离，用皮尺进行放样。

（4）仪器测放法

仪器测放法适用于范围较大，测量基点准确的绿地，可以利用经纬仪或平板仪放线。当主要种植区的内角不是直角时，我们可以利用经纬仪进行此种植区边界的放线，用经纬仪放线需用皮尺、钢尺或测绳进行距离丈量。平板仪放线也叫图解法放线，但必须注意在放线时随时检查图板的方向，以免图板的方向发生变化出现误差过大。

2.规则式栽植的定点放线

规则式的栽植定点放线比较简单，可以用地面上固定设施（如路、桥、广场和建筑物等）为依据进行放线，要求每个点尺寸准确，做到横平竖直整齐美观。其中行道树可以用路牙和道路的中心线及建筑的边线先定出行线位置，再按设计要求量出株距，定出种植点。为了保证栽植行笔直，可每隔10株固定一个木桩，作为行为控制标记。如遇与设计有冲突的情况（有地下管线或地下障碍物）时，应立即与设计人员和有关部门协商解决。

3.弧线栽植定点放线

绿化中常常会遇到弧线栽植，如街道曲线转弯的行道树，放线时可以路牙或路的中心线为准，从弧的开始到末尾每隔一定距离分别画出与路牙垂直的直线。在此直线上，按设计要求的树与路牙的距离定点，把这些点连起来成为近似道路弯度的弧线，在此线上再按比例放大的株距定出各种植点。种植点定出后，用白石灰或木桩作为标记，如用木桩做标记，在其上应写明树种、种植坑的规格。

4.种植点与市政设施和建筑物的关系

在街道和居住区定点放线时，要注意树木与市政设施和建筑物之间的距离，一定要遵守有关规定。栽植行道树时，除应与各项市政设施、地上地下管线和道路设施保持一定的距离外，还应注意以不妨碍机动车辆驾驶人员的视线，不损坏路面、路基质量为原则。在种植点与各种管道、井口、市政设施及建筑物等距离不符合以上要求时，应与设计人员进行协商变更设计，在规定变动的范围内仍有妨碍者，即可不栽。

（二）种植穴的挖掘（俗称“刨坑”）

刨坑看似简单，但质量好坏，对今后树木生长有很大影响，因此必须保证位置准确和符合设计要求。刨坑前，应调查附近所设地下管线标志，并联系有关单位了解地下管线设施情况，避免损坏相关设施。

1.种植穴的规格

为了让树木种植的位置准确无误，挖掘种植穴时，一定要事先进行定点放线。属于规则式种植时，树穴要排列整齐；属于自然式种植时，树穴应保持自然，力求达到设计的配置要求。种植穴规格应根据根系或土球规格以及土质情况来确定，一般坑径应较根径大一些。刨坑深浅与树种根系分布深浅有直接关系。

2.操作规范

用尖镐和园锹挖穴时要注意，以定点标记为圆心，按规定的半径尺寸，先在地面画一个圆，表示出刨坑范围的准确位置，沿圆周垂直向下挖掘，保证树坑的上口与下口口径一致，绝不可上大下小，或上小下大。一般树穴的直径比土球直径大30～40cm，深度比土球深20cm左右，树穴的形状一般为圆形。在正常土质条件下，刨出上层的表土与下层的底土分别堆放，回填时，上层表土因含有机质多，应填于下层作肥土用，而底层土填于上部，并用于开堰浇水。如果土质不好，有砖头、瓦块等建筑垃圾时，应拣出分别堆放，不能填于坑内。

（三）树木定植

定植是将苗木按绿化设计要求栽种到绿地中的操作过程，一般在长时间内不会再被移植。定植技术是苗木栽培中的重要一环，苗木定植的好坏，是影响苗木成活的关键因素之一。苗木定植最好选择在阴雨天，定植前应先将苗木进行清理分类及栽前修剪，剪去枯枝、病虫枝、交叉枝以及受到损伤的根须。对坚硬过长的侧枝也应进行回缩处理。定植后，应加强养护管理，以确保苗木成活。

1.定植前的修剪

（1）树冠修剪

在定植前，苗木必须经过修剪，其主要目的是减少水分的散发和防止损伤根须的腐烂，以保证树木成活。根据树种的不同分枝习性，萌芽力、成枝力大小，修剪伤口的愈合能力及修剪后的不同反应，采取不同的修剪方式。对于一般常绿针叶树和萌芽力弱的阔叶树种如桂花、广玉兰、雪松等在修剪时原则上保留原有的枝干树冠，只将徒长枝、交叉枝、病虫枝及过密枝剪去。较大的落叶乔木，尤其是生长势较强、容易抽出新枝的树枝，如杨、柳等可进行强剪，树冠可减少至原来的50%以上，这样可减轻根系负担，维持树木体内的水分平衡，也使得树木栽植后稳定性增强，不致招风摇动。具有明显主干、萌芽力较强的高大落叶乔木，如银杏、柿树等，应保持原有树形，适当疏枝，所保留的主侧枝应在健壮芽的上面进行短截，可剪去枝条的20%～40%。中央领导枝弱、生长快、萌芽力、成枝力及愈合力强的树种，如悬铃木、合欢、栾树、国槐、元宝枫等可以将整个树冠全部截去，只保留一定高度的树干。用作行道树的乔木，定干高度宜大于3m，第一分枝点以下枝条应全部剪除，其上枝条酌情疏剪或短截，并应保持树冠原形。珍贵树种的树冠，宜尽量保留少剪。此外，注意修剪的刀口要平整，锯除较大的枝干时，在伤口处用20%硫酸铜溶液进行消毒，然后再涂上保护剂（保护蜡、调和漆等），起到防腐防干和促进伤口愈合的作用。

（2）根系修整

树木定植之前，还应对根系进行适当修剪，主要是将断根、劈裂根、病虫根和过长的根剪去。修剪时剪口应平整而光滑，并及时涂抹防腐剂以防水分蒸发、干旱、腐烂、冻伤及感染病虫害。对去年秋季起出的假植树木根系要用清水浸泡48小时，使树木根系充分吸收水分后，方可栽植；对生根较难的野生树种，可用质量浓度在100～200mg/kg的生根粉浸泡、蘸或涂抹根部，这样可以明显提高成活率。

2.苗木栽植

（1）裸根苗栽植

裸根移植适用于幼小的繁殖苗与大多数休眠期的落叶乔灌木，一直以来也是国内地栽苗木基地最常用的移植方法。移植时根部不带土或带部分“护心土”。裸根移植的优点：保存根系比较完整，便于操作，节省人力和物力，运输方便。

在栽植裸根苗时，所挖的树坑大小一定要根据树根的大小来定，不能太大也不能太小，以确保根部全部舒展为宜，进行挖坑。放苗时一定要轻拿轻放，以免损伤根系。将树苗放入坑中，站好扶正，并使根系比地面低3～5回土达根颈处，同时用手向上提一提苗，抖一抖，使细土深入土缝中与根系结合，提苗后踩实土壤再回第二次土，待回土略高于地面时压实踩紧，第三次用松土覆盖地表。简单的记法即：“三埋、二踩、一提苗”的操作技术。

以上工作做完需立即进行树苗浇水，特别是第一次要浇足定根水，以后视天气干旱情况适时浇水。

（2）带土球苗栽植

母土是指花木原生长的根系所处的土壤。只有带母土球，才能在移栽过程保护土球内根系不被损伤，维持植株与原生地土壤环境已形成的平衡协调关系，把有益于植株生长的菌根、微生物随植株同时迁徙到定植区。

在栽植土球苗时，我们应先检验待植树坑的深度、宽度是否达到规格标准，绝不可盲目入坑，造成来回搬动土球。土球入坑后，我们应先在土球底部四周垫少量土壤将土球固定，树身上、下应垂直，再将包装材料剪开、撤出，随即填入好的表土至坑的一半，用木棍将四周夯实，再继续用土壤填满树坑。对于珍贵树木及原带土球不完整、根系已有不同程度脱水的苗木，需采用浆根及根部喷施生根剂进行处理。栽种苗木的深度，一般乔木应保持土壤下沉后，苗木根际线与原土痕等高；个别生长快、易产生不定根的树种可较原土痕深5～10cm，避免栽得过深或过浅。

3.栽植后的管理

（1）灌水

第一，无论什么树木，栽植后第一次浇水都要做到浇透、灌透，以利根系与土壤的紧密结合，为以后的树木生长创造良好的基础。

第二，科学灌水，要根据每一种树种的生物学生长特性，是耐旱还是喜湿润，进行合理灌水。

第三，根据土壤类型、水量、灌水次数分别对待。（黏重土壤，保水性强的土壤应相对少灌，沙土，保水性差的土壤应相对多灌水。）

第四，根据天气情况，合理灌溉。（高温干旱季节多灌水，低温季节少灌水，梅雨季节少灌水。）

第五，生长旺季少灌水，休眠季节少灌水或不灌水。

（2）树体裹干

常绿乔木和干径较大的落叶乔木，定植后需进行裹干，即用草绳、蒲包、苔藓等具有一定保湿性和保温性的材料，严密包裹主干和比较粗壮的一、二级分枝。裹干主要具有以下作用：一是可以避免强光直射和干风吹袭，减少干、枝的水分蒸发；二是可以保存一定量的水分，使枝干保持湿润；三是可以调节枝干温度，减少夏季高温和冬季低温对枝干的伤害。

（3）立支柱

大树移植后通常需要设立支柱，以避免大树因大风吹刮造成树干摇摆松动，使根系不能很好生长，在树干基部周围形成空洞，遇雨时容易在干周空洞内积水而影响根系和地上部分生长。同时由于大树移植后根系较浅、分布面积小，架立支柱后可以防止树体受力不均而倒伏。架立支柱一般在栽植操作基本完毕时，在浇水以前进行，架立支柱时需要考虑到大树所在点的风向，其支撑位置一般着重选择在栽植点的下风向。支柱材料要依据树种和树木规格而选用，既要实用也要注意美观。架立支柱的方式包括以下几种。

第一种，单支柱。与栽植植株树干平行立支柱。常在定植前于定植穴中心点立一直立支柱，待培土完成后把支柱上端和近地处分别与树木主干扎牢，防止大树晃动。为避免树干磨伤，并不影响到树干的增粗生长，我们应在支柱与树干之间添加松软的垫衬物，同时绑扎时使支柱和树干之间适当留出空间。

第二种，门字形支柱。对于干径在10～15cm的行道树，在栽植完成后，在树干相对应的两侧约50～70cm处各打一根高约1～1.5m的竹、木支柱，中间用一粗实的横杆将两支柱连接两头，绑扎牢固，使横杆的中心位置与树干对齐，然后把横杆和树干扎牢防止晃动。横杆与主干之间要垫上隔垫，以防磨损擦伤树皮。待根系能起到良好固定作用后即可拆去支架，一般定植后保存一年。

第三种，人字形支柱。大树栽植好后在树的两侧各立一根斜撑支柱，构成“人”字形。有时为了使支柱牢固也可以与树干成三角，利用树干做一支柱，然后将支柱和树干绑牢，防止根系晃动。这种支柱虽然所用材料较少，但稳定性相对较差，适合于行道树，支架方向与道路平行，对人行道的妨碍较小。

第四种，三角形支柱。利用3根竹竿或木棍构成三角形，其上角和树干扎在一起，起支撑树干的作用。支架高度决定于树的高度。在道路上立三角形支架，其下脚常因支撑过远妨碍行人，支撑角过小牢固性又降低，因此常在较空旷的绿地栽植时应用。为了增加支架的牢固性，常在中部加一个腰匝，腰匝与三角支架固定，与主干接触的部位也要加衬垫物，以免磨伤树皮。为使支架稳固，立支柱时常将支柱的基部顶在坑帮上，并埋入土内30～40cm，踏实。此支撑方式多用于雪松、五针松、广玉兰等树冠或树体特别高大的乔木。

第五种，拉钢丝固定。有些树的树冠比较高大，立支柱不能完全解决稳定性问题，特别是带土球的常绿树，树冠较大，移植后根系范围很小，重心又高，故常用打桩拉钢丝固定树干的方法。拉钢丝时根据树冠的大小和枝叶的分布情况而定，一般采用1～3根。拉一根时在枝叶量少的一侧拉。先在地面打一根桩，然后用钢丝的一端拴住主干中部着力点，另一端拴在木桩上。主干和钢丝之间用衬垫物垫好。拉钢丝角度（与主干夹角）以40°～60°为宜。拉两根钢丝时在树的两侧各拉一根；拉三根时钢丝之间保持夹角为120°。

第六种，四支柱式。为增加牢固性也可采用立四支柱方式，在树干四周均匀立四根支柱，上部用交叉支柱与树体固定。

第七种，字形支柱：为使支撑牢固，常使用“#”形支撑方式。在树干四周均匀立四根支柱，均向树干略倾斜，上部以四根适当长度的横杆与支柱固定，四横杆围合成方形后即将树干固定在中央位置上。

第八种，连排网络形。每株新植大树采用适当方法支撑固定以后，为增加树体固定的牢固程度，常利用横杆将相邻树体固定在一起，连排形成网络状。此方法应用于种植大面积、大规格乔木支撑，虽增加了投资，但美观、整齐、牢固性强。

（4）搭遮阴棚

在高温干燥季节，大规格树木移植初期，要搭阴棚遮阴，以降低树冠温度，减少树体的水分蒸发。体量较大的树木，要求全冠遮阴，阴棚上方及四周与树冠保持不少于50cm的距离，以保证棚内空气流动，防止树冠日灼危害。待树木成活后，视生长情况和季节变化，我们可逐步去掉遮阴物。

第十章　园林植物病虫害防治技术

第一节　园林病虫草害基本知识

一、园林植物虫害

（一）昆虫的形态特征

昆虫的一生一般要经过卵、幼虫、蛹、成虫四个发育阶段。各种昆虫的形态特征不同，一种昆虫不同发育阶段的形态特征也不一样，我们根据这些不同的特征，可以识别各种昆虫。昆虫是动物界节肢动物门昆虫纲的一类动物，其成虫的共同特征为：身体分头、胸、腹3个体段；头部具有口器和1对触角，1对复眼和1～3个单眼；胸部分前胸、中胸、后胸3节，各节有足1对；中胸和后胸各有1对翅。

1.头部

在昆虫身体的最前方，外壳坚硬，生有触角、复眼、单眼和口器。头部是昆虫感觉和取食的中心。

（1）触角

触角是昆虫重要的感觉器官，主司嗅觉和触觉作用，有的还有听觉作用，可以帮助昆虫进行通信联络、寻觅异性、寻找食物和选择产卵场所等活动。触角上有许多感觉器和嗅觉器，与触角窝内的许多感觉神经末梢相连，又直接与中枢神经连网，非常灵敏，既能感触物体、感觉气流，又能嗅到各种气味，甚至是远距离散发出来的。当受到外界刺激后，中枢神经便可支配昆虫进行各种活动。常见的触角种类有丝状、棒状、羽状、锯齿状、鳃叶状、锤状等。

（2）口器

口器是昆虫的嘴巴，担负着摄取食物的重任。昆虫的口器常见的主要有以下几种：咀嚼式口器，如蝗虫；刺吸式口器，如蚊子、臭虫、蝉；虹吸式口器，如蝴蝶、部分飞蛾；舐吸式口器，如苍蝇；嚼吸式口器，如蜜蜂；刺舐式口器，虻类。根据昆虫口器类型及取食方式的不同，防治上也可采取不同的杀虫剂。例如，对咀嚼式口器的害虫用胃毒性杀虫剂；对刺吸式口器的害虫则选用内吸剂和触杀剂。

2.胸部

胸部是运动中心，胸部由前胸、中胸、后胸3个体节组成，每一胸节各有一对足，昆虫有3对足（这是判断昆虫的主要特征之一，像前面说的多足的蜘蛛、武功、马陆不属于昆虫）。具翅的昆虫在中胸和后胸上还各有一对翅。

3.腹部

腹部是昆虫消化食物和繁殖后代的中心。腹部一般为9～11节；少数种类减至3～6节。各节间有由折叠起来的膜连接着，所以昆虫的腹部才能够自由伸缩，如天牛产卵的时候能把腹部拉长，把卵产在鼠皮缝隙、刻槽里。

4.体壁

昆虫的体壁由底膜、皮细胞层及表皮层组成。皮细胞层能形成表皮，有的可特化成刚毛、蜡腺、毒腺等。表皮层又可分为上表皮、外表皮和内表皮。上表皮具蜡层，有拒水、抵御外物侵入作用。外表皮和内表皮具有亲水性。随着虫龄增大，表皮层也随之加厚、硬化，抗药性增强。因此，采用化学防治时，我们要采取“治早、治小”的方针。

（二）昆虫的生物学习性

1.昆虫的世代和生活史

昆虫自卵期发育，经过幼虫、蛹直至成虫的整个阶段，称为一个世代。各种昆虫完成一个世代所需时间各不相同，短的一年数代或数十代，长的一年或数年甚至十余年才完成一代。昆虫在一年内的发育史即从当年越冬虫态开始活动起至次年越冬结束止的发育过程，称为年生活史。

2.昆虫的生殖方法

绝大多数的昆虫都是通过两性来繁殖的，雌性和雄性交配之后产下虫卵，然后虫卵又生长成为新的个体，这是最普遍的繁殖方式。部分昆虫是单性繁殖，也就是卵不需要经过雄性的受精即可完成发育。部分昆虫偶发性孤雌生殖，除了在正常交配下产卵之外，没有经过受精的卵也会生长成新的个体，比如蚕等昆虫。

3.昆虫的变态

昆虫从卵至成虫羽化，其间所经历的形态变化称为变态，可分为不完全变态和完全变态两类。不完全变态：昆虫一生只经过卵、幼虫、成虫3个发育阶段，其幼虫称为若虫，若虫与成虫在形态、生活习性方面基本相同，只是翅、性器官的发育程度有差别，如蚜虫、叶蝉、蚧、蟒象等。完全变态：昆虫一生要经过卵、幼虫、蛹、成虫4个发育阶段，幼虫和成虫在形态、生活习性上完全不同，幼虫要经过一个不活动的蛹期，再羽化为成虫，如刺蛾、装蛾、天牛、蜂等。

4.昆虫的发育

昆虫一生中，从成虫产卵到卵孵化为幼虫所经过的时间称为卵期。幼虫从卵壳中爬出来叫作孵化。初孵化的幼虫叫作第1龄幼虫，经过1次蜕皮后叫作第2龄幼虫，以后每脱1次皮就增加1龄。每2次蜕皮间的时间，叫作龄期。最后幼虫停止取食，不再生长，叫作老熟幼虫或称末龄幼虫。老熟幼虫再经过蜕皮变成蛹，这种变化称为化蛹。从初孵幼虫到化蛹这段时间叫作幼虫期。不完全变态的老熟幼虫经过最后1次蜕皮变为成虫或蛹内成虫钻出蛹壳，这个过程叫作羽化。从化蛹到羽化为成虫，这段时间叫作蛹期。成虫羽化后到死亡这段时间叫作成虫期。

5.昆虫的行为

（1）假死性

昆虫的假死性是指昆虫受到某种刺激或震动时，身体蜷缩，静止不动，或从停留处跌落下来呈假死状态，稍停片刻即恢复正常而离去的现象。这种现象是昆虫对外来刺激的防御性反应，我们可以利用害虫的假死性，进行人工防治。

（2）趋性

昆虫对自然界的刺激物所产生的反应，称为趋性。趋向刺激物的活动叫作正趋性，避开刺激物的活动叫作负趋性。引起昆虫趋避活动的主要刺激物有光温度、化学物质，昆虫的趋性相应地也有趋光性、趋温性、趋化性。在防治上，我们可以利用这些趋性。对有趋光性的昆虫，如刺蛾、蓑蛾雄成虫、灯蛾、毒蛾等可以用灯诱杀，对喜食甜、酸等化学气味的小地老虎，可以用糖醋液诱杀。

（3）休眠与滞育

昆虫在发育过程中，常因低温、高温、干燥及食物不足等不良环境因素，有临时停止发育的现象，称为休眠。昆虫利用休眠以度过冬季或夏季，称为越冬或越夏。昆虫的卵、幼虫、蛹、成虫四个时期均可发生休眠。滞育也是一种昆虫生长发育停滞的现象，但不是不利环境条件直接引起的，在自然情况下，有的虽然不利环境条件还未到来，但是昆虫已进入滞育，并且即使给以适宜的条件，也不会马上恢复生长发育，具有一定的遗传稳定性。凡有滞育特性的昆虫，都各有固定的滞育虫态。

（4）食性

各种昆虫长期生活在自然界，逐渐形成了自己的食性，通常分为植食性、肉食性、腐食性3类。

二、园林植物病害

园林植物在生长过程中或其产品和繁殖材料在贮藏和运输过程中，遭受其他生物的侵袭或不适宜的环境条件影响，生理程序的正常功能受到干扰和破坏，从而导致植物生理上、组织上和形态上产生一系列不正常的状态，生长发育不良，甚至全株死亡，最终引起人类经济损失或其他损失的现象称为园林植物病害。

（一）症状

症状通常有叶斑、枯萎、腐烂、猝倒、立枯、黄化、矮化等；病症有粉状物、霉状物、粒状物、溢脓、菌索等病原物表现出来的特征。

1.病状

植物感病后本身所表现出的不正常状态称为病状，主要包括以下几种类型。

退绿、变色和花叶。叶片受害后，叶绿体遭破坏，引起退绿、变色。如香樟黄化病等。

斑点。因细胞和组织死亡而引起，如角斑，圆斑、轮斑等，有的形成穿孔或枯叶状，如月季黑斑病，桃细菌性穿孔病等。

腐烂。由于病菌的酶和毒素的作用，使细胞坏死、组织解体而出现腐烂现象。含水分较多的幼嫩组织易产生湿腐，如羽衣甘蓝软腐病等；含水少而较坚硬的组织一般产生干腐，如杨树烂皮病等。

枯萎或萎蔫。基部或根基维管束组织受害，水分不能运送而凋萎枯死，如榆树枯萎病等。

畸形。由于病原生物产生的毒素对植物的刺激或抑制作用而引起畸形，如林木根瘤线虫病，泡桐丛枝病、桃缩叶病等。

流脂或流胶。树木的枝干由于病原生物侵染或其他生理因素，导致细胞分解，树脂或树胶从树皮流出，如国外松流脂病、桃流胶病等。

2.病症

植物感病后，病原物在病部所表现出来的特征，称为病症，主要包括以下几种类型。

霉状物：植物感病后，病部产生真菌的营养体或繁殖体，呈现各种颜色的絮状物，如月季灰霉病等。

粉状物：植物病部长有各种颜色的粉状物，如月季锈病、月季白粉病等。

颗粒状物：植物病部产生大小不一的颗粒状物，如茉莉花白绢病、兰花菌核病等。

膜状物：植物病部产生紫褐色或灰色的膏药状物及菌膜，如树木膏药病等。

脓状物：植物受细菌感染后，在病部伤口有脓状物溢出，如木麻黄青枯病等，植物感病后所表现出的症状可作为诊断病害的参考依据。

（二）类型

植物生病的原因称为病原。根据病原的不同可将病害分为非浸染性病害和侵染性病害两大类。

1.非浸染性病害

非浸染性病害：非生物因子引起的病害，不能互相传染，没有浸染过程，也称生理性病害。非浸染性病害的非生物因素有营养物质的缺乏或过多（小叶病、黄叶病、缩果病、芽枯病、粗皮病等）、水分供应失调（旱害或涝灾）、温度的过高或过低（日烧或冻害）、日照的不足或过强，气、水、土壤中有毒物质的毒害，农药的药害，等等。

2.浸染性病害

侵染性病害：由生物因子引起的植物病害都能相互传染，有侵染过程。侵染性病害的病原生物有真菌、细菌、病毒（含类病毒）、类菌原体、线虫和寄生性种子植物等多种。传染性病害必须病原、感病植物、环境条件三者均具备时才能发生。

第二节　园林植物病虫害综合防治技术

园林植物病虫害综合治理是一个病虫控制的系统工程，即从生态学观点出发，在整个园林植物生产、栽植及养护管理过程中，有计划地应用、改善栽植养护技术，调节生态环境，预防病虫害的发生，降低发生程度。我们应将自然防治和人为防治手段有机地结合起来，有意识地加强自然防治能力，主要是利用植物检疫、园林技术防治、物理机械防治、生物防治、化学防治等方法来控制病虫害，并将它们有机结合在一起而制定一个综合防治方案。

一、植物检疫技术

植物检疫也称法规防治，是指一个国家或地方政府颁布法令，设立专门机构。它是防治病虫害的基本措施之一，也是实施“综合治理”措施的有力保证。

（一）生物入侵的危害

生物入侵指生物由原生存地经自然的或人为的途径侵入另一个新的环境，对入侵地的生物多样性、农林牧渔业生产以及人类健康造成经济损失或生态灾难的过程。生物入侵的危害集中在生态、人体和经济三个层面。

生物入侵对生态环境的危害是巨大的，主要体现在以下两个方面：一方面，由于入侵种能更好地适应当地的生存环境和有立地条件，表现出了更好的竞争优势，入侵种将会极大地挤占原有物种的生存空间和资源，导致本地物种数量减少、质量下降，最终引发被入侵区域生物多样性的降低。另一方面，由于生物多样性降低，生物入侵将会改变原来生态系统的平衡和稳定，破坏生态系统的组成，威胁原有生态系统正常功能的有效实现，引发更为严重的生态灾难。

生物入侵对人体健康也具有极大的危害。据统计，有很多外来物种都可能成为人类的病原或病原的传播媒介。这些生物一旦通过某种途径进入人体，将会严重危害人体健康，甚至危及我们的生命。

生物入侵对经济发展也具有很大的危害。近年来，松材线虫、湿地松粉蚧、松突圆蚧、美国白蛾等森林入侵物种对森林的危害面积年年激增。豚草、紫茎泽兰、飞机草、薇甘菊、空心莲子草、水葫芦、大米草等肆意蔓延，已到了难以控制的程度。

（二）植物检疫的重要性

植物检疫的根本目的是：防止外地的检疫性有害生物传入本地造成危害，防止本地的检疫性有害生物扩散蔓延，保护农业生产安全，服务于植物、植物产品贸易。植物检疫的重要性主要表现在以下几个方面。

植物检疫是农业生产安全的保障。通过开展检疫，确保引种和调运植物、植物产品的安全，防止了检疫性有害生物的传播蔓延，保护了广大未发生区的安全；通过开展发生区的防治灭杀，有效遏制了检疫性有害生物的发生和危害。

植物检疫是农产品对外贸易安全的保障。近年来，植物检疫机构与其他部门加强合作，不断提升我国植物检疫安全水平，确保出口农产品符合进口国家的植物检疫要求，突破了一些国家的检疫技术壁垒，确保了我国农产品的顺利出口。

植物检疫是生态安全的保障。通过预防和控制检疫性有害生物的传播蔓延，我们可以避免检疫性有害生物对未发生区植被的危害，减少了农药等的使用，对生态环境的保护有重要作用。

（三）植物检疫的对象和分类

1.植物检疫的对象

植物检疫的对象包括以下几种：国内或当地尚未发现或局部已发生而正在消灭的生物；一旦传入对农作物的危害大，造成经济损失严重，目前尚无高效、简易防治方法的生物；繁殖力强、适应性广、难以根除的生物；可人为随种子、苗木、农产品及包装物等运输，做远程距离传播的生物。

2.植物检疫的分类

植物检疫分对内检疫和对外检疫两类。对内检疫的主要任务是防止通过地区间的物资交换及调运种子、苗木和其他农产品等而使危险性有害生物扩散蔓延，故又称国内检疫。对外检疫是国家在港口、机场、车站和邮局等国际交通要道，设立植物检疫机构，对进出口和过境的、应实施检疫的植物及其产品实施检疫和处理，以防止危险性有害生物的传入和输出。

（四）植物检疫方法

1.检疫检验

检疫检验是指由有关植物检疫机构根据报验的受验材料抽样检验。除产地植物检疫采用产地检验（田间调查）外，其余各项植物检疫主要进行关卡抽样室内检验。

2.检疫处理

检疫处理首先必须符合检疫法规（即检疫处理的各项管理办法、规定和标准）的规定。其次是所采取的处理措施是必不可少的。在产地或隔离场地发现有检疫对象，应由官方划定疫区和保护区，实施隔离和根除扑灭等控制措施。关卡检验发现检疫对象时，常采用退回或销毁货物、除害处理和异地转运等检疫处理措施。

调运植物检疫的检疫证书应由省植保（植检）站及其授权检疫机构签发。口岸植物检疫由口岸植物检疫机关根据检疫结果评定和签发“检疫放行通知单”或“检疫处理通知单”。

二、园林技术防治

园林技术防治措施就是通过改进栽培技术，使环境条件不利于病虫害的发生，而有利于园林植物的生长发育，直接或间接地消灭或抑制病虫危害。这种方法不需要额外的投资，而且还有预防作用，可长期控制病虫害，因而是最基本的防治方法。但这种方法也有一定的局限性，病虫害大发生时必须依靠其他防治措施。

（一）选用抗性品种

不同树种间、同一树种不同品种间对各种病虫害的抗性均有差异。一个品种如果仅具备速生、丰产特性，而不抗病虫害，则很难在生产中得以推广。如20世纪70年代我国大面积种植的大官杨，推广不久即因受光肩星天牛等蛀干害虫危害而被淘汰。这个教训说明了抗病虫育种在防治工作中的重要性。我国抗性育种工作，起步较晚，植物保护工作者和育种工作者应加强协作，选育出更多具有抗病虫能力的优良品种，以满足生产的需要。目前已选育出抗松疱锈病、杨树天牛、杨树溃疡病和泡桐丛枝病的优良品种或无性系。

（二）苗圃地的选择及处理

苗圃地应该选择土质疏松、排水透气性好、腐殖质多的地段。在栽植前，我们应该进行深耕改土，耕翻后经过暴晒、土壤消毒，可杀灭部分病虫害。

（三）培育健苗

园林上许多病虫害是依靠种子、苗木及其他无性繁殖材料来传播的，因而通过一定的措施，培育无病虫的健壮种苗，可有效地控制该类病虫害的发生。

1.无病虫园地育苗

我们应该选取土壤疏松、排水良好、通风透光、无病虫害的场所为育苗园地。盆播育苗时应注意盆钵、基质的消毒，同时通过适时播种、合理轮作、整地施肥以及中耕除草等加强养护管理，使之苗齐、苗全、苗壮、无病虫害。

2.无病株采种

园林植物的许多病害是通过种苗传播的，如仙客来病毒病、百日草白斑病是由种子传播的，菊花白锈病是由根芽传播的，等等。若从健康母株上采种，则能得到无病种苗，避免或减轻该类病害的发生。

3.组织脱毒育苗

园林植物中病毒性病害发生普遍而且严重，许多种苗都带有病毒，利用组织技术进行脱毒处理，对于防治病毒性病害十分有效。例如，脱毒香石竹苗、脱毒兰花苗等已非常成功。

（四）栽培措施

1.合理轮作

连作往往会加重园林植物病害的发生，如温室中香石竹多年连作时，会加重镰刀菌枯萎病的发生，实行轮作可以减轻病害。

2.配置得当

建园时，为了保证景观的美化效果，往往将许多种植物搭配种植，这样便忽视了病虫害之间的相互传染，人为地造成某些病虫害的发生与流行。如海棠与柏属树种、芍药与松属树种近距离栽植易造成海棠锈病及芍药锈病的大发生。因而在园林布景时，植物的配置不仅要考虑美化的效果，还应考虑病虫危害问题。

3.科学间作

每种病虫对树木、花草都有一定的选择性和转移性，因此在进行花卉育苗生产及花圃育苗时，要考虑到寄生植物与病菌的寄主范围及害虫的食性，尽量避免相同食料及相同寄主范围的园林植物混栽或间作。例如，黑松、油松等混栽将导致日本松干蚧严重发生；多种花卉的混栽，会加重病毒性病害的发生。

（五）管理措施

1.加强肥水管理

合理的肥水管理不仅能使植物健壮地生长，而且能增强植物的抗病虫能力。观赏植物应使用充分腐熟且无异味的有机肥，以免污染环境，影响观赏。使用无机肥要注意氮、磷、钾等营养成分的配合，防止施肥过量或出现缺素症。

2.改善环境条件

改善环境条件主要是指调节栽培地的温度和湿度，尤其是温室栽培植物，要经常通风换气、降低湿度，以减轻灰霉病、霜霉病等病害。

3.合理修剪

合理修剪、整枝不仅可以增强树势，使花叶并茂，还可以减少病虫害。例如，对于天牛、透翅蛾等钻蛀性害虫及袋蛾、刺蛾等食叶害虫，均可采用修剪虫枝等方法进行防治；对于介壳虫、粉虱等害虫，则可通过修剪、整治达到通风透光的目的，从而抑制此类害虫危害。

4.中耕除草

中耕除草不仅可以保持肥力，减少土壤水分的蒸发，促进花木健壮生长，提高抗逆能力，还可以清除许多病虫的发源地和潜伏场所。

5.翻土培土

结合深耕施肥，可将表土或落叶层中的越冬病菌、害虫深翻入土。公园、绿地、苗圃等场所在冬季暂无花卉生长，最好深翻一次，这样便可将病菌、害虫深埋地下，翌年不再发生。此法对于防治花卉菌核病等效果较好。

公园树坛翻耕时要特别注意树冠下面和根茎部附近的土层，让覆土达到一定的厚度，从而使病菌无法萌发、害虫无法孵化或羽化。

（六）球茎等器官的收获及收后管理

许多花卉以球茎、鳞茎等器官越冬，为了保障这些器官的健康储存，在收获前应避免大量浇水，以防含水过多造成贮藏腐烂；要在晴天收获，挖掘过程中要尽量避免伤口；挖出后要仔细检查，剔除有伤口、病虫及腐烂的器官，并在阳光下暴晒数日后方可收藏。贮窖要事先清扫消毒，通气晾晒。储藏期间要控制好温度、湿度，窖温一般在5℃左右，相对湿度宜在70%以下。有条件时，最好单个装入尼龙网袋，悬挂于窖顶储藏。

三、物理机械防治

物理机械防治法就是利用各种简单的机械和各种物理因素来防治病虫害的方法。这种方法既包括传统的、简单的人工捕杀，也包括近代物理新技术的应用。

（一）捕杀法

“捕杀法”是指利用人工或各种简单的机械捕捉或直接消灭害虫的方法。人工捕杀适合于具有假死性、群集性或其他目标明显易于捕捉的害虫。例如，多数金龟子、象甲的成虫具有假死性，可在清晨或傍晚将其振落杀死。

（二）阻隔法

阻隔法，也称障碍物法，是指人为设置各种障碍，以切断病虫害的侵害途径的方法。

（三）诱杀法

“诱杀法”是指利用害虫的趋性，人为设置器械或诱物来诱杀害虫的方法。利用此法还可以预测害虫的发生动态。

1.灯光诱杀

利用害虫对灯光的趋性，人为设置灯光来诱杀害虫的方法称为灯光诱杀法。目前生产上所用的光源主要是黑光灯，此外还有高压电网灭虫等。安置黑光灯时应以安全、经济、简便为原则。黑光灯诱虫一般在5~9月。黑光灯要设置在空旷处，选择闷热、无风无雨、无月光的天气开灯，诱集效果较好。

2.食物诱杀

毒饵诱杀利用害虫的趋化性，在其所喜欢的食物中掺入适量毒剂来诱杀害虫的方法称为毒饵诱杀。

饵木诱杀许多枝干害虫，如天牛、小蠹等喜欢在新伐倒树木上产卵繁殖，因而可以在这些害虫的繁殖期，人为地放置木段，供其产卵，待其卵全部孵化后进行制皮处理，消灭其中的害虫。

植物诱杀利用害虫对某些植物的特殊的嗜食习性，人为种植或采集此种植物诱集捕杀害虫的方法称为植物诱杀。如在苗圃周围种植蓖麻，可使金龟甲食后麻醉，从而集中捕杀。

3.潜所诱杀

利用害虫在某一时期喜欢某一特殊环境的习性，人为设置类似的环境来诱杀害虫的方法称为潜所诱杀。如在树干基部绑扎草把或麻布片，可引诱某些蛾类幼虫前来越冬；在苗圆内堆积新鲜杂草，能诱集地老虎幼虫潜伏草下，然后集中消灭。

4.色板诱杀

将黄色黏胶板设置于花卉栽培区域，可诱黏到大量的翅蚜、白粉虱、斑潜蝇等害虫，其中以在温室保护地内使用时效果较好。

（四）温度的应用

任何生物包括植物病原物、害虫都对温度有一定的忍耐性，超过限度生物就会死亡。害虫和病菌对高温的忍受力都较差，通过提高温度来杀死病原物或害虫的方法称温度处理法，简称热处理。在园林植物病虫害防治中，热处理有干热和湿热两种。

1.种苗的热处理

有病虫的苗木可用热风处理，温度为35～40℃，处理时间为1～4周；也可用40～50℃的温水处理，浸泡时间为10～180min。

2.土壤的热处理

现代温室土壤热处理是使用热蒸汽（90～100℃），处理时间为30min。蒸汽处理可大幅度降低香石竹镰刀菌枯萎病、菊花枯萎病及地下害虫的发生程度。在发达国家，蒸汽热处理已成为常规管理方法。

（五）放射处理

近几年来，随着物理学的发展，生物物理也有了相应的发展。因此，应用新的物理学成就来防治病虫，也就具有了越加广阔的前景。原子能、超声波、紫外线、激光、高频电流等，正普遍应用于生物物理范畴，其中很多成果正在病虫害防治中得到应用。

四、生物防治

（一）生物防治的概念及其重要性

1.生物防治的概念

生物防治是利用物种间的相互关系，以一种或一类生物抑制另一种或另一类生物的方法，它是降低杂草和害虫等有害生物种群密度的一种方法。

2.生物防治的重要性

20世纪40年代，随着有机杀虫剂大规模应用于农业上防治害虫，导致害虫产生抗药性，农药在环境和食物中的残留以及次要害虫上升为主要害虫等问题产生，成为全世界公认的、亟待解决的难题。此外，农药在杀死害虫的同时，也会大量杀伤自然界中害虫的天敌。生物防治的意义在于可以避免产生化学农药导致的弊端；天敌对有害生物的控制作用持久，又是一种不竭的自然资源，在利用过程中可就地取材，降低成本。因此，生物防治已经成为一种实施可持续植保的重要措施。但是，生物防治也存在着一定的局限性，它不能完全代替其他防治方法，必须与其他防治方法相结合，综合应用于有害生物的治理中。

（二）生物防治的方法

生物防治包括以虫治虫、以菌治虫、以病毒治虫、以鸟治虫、以蛛螨类治虫、以激素治虫、以菌治菌等措施。

以虫治虫——利用有益的昆虫消灭害虫的方式。如：松毛虫赤眼蜂（寄生性天敌）防治玉米螟、异色瓢虫（捕食性天敌）防治蚜等。

以菌治虫、以菌除草——利用害虫或杂草的病原微生物防治害虫与杂草的方式。如：白僵菌（真菌）防治鳞翅目害虫；苏云金杆菌（细菌）防治鳞翅目害虫、“鲁保一号”防治菟丝子等。

以病毒治虫——的核型多角体病毒（NPV）、颗粒体病毒（GV）和质型多角体病毒（CPV）防治鳞翅目、双翅目、膜翅目、鞘翅目等的幼虫。

以鸟（家禽）治虫——如：新疆维吾尔自治区利用椋鸟防治蝗虫、散养鸭防治草原蝗虫等。

以蛛（螨）类治虫——如：利用棒络新妇（蜘蛛类）防治桃蚜；利用胡瓜钝绥螨、智利小植绥螨（捕食螨）防治红蜘蛛。

以激素治虫——利用雌虫的信息素诱集雄虫的方法。如：小菜蛾性诱芯诱集小菜蛾等。

以菌治菌——某些微生物（益菌）在生长发育过程中能分泌一些抗菌物质，抑制其他微生物的生长，这种现象称拮抗作用，利用有拮抗作用的微生物防治园林植物病害，有的已获得成功。如利用哈氏木霉菌防治白绢病。目前，以菌治病多用于土壤传播的病害。

（三）生物防治的优点与局限性

生物防治的及时性有所欠缺。如部分病虫可对果实的外观品质造成迫害，而这往往是不可逆的，如果单纯地依靠生物防治，病虫难以得到迅速控制。

多数生物农药在使用上限制比较多。如微生物农药应避免高温、强光的，否则易失活；投放天敌生物时间必须与害虫发生或产卵时间吻合，才能起到良好效果；部分抗生素类农业混配性较差，不太稳定等。

五、化学防治

（一）化学防治的重要性

化学防治又叫农药防治，是用化学药剂的毒性来防治病虫害。化学防治是植物保护最常用的方法，也是综合防治中一项重要措施。农药具有高效、速效、使用方便、经济效益高等优点，但使用不当可能对植物产生药害，引起人畜中毒，杀伤有益微生物，导致病原物产生抗药性。当前化学防治是防治植物病虫害的关键措施，在面临病害大发生的紧急时刻，甚至是唯一有效的措施。当前应用的农药主要有杀虫剂、杀菌剂和杀线虫剂，病毒抑制剂也在积极开发中。

（二）化学防治的局限性

化学防治在有害生物综合防治中占有重要地位，但化学防治还有其局限性。

1.引起病菌、害虫、杂草等产生抗药性

很多害虫一旦对农药产生抗药性，则这种抗药性很难消失，许多害虫和螨类对农药会发生交互抗性。

2.杀害有益生物，破坏生态平衡

化学防治虽然能有效地控制有害生物，但也杀害了大量的有益生物，改变了生物群落结构，破坏了生态平衡，常会使原来不重要的病虫上升为主要病虫，还会使一些原来已被控制的重要害虫因抗药性的产生而再次猖獗。

3.农药对生态环境的污染及人体健康的影响

农药不仅污染了大气、水体、土壤等生态环境，而且还通过生物富集作用，造成食品及人体的农药残留，严重地威胁着人体健康。

六、外科治疗

园林树木常受到枝干病虫害的侵袭，尤其是古树名木由于历尽沧桑，病虫害的危害已经形成大大小小的树洞和创痕。为此，我们可以进行外科手术治疗，对损害树体实行镶补后使树木健康成长，常见的园林植物外科治疗方法如下。

（一）表皮损伤修补

表皮损伤修补主要用于对树皮损伤面积直径在10cm以上的伤口进行治疗。其基本方法是用高分子化合物——聚硫密封剂封闭伤口。在封闭之前，我们应对树体上的伤疤进行清洗，并用30倍的硫酸铜溶液喷涂两次（间隔30min），晾干后密封（气温23C ± 2℃时密封效果好），最后用粘贴树皮的方法进行外表“装修”。

（二）树洞的修补

传统修补方法多是利用水泥、砖块等材料直接进行封堵，防水性不佳，未能阻止雨水渗入，反而加速木质部腐烂，达不到美观、实用的目的。因此，在日后遇到的树洞修补工作中，我们应避免使用此类方法。树洞修复的常用方法主要如下。

1．填充法

首先用铁刷、铲刀、刮刀等对树洞内的朽木进行清理，要求尽可能将树洞的腐烂物及已变色的木质部全部清理干净。填充物最好是水泥和小石砾的混合物，如无水泥，也可以就地取材。填充材料必须压实，每20～30cm用一层油毡隔开，每层表面略向外倾斜，以利于排水。同时，填充物不用超过木质部，使木质部的形成层在其上面形成愈伤组织。

2.封闭法

首先对树洞进行清理，树洞经过消毒处理后，直接涂上伤口愈合膏，也可以直接在上面钉上一层树皮。

（三）外部化学治疗

对于园林植物的枝干病害，我们可以采用外部化学手术治疗的方法，即先用刮皮刀将病部刮去，然后涂上保护剂或防水剂。波尔多液是外部化学治疗常用的伤口保护剂。

第三节　园林植物常发生病虫害防治技术

一、常见病害及其防治

（一）白粉病类

白粉病菌的分生孢子萌发要求较高的温度，10 ~ 30℃范围内都可以萌发，以20 ~ 25℃最适宜。白粉病菌分生孢子的抗逆力较低，寿命很短，在26℃左右只能存活9h。空气湿度在25%到85%都可以存活，最适宜繁殖的空气相对湿度是35% ~ 45%。温室、大棚内较易使白粉病菌获得温度、湿度的最适要求。因此，温室、大棚的白粉病发生较重。白粉病是园林树木上发生的既普遍又严重的重要病害，除针叶树外，许多观赏植物都可能发生；但角质层、蜡质层厚的花卉，如山茶、杜鹃、榕树类等，很少有白粉病的发生。该病在南方多发生于温暖、湿润和光照不足的雨季，多雨郁闭、通风及透光较差时，病害发生加重，其防治措施如下。

化学防治常用的有25%粉锈宁可湿性粉剂的1 500 ~ 2 000倍液，残效期长达1.5 ~ 2个月；50%苯来特可湿性粉剂1 500 ~ 2 000倍液；碳酸氢钠的250倍液。

在染病后，我们可以在夜间喷硫黄粉，将硫黄粉涂在取暖设备上任其挥发，能有效地防治白粉病。

休眠期，我们可以喷洒0.3 ~ 0.5波美度的石硫合剂（包括地面落叶和地上树体），消灭越冬病原物。

除喷药外，及时清除初期侵染源也非常重要，如将染病落叶集中烧毁；选育和利用抗病品种也是防治白粉病的重要措施之一。

（二）锈病类

锈病是花卉和园林绿化树木较常见和危害较为严重的一类病害，在我国大部分地区都有发生。受害部位的叶片正反两面着生橘黄色的粉状孢斑，破裂后又散发出橘黄色粉末即锈菌孢子，重复侵染。锈病种类很多，在园林方面主要危害蔷薇科、豆科、百合科、禾本科、松科、柏科和杨柳科等近百种花木。该病冬季寄生危害桧柏嫩枝，其中以蜀桧、龙柏发生较重，花柏、刺柏次之。

第一，加强栽培管理，植株要种在地势较高、排水良好的地段。

第二，选用健壮无病虫枝做插条、接穗等无性繁殖材料，严格除去病菌；控制种植密度，不宜过密；及时排除积水；科学施肥，多施腐熟有机肥和磷钾肥，不偏施氮肥；经常修剪整枝，除病虫弱枝，使园内通风透光良好；设施栽培要加强通风换气，降低棚室内湿度。

第三，冬季施药。秋末到次年萌芽前，在清扫田园剪病枝后再施药预防，可喷2～5度石硫合剂，或45%结晶石硫合剂100～150倍液，或五氯酚钠200～300倍液，或五氯酚钠加石硫合剂混合液，配置时先将五氯酚钠加200～300倍水稀释，再慢慢倒入石硫合剂液，边倒边充分搅拌，调成波美度2～3度药液，不能将五氯酚钠粉不加水稀释就加入石硫合剂中，以免产生沉淀。防治转主寄生柏树上的锈病，应在早春三月上中旬喷1～2次，杀死越冬菌源冬孢子。在花木发病初期喷波美度0.2～0.3度石硫合剂，45%结晶石硫合剂300～500倍液，或70%代森锰锌可湿性粉剂500倍液，或70%甲基托布津1 000倍液，或25%三唑酮1 500倍液。防治锈病较新的药剂还有12.5%烯唑醇3 000～4 000倍液，或“粉锈清”800～1 000倍液。

（三）炭疽病类

炭疽病是一种由于植物的生长环境不通风而导致的植物型疾病，也是园林树木上常见的一大类病害，主要发生在我国南方地区，除梅花、兰花和樟树经常染病外，其他花木也可能感染此病。该病每年3～11月均可发病，雨季加重，其防治措施如下。

第一，加强养护管理措施，促使园林树木生长健壮，增强抗病性。

第二，及时清除树冠下的病落叶及病枝和其他感病材料，并集中销毁，以减少侵染来源。

第三，利用和选育抗病品种，是防治炭疽病中应注意的方面。

第四，化学防治：侵染初期可喷洒70%代森锰锌500～600倍液，或1：0.5：100的波尔多液（即1份硫酸铜、0.5份生石灰和100份水配制而成），或70%甲基托布津可湿性粉剂1 000倍液。喷药次数可根据病情发展情况而定。

（四）叶斑病类

叶斑病是叶片组织受局部侵染，导致出现各种形状斑点病的总称，叶斑病聚集发生时，可引起叶枯、落叶或穿孔，严重时造成枝条枯死，甚至导致园林植物死亡。叶斑病病菌在植物病残体及土壤中越冬，第二年发病期随风、雨传播侵染新寄主。传播方式可分为近距离传播和远距离传播，近距离传播可分为气流、水滴、昆虫活动等，远距离传播主要是人为运输病苗引起。

在长江流域一带，5～6月和8～9月出现两次发病高峰期；在北方一般8～9月发病最重，其防治措施如下。

第一，加强养护：选用无病植株栽培，合理施肥与轮作，种植密度要适宜，以利通风透光，降低温度，注意浇水方式，避免喷灌。

第二，铲除病源：彻底清除病残落叶及病死植株，集中烧毁。

第三，药剂防治：初期预防：普呐30g、每达宁30g、腈菌唑30ml、叶脉动20ml兑水30斤均匀喷雾；中期发生：叶库40g、炭科20ml、普呐20g、叶脉动20ml兑水30斤均匀喷雾；严重发生：秀泽20ml、叶库40g+炭科30ml、叶脉动20ml兑水30斤均匀喷雾。

（五）线虫病类

线虫是危害园林植物上的一类重要病原，分布广，寄主多。过去由于多重视真菌性病害，而对线虫类的病害了解较少，苗圃生产中有时把线虫病害与病毒病或生理性病害相混淆，致使在防治上处于被动地位。在线虫病类中，以根结线虫病最为常见，主要危害桂花、栀子、木槿、紫薇等，其防治措施如下。

第一，加强检疫，严禁携带线虫的花苗、种球调运；及时清除病株、病残体以及带病土壤，不要重茬种植，以消灭病原。

第二，用顶芽繁殖和组培方法繁育无线虫幼苗。

第三，高温处理：夏季高温天气，将土壤铺成10cm厚，日光下暴晒30天，3天翻动1次；其间不能淋雨。

第四，药剂防治：每公顷用10%克线磷颗粒剂37.5kg，采用沟施或穴施方法埋药，后覆土浇水。

（六）病毒病类

高等植物中，目前发现的病毒病已超过700种，数量仅次于真菌性病害。几乎每一种园林植物都有一至数种病毒病。轻则影响观赏，重则不能开花，品种逐年退化甚至毁种，已对园林植物构成潜在的威胁。有些病毒病已成为影响我国园林植物栽培、生产和外销的重要原因之一。据报道，园林植物病毒病已达300种，树木病毒病已达百种。我国常见的花卉或其他植物上都有病毒病发生，同时一种病毒病可感染几种至上百种不同植物，其中优势病原病毒种类已成为农林及园艺生产上的严重问题。豆科、葫芦科以及菊科植物的种子容易传播病原病毒，其防治措施如下。

第一，加强检疫，严禁对带有病毒的园林树木进行引种和调运。

第二，及时消灭杂草及缠绕植物，以防止病毒滋生。

第三，发现病株及时拔除并立即烧毁，以消灭病源。

第四，及时防治刺吸式口器害虫，尤其是蚜虫，以避免害虫传播。

第五，用根尖、茎尖等组培无毒苗。

第六，药剂防治：发病初期喷施20%病毒灵400倍液，7天1次，直到病愈为止。

（七）根癌病

根癌土壤杆菌又称冠瘿病，尤以蔷薇科植物为主，其中以樱花、月季、梅、李、桃、丁香、杨、柳、大丽花等多种园林植物的根癌病发生严重且发生率有不断上升的趋势，病害主要发生在植物根茎部和侧枝上，有时也发生在主干基部，产生大小不等的肿瘤，发病植株生长衰弱，叶片从下往上发黄脱落，直至整株死亡，其防治措施如下。

第一，加强园林树木检疫，防止带病苗木出圃，发现病苗及时拔除并烧毁。

第二，对可疑的苗木在栽植前进行消毒，如用1%硫酸铜浸泡5min后用水冲洗干净，然后栽植。

第三，精选圃地，避免连作。选择未感染根癌病的地区建立苗圃，如出现苗圃污染，需进行3年以上的轮作。

第四，对感病苗圃用硫黄粉、硫酸亚铁或漂白粉进行土壤消毒。

第五，对于初发病株，切除病瘤，用石灰乳或波尔多液涂抹伤口，或用甲醇冰碘液（甲醇50份、冰醋酸25份、碘片12份、水13份）进行处理，可使此病痊愈。

第六，选用健康的苗木进行嫁接。嫁接刀要在高锰酸钾溶液或75%的酒精中消毒。

第七，施用生物制剂K84和D286的菌体混合悬液浸根，可明显降低根癌病的发生率。

二、常见虫害及其防治

按照危害部位的不同，生产上常将园林树木的主要害虫分为食叶害虫、蛀干害虫、枝梢害虫、根部害虫等四大类。

（一）食叶害虫

食叶害虫种类繁多，主要为鳞翅目的各种蛾类和蝶类、鞘翅目的叶甲和金龟子、膜翅目的叶蜂等。这类害虫多为裸露生活，受环境影响大，虫口密度变化也大。

1.叶蜂类

叶蜂类属膜翅目叶蜂总科。危害园林植物的主要有三节叶蜂、樟叶蜂。危害树种：蔷薇、月季、玫瑰、樟树等。危害时期：3～10月。

防治方法：人工连叶摘除刚孵化的幼虫；冬季控茧，消灭越冬幼虫；可喷施80%敌敌畏乳油1 000倍液、90%敌百虫800倍液、50%杀螟松乳油1 000～1 500倍液、2.5%溴氰菊酯乳油2 000或3 000倍液。

2.大蓑蛾

大蓑蛾属鳞翅目蓑蛾科，又称为大窠蓑蛾、大袋蛾、大背袋虫，主要分布于湖北、江西、福建、浙江、江苏、安徽、天津、台湾等。大蓑蛾以幼虫为害樱花、梅、沧桐、槐树、樟树、李、海棠、白榆、柳、雪松、桧柏、侧柏、悬铃木、水杉及木芙蓉等植物，可将叶片吃光，只残存叶脉，影响被害植株的生长发育和观赏价值。

防治方法：初冬人工摘除植株上的越冬虫囊；在交配繁殖前用灯光诱杀雄蛾；幼虫孵化初期喷90%敌百虫1 000倍液，或80%敌敌畏乳油800倍液，或50%杀螟松乳油800倍液。

3.短额负蝗

短额负蝗，又称尖头蚱蜢、中华负蝗，属直翅目，尖蝗科。目前在我国分布很广，除为害鸡冠花外，还为害菊花、茉莉、美人蕉、牵牛花、一寸红、凤仙花、唐菖蒲、金盏菊、翠菊、百日菊、扶桑、八角金盘、佛手、月季、蔷薇、凌霄、黄杨、鸢尾等花卉及草坪。以成幼虫取食叶片为害，造成叶片缺刻和空洞现象，严重时在短时间内将叶片食光，仅留枝干和叶柄，影响植株生长发育。

防治方法：清晨进行人工捕捉，或用纱布网兜捕杀；冬季深翻土壤暴晒或用药剂消毒，减少越冬虫卵；喷施50%杀螟松乳油1 000倍液，或90%敌百虫800倍液，或80%敌敌畏乳油1 000倍液。

4.刺蛾类

刺蛾类分布几乎遍及全国，是一种杂食性食叶害虫，主要危害重阳木、三角枫、刺槐、梧桐、梅花、月季、海棠、紫薇、杨、柳等120多种植物。初龄幼虫只食叶肉，4龄后蚕食叶片，常将叶片吃光。

防治方法：灯光诱杀成虫；人工摘除越冬虫茧；在初龄幼虫期喷80%敌敌畏乳油1 000倍液，或25%亚胺硫磷乳油1 000倍液，或2.5%溴氰菊酯乳油4 000倍液。

（二）枝梢害虫

枝梢害虫种类繁多，危害隐蔽，习性复杂。从危害特点大体可分为刺吸类和钻蛀类两大类，由于后者大多又是蛀干害虫，所以这里主要介绍前者。

1.介壳虫类

介壳虫大多数种类虫体上有蜡质分泌物，形如介壳，介壳虫也因此而得名。一年发生数代，多数种类常群集于枝、叶、果等地上部分吸取植物汁液为生，轻者树势衰退，危害严重时，造成黄化落叶，枯枝死树。因其虫体小，繁殖系数大，种类多，寄主植物更多，外壳被有蜡质层，一般药剂对蚧虫作用不大，反而杀伤大量天敌，效果不理想。介壳虫是一类营寄生生活的小型昆虫，在植株上不大活动或完全固着在植株上。介壳虫的扩散和传播主要靠外力，常见的传播方式有自然传播和人为传播两类。蜡蚧类蚧虫的虫体外都包有厚厚的蜡质层，用以保护虫体，不同的种类，所包的蜡质的颜色、密度不同：如红蜡蚧所包的蜡质为红色；龟蜡蚧、角蜡蚧、白蜡蚧所包的蜡质均为白色，其中角蜡蚧的蜡层松软，而龟蜡蚧和白蜡蚧的蜡层坚实。龟蜡蚧是单个虫体包蜡，而白蜡蚧则是多虫体整个枝条包蜡。盾蚧类是危害园林植物最多的一类蚧虫，其虫体外都能形成不同形状的薄盾壳，该壳可以与虫体分开，好像是一面盾牌，所以叫盾蚧。如形为圆形的叫圆盾蚧；形似箭头形的叫矢尖盾蚧：形似牡蛎壳形的叫牡蛎盾蚧，等等。又按颜色分，盾壳为白色的叫白盾蚧；盾壳为红色的圆盾蚧叫红圆盾蚧，等等。比较常见的盾蚧有梨圆蚧、矢尖蚧、桑白蚧、榆蛎盾蚧、糠片蚧等。

防治方法：少量发生时可用棉球蘸水抹去，或用刷子刷除；及时剪除虫枝虫叶，并集中烧毁；注意保护寄生蜂和捕食性瓢虫等介壳虫的天敌生物；在产卵期和孵化盛期（约4～6月）用40%氧化乐果乳油1 000～2 000倍液，或杀螟松乳油1 000倍液喷雾1～2次。

2.蚜虫

蚜虫是园林植物的主要刺吸式害虫之一，是一类植食性昆虫。蚜虫也是地球上最具破坏性的害虫之一，其中大约有250种是对于农林业和园艺业危害严重的害虫。蚜虫的主要特点是种类庞杂、个体较小、繁殖能力快和分布范围大。蚜虫主要分布在植物的叶背和幼茎生长点，主要吸取汁液为食，致使叶片弯曲变形，有的会变黄，产生虫洞，严重危害植物的生长，主要危害木槿、芙蓉、木瓜、石楠、紫荆、樱花、梅花、白兰等植物。

防治方法：清除植株附近杂草，冬季在园林树木上喷施3～5波美度的石硫合剂，消灭越冬虫卵，或萌芽时喷施0.3～0.5波美度的石硫合剂杀灭幼虫；发生盛期喷施乐果或氧化乐果1 000～1 500倍液，或杀灭菊酯2 000～3 000倍液，或2.5%鱼藤精1 000～1 500倍液，1周后复喷一次防治效果更好；注意保护瓢虫、食蚜蝇及草蛉等蚜虫的天敌。

3.叶螨类

螨类属于节肢动物门蛛形纲蜱螨目叶螨科害虫，主要有朱砂叶螨、柏小爪螨、二斑叶螨、山楂叶螨、苹果全爪螨、果苔螨、柑橘全爪螨等。这类害虫主要危害对象除蔷薇科木本植物柑橘类植物外，还包括紫藤、紫薇、榆树等植物。

防治方法：冬季清除植株周围的杂草及落叶，或圃地灌水，以消灭越冬虫源；个别叶片上有灰黄斑点时，可摘除病叶，集中烧毁；虫害发生期喷施20%双甲脒乳油1 000倍液，20%三氯杀螨砜800倍液，或40%三氧杀螨醇乳剂2 000倍液，每7～10天喷一次，共喷2～3次；保护各种食螨瓢虫和其他螨虫天敌。

4.白粉虱

白粉虱属于刺吸性害虫，温棚或室外均易发生此害虫，在植株上白粉虱各种虫态均有分布，成虫可以短距离飞翔，随着植株生长，不断地向上部叶片转移，大多数成虫生活在叶背面，而且体表被有蜡质，耐药性强。成虫在光强时活跃，在阳光充足条件下身体不易沾药，虫子会很快逃脱，给防治带来一定的困难，主要危害茉莉、扶桑、月季、绣球、佛手等植物。

防治方法：及时修剪、疏枝，去掉虫叶；加强管理，保持通风透光，可减少危害的发生；40%乐果或氧化乐果、80%敌敌畏、50%马拉松乳剂对成虫和若虫有良好的防治效果，20%杀灭菊酯2 500倍液对各种虫态都有防治效果；利用它的主要天敌——丽蚜小蜂来进行防治。

（三）蛀干害虫

蛀干害虫一般以幼虫在枝干内生活蛀食危害，最明显的症状是树干上有虫孔、木屑。蛀干害虫的潜藏期很长，除成虫期在外觅食交配外，其他大部分时间都藏匿在树体的韧皮部和木质部中，很难发现。有些蛀干害虫的幼虫或者卵还可以在树干内越冬，几乎是终年都在危害植物。树木在受害时，养分、水分运输受到阻碍，严重的枝干被蛀蚀成千疮百孔，以至树势衰弱或死亡。蛀干害虫的防治难度也比较大，根据不同的树种植物和不同种类的害虫，具体的防治方法也不尽相同。蛀干害虫包括鞘翅目的小蠹、天牛、吉丁虫、象甲，鳞翅目的木蠹蛾、透翅蛾等翅目的白蚁、膜翅目的树蜂等，常见的是天牛、木蠹蛾和白蚁三类。它们多危害生长衰弱的园林树木，且生活隐蔽，防治困难，园林树木一旦受害很难恢复。

1.天牛类

天牛的种类很多，分布广泛，危害普遍，几乎每一种树木，都受不同的天牛种类所侵害。受害较多的树木有桑树、柳树和杨树、柑橘类、松树等。

防治方法：人工捕杀成虫；成虫发生盛期也可喷施5%西维因粉剂或90%敌百虫800倍液防治；成虫产卵期，经常检查树干和枝条的树皮缝隙，发现虫卵及时刮除；用细铁丝钩伸入蛀道内钩出或刺杀幼虫，或用棉球蘸敌敌畏药液塞入洞内并立即封闭，以熏杀幼虫；成虫发生前，用涂白剂对树干和主枝进行涂白处理，以防止成虫产卵，涂白剂用生石灰10份、硫黄1份、食盐0.2份、兽油0.2份、水40份配成。

2.木蠹蛾类

木蠹蛾类终生潜伏于树干中，只有新成虫羽化后的短暂时间飞离树身，在林中活动、觅食、交配，另筑坑道入侵新寄主。中国北方小蠹多1年1代，高温年份可出现2年3代或1年2代。不同的木蠹蛾类危害不同的树种，可损害树根、枝茎、种子或果实。有的会钻入树木的木质部，其雌虫筑很长的中央坑道，由此分出卵室，在主室的排泄物和木屑堆上培育真菌以供食用，主要为害杨树、柳树、榆树、槭树、丁香、白蜡、槐树、刺槐、石榴、柑橘类、水杉等植物。

防治方法：及时剪除受害枝条，并集中烧毁；用细铁丝钩插入虫孔，钩出或刺死幼虫；孵化期喷施40%氧化乐果、80%敌敌畏乳油1 000倍液，或50%杀螟松乳油1 000倍液防治。

（四）根部害虫

根部害虫又称地下害虫，常危害幼苗、幼树根部或近地面部分。种类较多，常见的有鳞翅目的地老虎类、鞘翅目的蛴螬（金龟于幼虫）类和金针虫（叩头虫幼虫）类、直翅目的蟋蟀类和蝼蛄类、双翅目的种蝇类等。这里主要介绍发生比较普遍，且危害较为严重的地老虎类、金龟子类和蝼蛄类害虫。

1.地老虎类

地老虎类害虫属于鳞翅目夜蛾科，俗称土蚕、地蚕、黑土蚕、黑地蚕。幼虫咬断根茎部，造成缺苗断垄，严重的甚至毁种，主要有小地老虎、大地老虎和黄地老虎。地老虎类危害的树种包括棉、玉米、高粱、粟、麦类、薯类、豆类、麻类、苜蓿、烟草、甜菜、油菜、瓜类以及多种蔬菜等；危害时期：4~9月。

小地老虎：长江以北1年3~4代，长江以南以蛹及幼虫越冬，在北纬33度左右以北地区，尚未查到越冬虫源。一年中以第一代幼虫在春季发生数量最多，危害最重。成虫夜间活动，卵散产或成堆产在5cm以下矮小杂草上。成虫对黑光灯有强烈趋性，对糖、醋、蜜、酒等香、甜物质有特别嗜好，因此可以用糖醋酒诱杀。幼虫共6龄，3龄后幼虫有假死性和自相残杀性，受惊蜷缩成环形。

大地老虎：大地老虎在每年发生1代，以3~6龄幼虫在土表或草丛潜伏越冬，越冬幼虫在4月份开始活动危害，6月中下旬老熟幼虫在土壤3~5cm深处筑土室越夏，越夏幼虫对高温有较高的抵抗力，但由于土壤过干或过湿，或土壤结构受耕作等生产活动、田间操作所破坏，越夏幼虫死亡率很高；越夏幼虫至8月下旬化蛹，9月中下旬羽化为成虫，每雌产卵量648~1 486粒，卵散产于土表或生长在幼嫩的杂草茎叶上，卵期11~24天，幼虫期300多天。成虫有趋光性。

防治方法：采用黑光灯或蜜糖液诱杀成虫；早春清除苗圃及周围杂草，防止成虫产卵；采用2.5%溴氰菊酯3 000倍液，或90%敌百虫800倍液灌土防治。

2.金龟子类

金龟子是金龟子科昆虫的总称，是国内外公认的难防治的土栖性害虫。除危害梨、桃、李、葡萄、苹果、柑橘等果树外，还危害柳、桑、樟、女贞等林木。这类害虫种类多、分布广、食性杂、生活隐蔽、适应性强、生活史长短不一，很难防治。我国目前已记录有1 000多种，常见的有铜绿金龟子、朝鲜黑金龟子、茶色金龟子、暗黑金龟子等。铜绿金龟子所占比例最高。

防治方法：利用黑光灯诱杀成虫；利用成虫假死性，可于黄昏时人工捕杀成虫；喷施40%氧化乐果乳油1 000倍液，90%敌百虫800倍液也有较好防治效果。

3.蝼蛄类

蝼蛄类的成虫和幼虫均在土壤中生活，取食播下的种子、幼芽和幼苗。它们还可将表土层串连成许多隧道状洞穴，造成幼苗根部脱离土壤而失水枯死，危害对象主要包括杨、柳、榆、松、柏、海棠、悬铃木等木本植物和多种草本花卉。

防治方法：生产上最经济有效的方法是毒饵防治。将饵料（麦麸、豆饼等）炒香，每5kg用90%敌百虫30倍液或40%乐果乳油10倍液0.15kg拌匀，适量加水，以湿润为度，每667m^2施用1.5～2.5kg，在无风闷热的傍晚撒施效果最好。

第十一章　园林树木的自然灾害防治

第一节　低温与高温危害的防治

一、低温的危害与防治

（一）冻害

冻害是指园林树木在0℃以下气温的环境中，或遇到持续长时间的低温，组织内部结冰引起的伤害。

植物组织内部结冰有两种情形：一种是在细胞内结冰；另一种是在细胞间结冰。前者是指植物组织很快结冰时，冰晶在液泡和原生质中形成，破坏了原生质的结构和造成蛋白质变性，原生质内的一些生物膜也会被划破，这通常会导致组织死亡，因而这种结果是非常严重和不可逆转的。如初冬北方寒潮突然南下，在短时间内的大幅度降温，就会造成我国南方地区的园林树木因遭受严重冻害而死亡。后者是指随着环境温度的逐渐下降，在植物组织内逐渐形成冰晶，由于细胞间隙中的溶液浓度一般低于原生质和液泡液的浓度，因而在降温速度不太快的情形下，细胞间隙的水比细胞内部先达到冰点而结冰，细胞间隙冰晶的形成又导致原生质体内部的水分向外移动，从而引起细胞液浓缩、原生质脱水、蛋白质沉淀、细胞膜变性和细胞壁破裂。细胞间隙形成冰晶时，细胞组织是否被杀死，取决于细胞的耐冻性和冰冻、融化的速度及次数。

冻害的严重程度与冰冻速度有关，冰冻越快则受害愈严重，这是因为冰冻快时细胞内结冰的可能性较大。若结冰仅限于细胞间隙，那么冰冻越快细胞失水收缩也愈快，细胞所受到的机械破坏作用也愈大。一般细胞内结冰必然导致组织坏死，与冰冻的融化速度无关；而在细胞间隙结冰的情况下，融化速度越快冻害的严重程度越大。这是因为细胞壁迅速吸收冰晶融化生成的水分而扩张，但附着于细胞壁的原生质却很难同步吸水扩张，以致被机械撕裂而受害。

1.冻害的表现

（1）冻害对花芽的影响

花芽是抗寒力较弱的器官，花芽分化得越完善，其抗冻能力越弱。有的树种花芽受轻微的冻害就会使其内部器官受伤害，最易受冻的是雌蕊。花芽冻害多发生在春季回暖时期，腋花芽较顶花芽的抗寒能力强。花芽受冻后，内部变褐色，初期从表面上只看到芽鳞松散，不易鉴别，到后期花芽不萌发，干缩枯死。

（2）冻害对枝条的影响

植物处于休眠期时，在木本植物成熟枝条的各种组织中，以形成层最抗寒，皮层次之，而木质部和髓部最不抗寒。因此，轻微冻害只表现为髓部变色，中等冻害时木质部变色，严重冻害时才会冻伤韧皮部。若因冻害造成枝条或茎干的形成层都变色了，枝条或植株就会丧失恢复能力，有可能导致整个枝条或全株死亡。但在生长期则以形成层抗寒力最差。

幼树在秋季因雨水过多贪青徒长，枝条生长不充实，易加重冻害，特别是成熟不良的先端对严寒敏感，常首先发生冻害，轻者髓部变色，较重时枝条脱水干缩，严重时枝条可能冻死。

多年生枝条发生冻害，常表现为树皮局部冻伤，受冻部分最初稍变色下陷，不易发现，如果用刀挑开，可发现皮部已变褐，以后逐渐干枯死亡，皮部裂开和脱落。但是，如果形成层未受冻，则可逐渐恢复。多年生的小短枝，常在低温时间长的年份受冻，枯死后其着生处周围形成一个凹陷圆圈，这里往往是腐烂病入侵的门户。

（3）冻害对枝杈和基角的影响

遇到低温或昼夜温度变化较大时，植株的枝杈和基角易引起冻害。其原因是：此处进入休眠较晚，且位置特殊、输导组织发育不好，故通过抗寒锻炼较迟。

枝杈和基角的冻害有各种表现：有的受冻后枝杈基角的皮层与形成层变成褐色，而后干枯凹陷；有的树皮呈现块状冻坏；有的顺主干垂直冻裂，形成劈枝。在相同条件下，侧枝与主枝或主干的角度愈小，冻害愈严重，但冻害的程度也与树种和品种有关。

（4）冻害对主干的影响

主干受冻害后有的形成纵裂，一般称为“冻裂”现象，树皮成块状脱离木质部，或沿裂缝向外卷折。一般生长过旺的幼树主干易受冻害，这些伤口极易招致腐烂病。

形成冻裂的原因是由于气温突然急剧降到零下，树皮迅速冷却收缩，致使主干组织内外张力不均，因而自外向内开裂，或树皮脱离木质部。随着气温的变暖，冻裂处又可逐渐愈合。冻裂往往发生在树木的西南面，因为这一面白天受太阳的照射，加热升温快，夜间降温，温度变化幅度较大的缘故。树干的冻裂多发生在夜间，随着温度的下降，裂缝可能增大，但随着白天温度的升高，树干吸收较多的水分后又能闭合。开裂的心材不会闭合，愈伤组织形成后被封在树体内部。如此时不进行处理，则可能随着冬季低温的到来又会重新开裂。对于冻裂的树木，可按要求对裂缝进行消毒和涂漆；在裂缝闭合时，每隔30cm弦向用螺丝或螺栓固定，以防再次开裂。

冻裂一般不会直接引起树木的死亡，但由于树皮开裂，木质部失去保护，容易招致病虫害，不但严重削弱树木的生长势，还会造成木材腐朽成洞。

一般落叶树木的冻裂比常绿树木严重，如悬铃木属、鹅掌楸属、核桃属、柳属、杨属及七叶树属等的某些种类；孤植树的冻裂比群植树严重；生长旺盛的树比幼树和老树敏感；生长在排水不良的土壤上的树木也易受冻害。

（5）冻害对根颈的影响

在一年中，树木的根颈部分最迟停止生长，进入休眠最晚，在第二年的春天萌动和解除休眠又较早，因此此处抗寒力较低。在晚秋或晚春温度骤然下降的情况下（加之根颈部位接近地表，温度变化大），根颈最易受到低温或温变的伤害。根颈受害后，外皮先变色，以后干枯，可表现为局部的一块，也可能呈环状。根颈冻害对植株危害很大，常引起树势衰弱或整株死亡。

（6）冻害对根系的影响

根系无休眠期，所以植物的根系比其地上部分耐寒力差。根系形成层最易受到冻害，皮层次之，而木质部抗寒力较强。根系虽然没有休眠期，但在冬季的活动能力明显减弱，加之土壤的保护，故冬季的耐寒力较生长期要强，受害较少；如果在生长期遭受低温或急剧降温，反而会更易受害。根系受害后变为褐色，皮部易于与木质部分离。一般粗根较细根耐寒力强；近地面的根系由于地温低，而且变幅大，较下层的根系易于受害；疏松的土壤易与大气进行气体交换，温度变幅大，其中的根系比一般的土壤受害严重；干壤含水量少，热容量低，易受温度的影响，根系受害程度比潮湿土壤严重；新栽植物与幼苗由于根系还没有很好地生长发育，根幅小而浅，易于受冻，而大树根系相对较为抗寒。

3.冻害的防治

要防止园林树木冻害的发生，必须首先了解两个基本情况，即园林树木自身的耐寒性和当地的温度条件。在此基础上，再根据自己的生产条件和管护水平来确定园林树木的具体越冬方式。

（1）栽培措施

虽然很多栽培措施都能提高园林树木的抗寒性，从而对其冻害的预防起到不同程度的作用。为了突出重点，我们只讨论以下几个主要措施。

①因地制宜和选择抗寒力强的树种、品种及砧木

这是防止冻害最经济，也是最有效任根本措施。

②运用适当的种植设计来提高植物的抗寒性

把抗寒性较差的植物尽量设计成种植密度较大的片林或群丛，或者干脆把它们放在片林或群丛的中间，外围再用抗寒性较强的植物来配植和保护。

③加强养护管理，提高树木抗寒性

实践经验表明，树木春季加强水、肥供应，合理运用排灌和施肥技术，可以促进新梢生长和叶片增大，提高光合效能，增加营养物质，从而保证树体健壮。后期控制灌水，及时排涝，适量施用磷、钾肥，勤锄深耕，可促使枝、叶及早充实，有利于组织成熟，从而能更好地抵御寒冷。此外，夏季适期摘心，促进枝、叶成熟；冬季修剪，甚至采用人工落叶来减少越冬蒸腾面积，加强病虫害的防治等养护管理措施，均对预防冻害有良好的效果。

④适当的低温锻炼

当气温开始缓慢下降时，在植物能够忍受的前提下，尽量让它们多接受低温条件下的抗寒性锻炼，使其自身能逐步适应相应的低温环境。只是在进行这种低温锻炼时，一定要密切关注环境温度的变化情况和锻炼植株的反应能力，发现问题要及时解决，否则就有可能弄巧成拙。

（2）其他措施

除常规的栽培措施外，其他一些养护管理手段也能对园林树木冻害的预防起到明显的作用。常见的措施主要有以下几个方面。

①灌冻水

在越冬植物进入休眠后、土壤没有冻结前对土壤进行灌水称为“灌冻水”。由于水的热容量比干燥的土壤和空气大得多，灌冻水后土壤的导热能力提高，深层土壤的热量容易传导上来，因而可以提高地表空气的温度；灌冻水还可提高空气中的含水量，使得空气中的蒸汽凝结成水滴时放出潜热，提高气温。灌冻水后土壤含水量明显增大，土壤的热容量也随之加大，从而减缓了表层土壤温度的降低。因此，适时适量地灌冻水对预防园林树木的冻害有着明显的作用。

②浅耕

土壤水分对土壤有着一定的保温作用，进行浅耕可减少土壤水分的蒸发。同时，浅耕后表土疏松，有利于太阳热量的导入，能明显减小土壤温度的下降程度。

③根颈部培土

植株的根颈部位对低温袭击最为敏感，冬季来临时在根颈部位培土。由于土壤的覆盖保温作用，能在一定程度上防止根颈部位及根系的冻害。

④覆盖法

在有害低温到来以前，在低矮植株上直接覆盖干草、落叶、草席等疏松透气的保温层，是我国农林生产中应用极为普遍的保温防寒措施。对那些植株较为高大、直接覆盖有困难的越冬植物，亦可用纸罩、花盆、箩筐（生产上称“扣盆”为或“扣筐”）、薄膜等物品来遮盖，以起到防风保温的御寒作用。

⑤架设风障

为防止寒冷、干燥的冷风吹袭造成冻害，可以在风向上方架设风障，如风向不易确定或有多个风向，可用风障围住植株。

风障多用草帘、芦席、无纺布等作为挡风材料，风障高度要超过植株高度，用木棍、竹竿等支撑牢固，以防大风吹倒。

⑥枝干涂白或喷白

在入冬前对树干涂白或喷白，可以减弱温差骤变的危害，还可以预防一些越冬病虫害。最常用的石灰硫黄涂白剂的组分及比例为生石灰8kg、硫黄1kg、食盐1kg、植物油0.2kg、水18kg。配制时先用水分别将生石灰与食盐溶化，然后将石灰乳和食盐水混合，加入硫黄和油脂充分搅匀即可。涂刷操作时应先确定涂白范围，然后再从上到下均匀而全面地涂刷，直到接触地面为止。

⑦卷干与包草

新植树木、冬季湿冷地不耐寒的树木可用草绳一道道紧接地卷干，或用稻草包裹主干和部分主枝来保温防寒，也可采用宽度为10～15cm的塑料薄膜条卷干防寒。

3.发生冻害后的救治

（1）合理修剪

对遭受冻害的植株，应采取合理的修剪措施，不应进行重剪，否则会产生不利的副作用。那么如何控制修剪量呢？一般要求既要将受害的器官剪至健康部分，以促进枝条的更新与生长，又要保证地上地下器官的相对平衡。在受害后立即修剪，可保留受害枝条1～2cm长，以防下部健康枝条再向下干缩；如果是开春后再行修剪，可直接剪至健康部位，以利于创口的愈合。实践证明：经过合理修剪的受害植株，其恢复速度明显快于重剪和不剪的植株。对一般常绿的盆栽木本花卉及观叶植物，应及时剪去所有枯死部分，并将其搬放到较为暖和的环境中。

（2）保护与修补伤口

仅在枝干局部受到低温危害的粗大植株，可将受害的坏死部分剜去，涂抹伤口愈合剂后，再用薄膜包裹保护好，为其创造一个较为温暖的小环境。一些枝干受害的盆景植株，则可通过桥接或靠接换根来补救。

（3）加强病虫害防治

园林树木遭受低温危害后，因其树势较弱，极易遭受病虫害的侵袭。这时，可结合低温危害的防治，及时足量地施用药效迅速的生化药剂，其中尤以杀菌剂（或杀虫剂）加保湿黏胶剂效果最好，其次是杀菌剂（或杀虫剂）加高脂膜，它们都比单纯的杀菌剂（或杀虫剂）效果好。因为主剂——杀菌剂（或杀虫剂）只能起到单纯的杀菌（或杀虫）作用，而副剂——保湿黏胶剂和高脂膜，既能起到保湿作用，又有增温效果，这些都有利于受害部位愈伤组织的形成，从而促进受伤部位的愈合。

（4）慎重施肥

对于受到冻害的植株，越冬后不能马上追施高浓度的化肥，而应待气温回升、根系恢复吸收功能后，再喷施或浇施低浓度的液肥。如可用0.3%的磷酸二氢钾和0.3%的尿素液肥进行交替喷施或浇施，效果都很明显。

（二）霜害

在园林树木的生长季节里，由于急剧降温，大气中的水汽在植物体表面凝结成许多细小的冰晶（这种现象俗称“下霜”或“打霜”），使植物的幼嫩部分因此而产生的伤害称为霜害。由于冬春季寒潮的侵袭，我国除部分热带地区外，在早秋及晚春寒潮入侵时，常因气温骤然下降而给园林树木造成霜害。

根据霜冻发生的时间及其对树木生长的伤害，可分为早霜危害和晚霜危害。早霜又称秋霜，由于某种原因使树木枝条在秋季不能及时成熟和停止生长，其木质化程度低，往往会遭受秋季异常寒潮的袭击，导致严重的早霜危害。晚霜又称为春霜，在春季树木萌动后，气温突然下降，而对树木造成的伤害。我国幅员广阔，各地发生晚霜的时间不同，有的地区晚霜可在6～7月发生。

1.霜害的防治

霜冻的发生与外界条件有密切关系，由于霜冻是冷空气集聚的结果，所以小地形对霜冻的发生有很大影响。在冷空气易于积聚的地方霜冻重，而在空气流通处则霜冻轻。在不透风林带之间易累积冷空气，形成霜穴，使霜冻加重。由于霜害发生时的气温逆转现象，越近地面气温越低，所以树木下部受害较上部重。湿度对霜冻有一定的影响，湿度大可缓和温度变化，故靠近大水面的地方或霜前灌水的树木都可减轻危害。

防霜的措施应从以下几方面考虑；增加或保持树木周围的热量，促使上下层空气对流；避免冷空气积聚；推迟树木的物候期，增加对霜冻的抗力。

（1）推迟萌动以避免晚霜危害

利用药剂、激素或其他方法使树木萌动推迟（也就是延长休眠期）。因为萌动和开花较晚，可以躲避早春寒潮的霜冻。例如，比久、乙烯利、青鲜素、萘乙酸钾盐

（250～500mg/kg水）以及顺丁烯二酰肼（MH0.1%～0.2%）溶液在萌芽前或秋末喷洒于树上，可以在一定程度上起到抑制萌动的作用。

（2）改变小气候以防霜护树

根据气象台的霜冻预报及时采取防霜措施，对预防园林树木霜害的发生具有重要作用。具体方法主要有以下几种。

①喷水法

在将要发生霜冻的黎明，利用人工降雨和喷雾设备向树冠上喷水，因为此时的水温比植株周围的气温高，水遇冷降温时就会放出热量。据测算，1m^{3}的水降低1℃，就可使相应的3300倍体积的空气升温1℃，同时还能提高地表层的空气湿度，减少地面辐射热的散失，因而起到提高气温防止霜冻的效果。

②熏烟法

我国早在1400多年前就发明的熏烟防霜法，因简单易行且效果明显，至今仍在国内外广泛使用。主要方法是：事先在地上每隔一定距离设置一个发烟堆（用秸秆、野草或锯末等作为发烟材料），然后根据当地气象预报，于即将发生霜冻的凌晨及时点火发烟，形成烟幕。烟幕能减少土壤热量的辐射散失，同时烟粒吸收湿气，使水汽凝结成液体，放出热量，提高温度，保护植物。但在多风或气温–3℃以下时，效果不好。

③吹风法

就是在霜冻前利用大型吹风机增强空气流通，将冷空气吹走，以防止它们积聚成霜，从而起到防霜作用。随着我国科学技术的快速发展，采用这种方法的条件也在逐渐形成。

④加热法

此法是在果园内每隔一定距离放置一个加热装置，在霜冻即将来临时发热加温，下层空气变暖而上升，而上层原来温度较高的空气则下降，在果园周围形成一个暖气层。果园中的加热装置以放置数量多且单个放热小为原则，这样就可以既保护植物，又不致浪费太大。这种方法在园林树木的霜害预防中也正在得到迅速的推广和应用。

2.霜害后的养护管理

花灌木和果树霜冻发生时或过后，为了减少灾害造成的损失，可进行叶面喷肥。叶面喷肥既能增加细胞浓度，又能疏通叶片的输导系统，对防霜护树和尽快恢复树势效果很好。霜冻过后不能忽视善后的管理和养护，特别是肥水的供应要适时、适量。观果树还可以进行人工授粉，利用晚开的花和腋花芽等提高坐果率，以弥补损失。

二、高温的危害与防治

（一）日灼

日灼又称为日烧。是由太阳辐射引起的生理病害。夏季日灼与干旱和高温有关。在强烈日光的直接照射下，由于高温，水分不足，蒸腾作用减弱，致使树体温度难以调节，造成枝干的皮层或果实表面局部温度过高而灼伤，严重者引起局部组织死亡。

高温可造成物理伤害，如焦叶、皮烧等。高温使植物体代谢失调，致使光合作用和呼吸作用不畅，不利于其生长发育，造成很多北方树种、高寒树种在南方生长不良，存活困难，如杨树类、桃、苹果等引种到华南会生长不良，不能正常开花结实。华北地区盛夏。当气温达到35℃以上时，许多树种即表现出受害状，如七叶树、赤杨、白桦等叶缘枯焦；大花水亚木、北五味子、天女木兰、华北落叶松等如不在遮阳条件下较难度过盛夏，又如在北方，当气温达到40℃时，紫杉叶面大部分受日灼伤害产生突起。

1.根颈伤害——灼环、颈烧

由于太阳的强烈照射。土壤表面温度增高，当地表温度不易向深层土壤传导时，过高的地表温度灼伤幼苗或幼树的根颈形成层，即在根颈处造成一个宽几毫米的环带，称之为灼环。由于高温杀死输导组织和形成层，使幼苗倒伏，以致死亡。一般柏科树种在土壤温度为40℃时就开始受害。

幼苗最易发生根颈灼伤且多发生于茎的南向，表现为茎的溃伤或芽的死亡。

2.形成层伤害——皮烧或皮焦

由于树木受强烈的太阳辐射，温度过高引起细胞原生质凝固，破坏新陈代谢，使形成层和树皮组织局部死亡。树皮灼伤与树木的种类、年龄及其位置有关。皮烧多发生在树皮光滑的薄皮成年树上，特别是耐阴树种，树皮呈斑状死亡或片状脱落，给病菌侵入创造了有利条件，从而影响树木的生长发育。严重时，树叶干枯、凋落，甚至造成植株死亡。

3.叶片伤害——叶焦

嫩叶、嫩梢烧焦变褐。由于叶片受到强烈光照下的高温影响，叶脉之间或叶缘变成浅褐或深褐色，或形成星散分布的褪色区、褐色区，边缘很不规则。一些枝条上的叶片差不多都表现出相似的症状。在多数叶片褪色时，整个树冠表现出一种灼伤的干枯景象。

（二）高温的间接伤害

高温会导致树木饥饿和失水干化。树木在达到临界高温以后，光合作用开始迅速降低，呼吸作用继续增加，消耗本来可以用于生长的大量碳水化合物，使生长速度下降。高温引起蒸腾速率的提高，也间接降低了树木的生长速度和加重了对树木的伤害。干热风的袭击和干旱期的延长、蒸腾失水过多、根系吸水量减少，造成叶片萎蔫、气孔关闭、光合速率进一步降低。当叶子或嫩梢干化到临界水平时，可能导致叶片或新梢枯死或全树死亡。

（三）高温危害的常用防治措施

选择耐高温、抗性强的树种或品种栽植；在树木移栽前加强抗性锻炼，如逐步疏开树冠和庇荫树，以便适应新的环境；移栽时尽量保留比较完整的根系，使土壤与根系紧密接触，以便顺利吸水；树干涂白可以反射阳光，缓和树皮温度的剧变，对减轻日灼和冻害有明显的作用。此外，树干缚草、涂泥及培土等也可防止日灼。花灌木常用苇帘、遮阳网等进行防晒降温处理。将易日灼的苗木间种在大树行间，可减轻日灼危害，促进苗木生长；合理整形修剪。可适当降低主干高度，多留辅养枝，避免枝、干的光秃和裸露。在需要去头或重剪的情况下，分2～3年进行，避免一次透光太多，否则应采取相应的防护措施。在需要提高主干高度时，应有计划地保留一些弱小枝条自我遮阴，以后再分批修除。

泡桐、七叶树幼树修枝过重，主干暴露，因皮层薄，很容易在夏季受高温伤害发生日灼，受伤后不能愈合，极易再感染真菌病害。对此类树木修剪时，应注意在向阳面保留枝条，有叶遮荫，则可降低日晒强度，避免日灼发生；加强综合管理，能促进根系生长，改善树体状况，增强抗性。生长季要特别防止干旱，避免各种原因造成的叶片损伤。防治病虫危害。合理施用化肥，特别是增施钾肥。必要时还可给树冠喷水或抗蒸腾剂；加强对受害树木的管理。对已经遭受伤害的树木应进行审慎的修剪，去掉受害枯死的枝叶。皮焦区域应进行修整、消毒、涂漆，必要时还应进行桥接或靠接修补。适时灌溉和合理施肥，特别是增施钾肥，有助于树木生活力的恢复。

第二节　风害、雪害及雷电危害的防治

一、风害的防治

（一）影响园林树木风害的因素

1.树种的生物学特性与风害的关系

（1）树形特征不同，抗风能力不同

浅根、高干、冠大、叶密的树种如刺槐、加拿大杨等抗风力弱；相反，根深、矮干、枝叶稀疏坚韧的树种如垂柳、乌桕等则抗风性较强。

（2）树枝结构不同，抗风能力不同

一般髓心大、机械组织不发达、生长又很迅速而枝叶茂密的树种，风害较重。一些易受虫害的树种主干最易风折，健康的树木不易遭受风折。

2.环境条件与风害的关系

行道树如果风向与街道平行，风力汇集成为风口，风压增加，风害会随之加大。局部地势低凹，排水不畅，雨后绿地积水，造成雨后土壤松软，风害会显著增加。风害也受土壤质地的影响，如土壤质地偏砂，或为煤渣土、石砾土，因结构差、土层薄，抗风性差。如为壤土或偏黏土等，则抗风性强。

3.人为经营措施与风害的关系

（1）苗木质量

苗木移栽时，特别是移栽大树，如果根盘起得小，则因树身大，易遭风害。所以大树移栽时一定要立支柱。在风大地区，栽大苗也应立支柱，以免树身吹歪。移栽时一定要按规定起苗，起的根盘不可小于规定尺寸。

（2）栽植方式

凡是栽植株行距适度、根系能自由扩展的抗风强。如果树木植株行距过密，根系发育不好，再加上护理跟不上，则风害显著增加。

（3）栽植技术

多风地区的栽植坑应适当加大。如果小坑栽植，树会因根系不舒展、发育不好、重心不稳，易受风害。

（二）风害的防治措施

1.树种的选择

为提高树木抵御自然灾害的能力，在种植设计时，应根据不同地域、不同级别的道路，因地制宜选择或引进各种抗风力强的树种，尤其要注意在风口、过道等易遭风害的地方选择深根性、抗风力强的树种，如枫杨、无患子、香樟、枫香、柳树、乌桕等。株行距要适度，采用低干矮冠整形方式。此外，要根据当地特点，建立防护林或风障，尽可能地降低风速，免受损失。

2.合理的整形修剪

合理的整形修剪，可以调整树木的生长发育，保持优美树姿，做到树形树冠不偏斜、冠幅体量不过大、叶幕层不过高和避免V形杈的形成。

3.树体的支撑加固

在易受风害的地方，特别是在台风和强热带风暴来临前，在树木的背风面用竹竿、钢管、水泥柱等支撑物进行支撑，用铁丝、绳索扎缚固定。

对于遭受大风危害，折枝、树冠被伤害或被刮倒的树木，要根据受害情况，及时进行养护。首先要对风倒树及时顺势扶正，培土为馒头形，修去部分或大部分枝条，并立支柱。对裂枝要顶起或吊枝，捆紧基部创面，或涂激素药膏促其愈合；并加强肥水管理，促进树势的恢复。对难以补救者应加以淘汰，秋后重新换植新株。

4.加强园林树木的养护管理

在养护管理措施上应根据当地实际情况采取相应的防风措施。如排除积水；改良栽植地的土壤质地；培育壮根良苗；采取大穴换土；适当深载；合理疏枝，控制树形；定植后立即立支柱；对结果多的树及早吊枝或顶枝，减少落果；对幼树、名贵树种可设置风障等。除此以外，对不合理的违章建筑要令其拆除，绝不能在树木生长地形成狭管效应，防止大树倒伏。

二、雪害、雾凇与冰雹的防治

（一）雪害、雾凇的防治

在寒冷的地方，降雪覆盖大地，可增加土壤水分，防止土温过低，避免冻结过深，有利于植物越冬。所以，积雪对树木无害。但在雪量较大的地区，常常因为树冠上积雪过多，使大枝被压裂或压断。一般而言，常绿树比落叶树受害严重，单层纯林比复层混交林受害严重。同时，融雪期间时融时冻的交替变化，冷热不均易引起冻害。所以在积雪易成灾的地区，应在雪前给树木大枝设立支柱，枝条过密者应适当修剪；在雪后及时振落积雪，并将受压的枝条提起扶正；或采取其他有效措施，如扫除树干周围的积雪，防止雪害。

在我国西南山地丘陵地区常有雾，遇到低温而形成树挂及雾凇，容易造成常绿树折枝、裂干和死亡。对于树挂，可以用竹竿打击枝叶上的冰挂，令其振落，并给树木大枝设立支柱，进行支撑。但在寒冷的北方冬季的雾凇非常漂亮，在多雾凇的地区也是独特的风景区，需要及时关注，不要对树木造成伤害。

（二）冰雹的防治

冰雹是夏季或春夏之交较为常见的灾害性天气。它是一些从发展强盛的高大积雨云中降落到地面的小如绿豆、黄豆，大似栗子、鸡蛋的冰粒、冰块或冰球。冰雹季节性明显，破坏力强，对园林树木危害很大。冰雹出现时，常常伴有大风、剧烈的降温和强雷电现象。冰雹的危害主要是来源于它降落时的机械破坏作用，砸坏园林树木的枝叶，造成植株倒伏、花果脱落，而突然的会造成土壤板结，还可能由此引起园林树木的各种生理障碍和病虫害。冰雹还会砸破塑料大棚和温室玻璃等设施，造成巨大的经济损失。

常用防治雹灾的方法有：在多雹地带种植牧草和树木，增加森林面积，改善地貌环境，破坏雹云条件，达到减少雹灾目的；增种抗雹和恢复能力强的树木；多雹灾地区降雹季节，农民下地随身携带防雹工具，如竹篮、柳条筐等，以减少人身伤亡。

三、雷电危害的防治

（一）雷击伤害的症状及其影响因素

树木遭受雷击以后，木质部可能完全破碎，或烧毁，树皮可能被烧伤或剥落；内部组织可能被严重灼伤而无外部症状，部分或全部根系可能致死。常绿树，特别是云杉、铁杉等上部枝干可能全部死亡，而较低部分不受影响。在群状配置的树木中，直接遭雷击者的周围植株及其附近的禾草类和其他植被也可能死亡。

在通常情况下，超过1 370℃的“热闪电”会使整棵树燃起火焰，而“冷闪电”则以极快的速度冲击树木，使之炸裂。有时两种类型的闪电都不会损害树木的外貌，但数月以后，由于根和内部组织被烧而造成整棵树木的死亡。

（二）影响雷击伤害的因素

树木遭受雷击的数量、类型和程度差异极大。它不但受负荷电压大小的影响，而且与树种及其含水量有关。树体高大、在空旷地孤立生长的树木、生长在湿润土壤或沿水堤附近生长的树木最容易遭受雷击。在乔木树种中，有些树木如水青冈、桦木和七叶树，几乎不遭受雷击；而银杏、皂荚、榆、槭、栎、松、杨、云杉和美国鹅掌楸等较易遭雷击。树木对雷击的敏感性差异很大的原因目前尚不太清楚。但有些权威人士认为与树木的组织机构及其内含物有关。如水青冈和桦木等，油脂含量高，是电的不良导体；而白蜡、槭树和栎树等，淀粉含量高，是电的良性导体，较易遭雷击。

（三）雷击伤害的防治和后期管护

生长在易遭雷击位置的树木，尤其是珍稀古树或具有特殊价值的树木，可安装避雷器，消除雷击伤害的危险。给树木安装避雷器的原理与保护高大建筑物安装避雷器的原理相同，主要差别在于所使用的材料、类型与安装方法。安装在树上的避雷器必须用柔韧的电缆，并应考虑树干与枝条的摇摆和随树木生长的可调性。垂直导体应沿树干用铜钉固定。导线接地端应连接在几个辐射排列的导体上。这些导体水平埋置在地下，并延伸到根区以外，再分别连接在垂直打入地下长约2.4m的地线杆上。以后每隔几年检查一次避雷系统，并将上端延伸至新梢以上，进行某些必要的调整。

对于遭受雷击伤害的树木应进行适当的处理以进行挽救。但在处理之前，必须仔细检查，分析其是否有恢复的希望，否则就没有进行昂贵处理的必要。有些树木尽管没有外部症状，但内部组织或地下部分已经受到严重损伤，不及时处理就会很快死亡。对外部损害不大或具有特殊价值的树木可立即采取措施进行救助。具体方法如下：撕裂或翘起的边材应及时钉牢，并进行覆盖，促进愈合和生长；劈裂的大枝条应及时复位加固和进行合理修剪，并对伤口进行适当的修整、消毒和涂漆；撕裂的树皮应削至健康部位，并适当整形、消毒和涂漆；在树木根部使用速效肥。

第三节　园林树木的病虫害防治

一、园林树木病害的基本知识

园林树木在生长发育过程中，因受到环境中的致病因素（非生物或生物因素）的侵害，使植株在生理、解剖结构和形态上产生局部的或整体的反常变化，导致植物生长不良、品质降低、产量下降，甚至死亡，严重影响观赏价值和园林景观的现象，称为园林树木病害。

（一）病害的种类及病原微生物类型

园林树木、花卉病害可分为生理伤害引起的非传染性病害和病原菌引起的传染性病害两大类。如果同一地区有多种作物同时发生相类似的症状，而没有扩大的情况，一般是冻害、霜害、烟害或空气污染所引起；同一栽培地的同一种植物，其一部分可全部发生相类似的症状，又没有继续扩大的情形时，可能是营养水平不平衡或缺少某种养分所引起，这些都是非传染性的生理病。如果病害从栽培地的某地方发生，且渐次扩展到其他地方，或者病害株掺杂在健康株中发生，并有增多的情形；或者在某地区，只有一种作物发生病害，并有增加情形，这些都可能是由病原菌引起的侵染性病害。引起侵染性病害的病原菌种类很多，主要有真菌、细菌、病毒、线虫，此外还有少数放线菌、藻类和菟丝子等。

（二）病害的症状

园林树木受生物或非生物病原侵染后，表现出来的不正常状态，称为症状。症状是病状和病症的总称。寄主感病后本身所表现出来的不正常变化，称为病状。园林树木病害都有病状，如花叶、斑点、腐烂等。病原物侵染寄主后，在寄主感病部位产生的各种结构特征，称为病症，如锈状物、煤污等，它构成症状的一部分。有些病害的症状，病症部分特别突出，寄主本身无明显变化，如白粉病；而有些病害不表现病症，如非侵染性病害和病毒病害等。

病害是一个发展的过程，因此园林树木的症状在病害的不同发育阶段也会有差异。有些园林树木病害的初期症状和后期症状常常差异较大。但一般而言，一种病害的症状常有它固定的特点，有一定的典型性，只是在不同的植株或器官上，又会有一些特殊性。在观察园林树木病害的症状时，要注意不同时期症状的变化。

1.坏死

植物受病原菌危害后出现细胞或组织消解或死亡现象，称为坏死。这种症状在植株的各个部分均可发生，但受害部位不同，症状表现有差异。在叶部主要表现为形状、颜色、大小不同的斑点；在植物的其他部位如根及幼嫩多汁的组织表现为腐烂；在树干皮层表现为溃疡等，如杨树腐烂病。

2.枯萎或萎蔫

典型的枯萎或萎蔫指园林树木根部或干部维管束组织感病后的失水状态或枝叶萎蔫下垂现象。主要原因在于植物的水分疏导系统受阻。如果是根部或主茎的维管束组织被破坏，则表现为全株性萎蔫；侧枝受害，则表现为局部萎蔫。

3.变色

主要有三种类型：退绿、黄化和花叶。园林植物感病后，叶绿素的形成受到抑制或被破坏而减少，其他色素形成过多，叶片出现不正常的颜色。病毒、支原体及营养元素缺乏等均可引起园林树木出现此症状。

4.畸形

畸形是由细胞或组织过度生长或发育不足引起的。常见的有植物的根、干或枝条局部细胞增生而形成瘿瘤；植物的主枝或侧枝顶芽生长受抑制，腋芽或不定芽大量发生而形成从枝，如泡桐从枝病；感病植物器官失去原来的形状，如花变叶、菊花绿瓣病。

5.流胶或流脂

植物感病后细胞分解为树脂或树胶流出。

6.粉霉

植物感病部位出现白色、黑色或其他颜色的霉层或粉状物，一般都是病原微生物表生的菌体或孢子，如芍药白粉病和玫瑰锈病等。

（三）病害发生过程和侵染循环

病害的发生过程包括侵入期、潜育期和发病期三个阶段。侵入期指病原菌从接触植物到侵入植物体内开始营养生长的时期。该时期是病原菌生活中的薄弱环节，容易受环境条件的影响而死亡，也是防治的最佳时期。潜育期指病原菌与寄主建立寄生关系起到症状出现时止，一般5～10天。可通过改变栽培技术，加强水肥管理，培育健康苗木，使病原苗在植物体内受抑制，减轻病害发生程度。发病期是病害症状出现到停止发展时止，该时期已较难防治，必须加大防治力度。

侵染循环是指病原苗在植物一个生长季引起的第一次发病到下一个生长季第一次发病的整个过程，包括病原菌的越冬或越夏、传播、初侵染与再侵染等几个环节。病原菌种类不同，越冬或越夏场所和方式也不同，有的在枝叶等活的寄生体内越冬越夏，有的以孢子或菌核的方式越冬越夏，必须应有针对性地采取措施加以防治。病原菌必须经过一定的传播途径，才能与寄主接触，实现侵染。传播途径主要有空气、水、土壤、种子、昆虫等。了解其传播方式，切断其传播途径，便能达到防治的目的。病原菌传播后侵染寄主的过程有初侵染和再侵染之分。初侵染是指植物在一个生长季节里受到病原菌的第一次侵染。再侵染是指在同一季节内病原菌再次侵染寄主植物。再侵染的次数与病菌的种类和环境条件有关。无再侵染的病害比较容易防治，主要通过消灭初侵染的病菌来源或阻断侵入的手段来进行。存在再侵染的病害，必须根据再侵染的次数和特点，重复进行防治。绝大多数的树木花卉病害都属于后者。

二、病虫害的防治原则和措施

病虫害防治的原则是“预防为主，综合防治”。在综合防治中应以耕作防治法为基础，将各种经济有效、切实可行的办法协调起来，取长补短，组成一个比较完整的防治体系。园林树木病虫害防治的方法多种多样，归纳起来可分为耕作防治、物理机械防治、生物防治、化学防治、植物检疫等。

（一）耕作防治法

1.选用抗病虫害的优良品种

利用抗病虫害的种质资源，选择或培育适于当地栽培的抗病虫品种，是防治病虫害最经济有效的重要途径。

2.选用无病健康苗

在育苗上应注意选择无病状、强壮的苗，或用组织培养的方法大量繁殖无病苗。

3.轮作

不少害虫和病原菌会在土壤或带病残株上越冬，如果连年在同一块地上种植同一种树种，易发生严重的病虫害。实行轮作可使病原菌和害虫得不到合适的寄主，使病虫害显著减少。

4.改变栽种时期

病虫害发生与环境条件如温度、湿度有密切关系，因此可把播种栽种期提早或推迟，避开病虫害发生的旺季，以减少病虫害的发生。

5.肥水管理

改善植株的营养条件，增施磷、钾肥，使植株生长健壮，提高抗病虫能力，可减少病虫害的发生。水分过分多，不但对植物根系生长不利，而且容易使根部腐烂或发生一些根部病害。合理的灌溉对地下害虫具有驱除和杀灭作用，排水对富湿性根病具有显著的防治效果。

6.中耕除草

中耕除草可以为树木创造良好的生长条件，增加抵抗能力，也可以消灭地下害虫。冬季中耕可以使潜伏土中的害虫病菌冻死，除草可以清除或破坏病菌害虫的潜伏场。

（二）物理机械防治法

1.人工或机械的方法

利用人工或简单的工具捕杀害虫和清除发病部分，如人工捕杀幼虫，人工摘除病叶、剪除病技等。

2.诱杀

很多夜间活动的昆虫具有趋光性，可以利用灯光诱杀，如黑光灯可诱杀夜蛾类、螟蛾类、毒蛾类等700种昆虫。有的昆虫对某种色彩有敏感性，可利用该昆虫喜欢的色彩胶带吊挂在栽培场所进行诱杀。

3.热力处理法

不适宜的温度会影响病虫的代谢，从而抑制它们的活动和繁殖。因此可通过调节温度进行病虫害防治，如温水（40～60℃）浸种、浸苗、浸球根等可杀死附着在种苗、花卉球根外部及潜伏在内部的病原菌和害虫；温室大棚内短期升温，可大大减少粉虱的数量。

此外，还可以通过超声波、紫外线、红外线、晒种、熏土、高温或变温土壤消毒等物理方法防治病虫害。

（三）生物防治法

就是利用生物来控制病虫害的方法。生物防治是效果持久、经济、安全性高的防治方法。

1.以菌治病

就是利用有益微生物和病原菌间的拮抗作用，或者某些微生物的代谢产物来达到抑制病原菌的生长发育甚至使其死亡的方法，加“五四〇六”苗肥（一种抗生素）能防治某些真菌病、细菌病及花叶型病毒病。

2.以菌治虫

利用害虫的病原微生物使害虫感病致死的一种防治方法。害虫的病原微生物主要有细菌、真菌、病毒等，如青虫菌能有效防治柑橘凤蝶、刺蛾等，白僵菌可以防治寄生鳞翅目、鞘翅目等昆虫。

3.以虫治虫和以鸟治虫

指利用捕食性或寄生性天敌昆虫和益鸟防治害虫的方法。如利用草蛉捕食蚜虫，利用红点唇瓢虫捕食紫薇绒蚧、日本龟蜡蚧，利用伞裙追寄蝇防治寄生大蓑蛾、红蜡蚧，利用扁角跳小蜂防治寄生红蜡蚧等。

4.生物工程

生物工程防治病虫害是防治领域一个新的研究方向，近年来已取得一定的进展。如将一种能使夜盗蛾产生致命毒素的基因导入植物根系附近生长的一些细菌内，夜盗蛾吃根系的同时也将带有该基因的细菌吃下，从而产生毒素致死。

（四）化学防治法

是利用化学药剂的毒性来防治病虫害的方法。其优点是具有较高的防治效力、收效快、急效性强、适用范围广，不受地区和季节的限制、使用方便。化学防治也有一些缺点，如使用不当会引起植物药害和人畜中毒，长期使用会对环境造成污染，易引起病虫害的抗药性，易伤害天敌等。化学防治虽然是综合防治中一项重要的组成部分，但只有与其他防治措施相互配合，才能收到理想的防治效果。

在化学防治中，使用的化学药剂种类很多，根据对防治对象的作用可分为杀虫剂和杀菌剂两大类。杀虫剂又可根据其性质和作用方式分为胃毒剂、触杀剂、熏蒸剂和内吸剂等。

在采用化学药剂进行病虫防治时，必须注意防治对象、用药种类、使用浓度、使用方法、用药时间和环境条件等，根据不同防治对象选择适宜的药剂。药剂使用浓度以最低的有效浓度获得最好的防治效果为原则，不可盲目增加浓度以免植物产生药害。喷药应对准病虫害发生和分布的部位，仔细认真地进行，阴雨天气和中午前后一般不进行喷药，喷药后如遇雨必须在晴天再补喷1次。

（五）植物检疫措施

植物检疫是防治园林树木危险性病虫害以及其他一些有害生物通过人为活动进行远距离传播和扩散非常有效的手段。植物检疫分为对外检疫（国际检疫）和对内检疫（国内检疫）。根据国家及各省市颁布的检疫对象名单，对引进或输出的园林树木材料及其产品或包装材料进行全面检疫，发现有检疫性病虫害的植物及其产品要采取相应的措施，如就地销毁、消毒处理、禁止调用或限制使用地点等。

结束语

风景园林的建设及绿化工程具有长期性和复杂性，工程施工以及养护管理具有较强的实践性。园林种植是短期的，但养护管理是长期的，工程施工要求的是施工质量以及进度，养护属于工程需要，对施工的成果进行巩固。由于我国经济不断发展以及人们的需求提升，风景园林逐渐成为人们关注的焦点。园林绿化施工以及养护工作是对园林工程进行建设的重要环节，它们的关系是密切的。因此，必须做好绿化工程建设以及养护管理工作，从而保证风景园林能完美地发挥其在城市生活中的重要作用，展现其重要价值。

参考文献

[1]顾小玲，尹文.风景园林设计[M].上海：上海人民美术出版社，2017.

[2]刘佳.风景园林文化研究[M].北京：光明日报出版社，2017.

[3]吴卫光.风景园林设计[M].上海：上海人民美术出版社，2017.

[4]袁犁.风景园林规划原理[M].重庆：重庆大学出版社，2017.

[5]吕圣东，谭平安，滕路玮.图解设计：风景园林快速设计手册[M].武汉：华中科技大学出版社，2017.

[6]彭赟."大工程观"的风景园林专业概论[M].长春：东北师范大学出版社，2017.

[7]黄茂如.黄茂如风景园林文集[M].上海：同济大学出版社，2018.

[8]张德顺，芦建国.风景园林植物学[M].上海：同济大学出版社，2018.

[9]娄娟，娄飞.风景园林专业综合实训指导[M].上海：上海交通大学出版社，2018.

[10]曹磊.天津大学风景园林系教师创作实践成果集[M].天津：天津大学出版社，2018.

[11]赵警卫.进化美学视角下风景园林循证设计[M].徐州：中国矿业大学出版社，2018.

[12]林墨飞，唐建.中外风景园林名作精解[M].重庆：重庆大学出版社，2019.

[13]朱宇林，周兴文，黄维.基于生态理论下风景园林建筑设计传承与创新[M].长春：东北师范大学出版社，2019.

[14]李瑞冬.逻辑与诗意：工科风景园林本科专业教学探研[M].上海：同济大学出版社，2019.

[15]李瑞冬.风景园林工程设计[M].北京：中国建筑工业出版社，2019.

[16]陈丽，张辛阳.风景园林工程[M].武汉：华中科技大学出版社，2020.

[17]陈晓刚.风景园林规划设计原理[M].北京：中国建材工业出版社，2020.

[18]张秀省，高祥斌，黄凯.风景园林管理与法规[M].2版.重庆：重庆大学出版社，2020.

[19]刘洋.风景园林规划与设计研究[M].北京：中国原子能出版社，2020.

[20]周丽娜.园林植物色彩配置[M].天津：天津大学出版社，2020.07.

[21]陆娟，赖茜.景观设计与园林规划[M].延吉：延边大学出版社，2020.

[22]唐登明，顾春荣.园林工程CAD[M].北京：机械工业出版社，2020.

[23]董亚楠.园林工程从新手到高手：园林植物养护[M].北京：机械工业出版社，2021.

[24]李本鑫，史春凤，杨杰峰.园林工程施工技术[M].3版.重庆：重庆大学出版社，2021.

[25]陈晓刚.园林植物景观设计[M].北京：中国建材工业出版社，2021.

[26]丁慧君，刘巍立，董丽丽.园林规划设计[M].长春：吉林科学技术出版社，2021.

[27]曹丹丹.园林设计与施工手册：图解版[M].北京：北京希望电子出版社，2021.